国家科技支撑计划和公益性行业(气象)科研专项共同资助

综合农业气象灾害风险评估与区划研究

王春乙　张继权　张京红　秦其明 等　著

内 容 简 介

本书概述了农业气象灾害风险评估的研究进展、主要内容和方法及其未来发展趋势，系统地介绍了我国东北地区春玉米、华北地区冬小麦、长江中下游地区早稻和一季稻以及海南橡胶的农业气象灾害风险识别技术和时空分布特点，农业气象灾害风险评估指标体系和模型以及农业气象灾害风险区划技术方法。可为农业结构调整、防灾减灾提供理论依据，对于提高农业气象灾害风险管理水平、保障粮食安全具有十分重要的意义。

本书可供从事农业、气象、经济林等科研、业务和生产的工作人员阅读，也可以供相关专业师生参考。

图书在版编目(CIP)数据

综合农业气象灾害风险评估与区划研究/王春乙等著.—北京:气象出版社，2016.3
ISBN 978-7-5029-6214-2

Ⅰ.①综… Ⅱ.①王… Ⅲ.①农业气象灾害-风险评价-研究-中国②农业气象灾害-气候区划-研究-中国 Ⅳ.①S42

中国版本图书馆CIP数据核字(2016)第053592号

Zonghe Nongye Qixiang Zaihai Fengxian Pinggu yu Quhua Yanjiu
综合农业气象灾害风险评估与区划研究

出版发行：气象出版社
地　　址：北京市海淀区中关村南大街46号　　**邮政编码**：100081
总 编 室：010-68407112　　**发 行 部**：010-68409198
网　　址：http://www.qxcbs.com　　**E-mail**：qxcbs@cma.gov.cn
责任编辑：陈红　马可　　**终　　审**：黄润恒
责任校对：王丽梅　　**责任技编**：赵相宁
封面设计：易普锐创意
印　　刷：北京中新伟业印刷有限公司
开　　本：787 mm×1092 mm　1/16　　**印　　张**：12.75
字　　数：339千字　　**彩　　插**：4
版　　次：2016年3月第1版　　**印　　次**：2016年3月第1次印刷
定　　价：55.00元

序

我国是一个农业大国，也是世界上受气象灾害影响严重的国家。农业受气候影响最为敏感，据统计，气象灾害造成的损失约占各种自然灾害损失的70%。近年来，在全球气候变暖背景下，干旱、洪涝、低温冷害等农业气象灾害呈多发重发趋势，农业生产“靠天吃饭”、农民群众“看天种地”的局面没有根本改变，防御和减轻农业气象灾害依然是当前农业现代化和保障粮食安全一项重要的基础性工作。

实施农业气象灾害风险评估是防御和减轻农业气象灾害影响的技术发展方向。将自然灾害风险评估理论和技术应用于农业领域，准确识别气象灾害对农业生产带来的风险，定量评估农业气象灾害造成的影响和损失，开展农业气象灾害综合风险管理，是提高农业防灾减灾综合能力的重要途径。本书依托国家“十二五”科技支撑计划项目，以近年来农业气象灾害风险评估和防御技术研究成果，着眼于多灾种农业气象灾害的致灾影响，分析评估多灾种农业气象灾害的综合风险和防御能力，展示了农业气象灾害风险评估研究的新进展和新成果。本书立足于我国农业主产区和特色农业区，分别针对东北地区玉米、华北地区冬小麦、长江中下游地区早稻、海南橡胶等进行综合农业气象灾害风险评估与区划，建立区域综合农业气象灾害风险评估模型，绘制综合农业气象灾害风险区划图，评估分析了区域农业的防灾抗灾能力，是一部比较系统的综合农业气象灾害风险研究专著。

希望本书的出版能够为农业和气象领域的科技工作者在开展农业气象灾害防御的技术和服务等工作时提供科学参考，促进农业气象灾害防御由传统的应急管理向风险管理转变。也希望本书能推动我国农业气象灾害风险评估与管理科学研究的深入发展。在此，我谨向参与本书编著的专家学者表示崇高的敬意和诚挚的谢意！

中国气象局党组成员、副局长 许小峰

二○一五年九月十日

前　言

天气气候条件是影响农业生产的重要因素，持续干旱、严重洪涝、高温、低温胁迫等气象灾害可导致大范围农作物严重减产。中国是自然灾害较为严重的国家之一，其中，气象灾害造成的损失占各种自然灾害损失的70%以上。由于我国农业生产基础设施薄弱，抗灾能力差，靠天吃饭的局面没有根本改变，致使我国每年因各种气象灾害造成的农作物受灾面积达5000万hm^2以上、影响人口达4亿人次、经济损失达2000多亿元，成为制约农业稳产增产的主要障碍。尤其是近年来，由于气候变化导致的极端天气气候事件的增加、生态环境的恶化和作物遗传多样性的不断下降等影响，致使我国农业气象灾害在突发性、不确定性以及灾害的持续性及强度等方面表现出更多的异常现象，气象灾害呈现出频率高、强度大、危害日益严重的态势，主要粮食作物产量损失增加，已对农业可持续发展和国家粮食安全构成严重威胁。

农业干旱是我国最主要的农业气象灾害，发生频率高、影响范围广、持续时间长、损失影响大，我国平均每年农业干旱受灾面积为2000万～3000万hm^2，粮食损失高达250亿～300亿kg。据1972—2013年资料显示，我国平均每年平均洪涝受灾面积为1050万hm^2，经济损失达200多亿元/年。农业低温冷害是导致农作物减产的重要因素之一，由于农业布局和种植结构的调整等因素影响，低温冷害的潜在影响有增加的趋势。受气候变暖的影响，部分地区盲目追求晚熟高产品种，以及种植边界的不断扩展，增加了低温冷害和霜冻灾害的潜在威胁。进入21世纪以来，虽然气候总体在变暖，但低温冷害发生的频率却比20世纪80—90年代有明显的增多趋势，我国东北农作物主产区近10年冷害发生频率几乎是20世纪的2倍。IPCC第五次评估报告(AR5)第二工作组(WGII)报告《气候变化2014：影响适应和脆弱性》认为，受全球气候变暖影响，未来全球极端气象灾害可能出现多发、频发、重发趋势，全球和我国农业生产都将出现大幅波动，粮食供给的不稳定性会增大，将会给全球和区域粮食安全带来极大风险。气象灾害风险的加剧，直接影响着农业生产，对农业的不利影响使其风险评价和预测研究越来越引起各国政策制定者和学者的关注。当前农业气象灾害风险研究既是灾害学和农业气象学领域中研究的热点，又是当前政府相关管理部门和农业生产部门亟须的应用性较强的课题。如何准确、定量地评估气象灾害对农业生产风险的影响，对国家目前农业结构调整，特别是农业可持续发展、农业防灾减灾对策和措施的制订意义重大。

灾害作为重要的可能损害之源，历来是各类风险管理研究的重要对象，引起了国内外防灾减灾领域的普遍关注。特别是20世纪90年代以来，灾害风险管理工作在防灾减灾中的作用和地位日益突现。1999年，国际减灾10年(IDNDR)科学与技术委员会在其“减灾年”活动的总结报告中，列举了21世纪国际减灾界面临的五个挑战性领域，其中三个领域与灾害风险问题密切相关。其一是综合风险管理与整体脆弱性降低；其二为资源与环境脆弱性；其三是发展中国家的防灾能力。2011年11月18日，政府间气候变化专门委员会(IPCC)发布了《管理极端事件和灾害风险　推进气候变化适应》(Managing the Risks of Extreme Events and Disasters to Advance Climate Change Adaptation, SREX)特别报告决策者摘要，并于2012年3月发布了特别报告全文，该报告包含了当今学术界在管理极端气候事件和灾害风险方面的最新进展，体现了当今世界在管理极端事件和灾害风险、推进气候变化适应问题上的认知水平。这表明，灾害风险及其相关问题的研究，仍是当前国际减灾领域的重要研究前沿。

综合自然灾害风险评估是风险和灾害领域的研究热点和难点。21 世纪以来，学术界的研究方向才逐渐从“自然灾害风险评估”向“多灾种综合风险评估”转变，即由“因素的综合”向“灾种的综合”转变。多灾种农业气象灾害综合风险评估是开展农业气象灾害综合风险管理的基础和综合防灾减灾的必要条件，也是当前国际社会高度关注的热点、难点问题之一。某一农业生产对象（农作物）在其生产全过程中，往往会有一种或多种农业气象灾害发生，目前针对单灾种的农业气象灾害风险评估研究较为常见且取得了不少成果，但针对多灾种的农业气象灾害综合风险评估研究成果甚少。本书是国家“十二五”科技支撑计划项目“农林气象灾害监测预警与防控关键技术研究”（项目编号：2011BAD32B00）课题四“重大农业气象灾害风险评价与管理关键技术研究”、“十一五”科技支撑计划项目“农业重大气象灾害监测预警与调控技术研究”（项目编号：2006BAD04B00）及公益性行业（气象）科研专项“基于多维光谱空间的田间干旱监测与旱灾防御”（项目编号：GYHY200806022）研究成果的总结，以我国东北、华北、长江中下游三大主要粮食产区干旱、洪涝、低温灾害以及海南橡胶风害和寒害等重大农业气象灾害为研究对象，基于农业气象风险形成机理，根据区域农业气象灾害发生时农业生产、社会经济和生态环境等方面的综合因素，依据系统工程、模糊数学、灰色系统、现代综合评价等复合下的数学分析方法，建立了区域综合农业气象灾害风险评估模型；根据区域综合农业气象灾害风险评估结果，利用非线性数学方法确定区域综合农业气象灾害风险区划的阈值，并结合农业气象灾害影响评估，绘制了综合农业气象灾害风险区划图。

全书由王春乙研究员负责总体设计和定稿。全书共分六章，其中第 1 章由王春乙、张继权、秦其明执笔；第 2 章由高晓容等执笔；第 3 章由张玉静等执笔；第 4 章由姚蓬娟等执笔；第 5 章由孟林等执笔；第 6 章由张京红等执笔。全书由白月明和刘玲负责统稿。

由于研究的阶段性和各课题进展的不平衡，对一些问题的认识尚有待于反复实践和不断深入，本书疏漏之处在所难免，敬请广大读者批评指正。

王春乙

二〇一五年七月

目　　录

Catalogue

第 1 章　农业气象灾害风险评估研究进展

农业气象灾害是我国最主要的农业自然灾害，约占全部农业自然灾害的 70%。农业气象灾害风险是潜在的灾害或者是未来灾害损失的可能性，灾害则是风险变成现实的结果。农业气象灾害系统由孕灾环境、承灾体、致灾因子、灾情四个子系统组成，其中灾情是孕灾环境、承灾体、致灾因子相互作用的最终结果（李世奎 等，1999；霍治国 等，2003）。农业气象灾害风险评估，是评估农业气象灾害事件发生的可能性及其导致农业产量损失、品质降低以及最终的经济损失的可能性大小的过程，是一种专业性的气象灾害风险评估（王春乙 等，2010）。国外农业气象灾害的风险评估研究大概始于 20 世纪，主要集中在建立评估方法体系方面，研究对象多为果树等经济作物；我国的农业气象灾害风险研究，起步于 20 世纪 90 年代，大致可分为三个阶段：第一阶段，以农业气象灾害风险分析技术、方法的探索为主的研究起步阶段；第二阶段，以灾害影响评估的风险化、数量化的技术、方法为主的研究发展阶段；第三阶段，以认识农业气象灾害风险的形成机制、风险评价技术向综合化、定量化、动态化和标准化方向发展为主的研究快速发展阶段。

农业气象灾害风险研究既是灾害学和农业气象学领域中研究的热点，又是当前政府相关管理部门和农业生产部门亟须的应用性较强的课题。农业气象灾害风险评估的理论和方法进展很快，但尚没有文献对相关研究做出较为系统的论述。为全面地了解农业气象灾害风险评估的研究现状，本书在综合分析近 30 年来国内外相关文献的基础上，对农业气象灾害风险评估方面所取得的研究成果进行了总结和评述，指出了当前研究的一些不足之处。首先对农业气象灾害风险评价研究的历史进行了回顾，重点阐述了农业气象灾害风险评估的主要内容，包括致灾因子的危险性评估，承灾体脆弱性或易损性评估，灾情期望损失评估和灾害风险综合评估；归纳出农业气象灾害风险评估研究中采用的 3 类主要方法——基于指标的综合评估方法、基于数据的概率评估方法以及基于情景模拟的评估方法；对农业气象灾害风险评估研究存在的问题进行了探讨。本研究可为我国进一步开展农业气象灾害风险评估研究提供借鉴和参考，推动我国农业气象灾害风险评估研究的进程。

1.1　农业气象灾害风险评估研究发展概况

20 世纪 80 年代初，灾害学家开始关注灾害及其风险形成机制与评价理论，从系统论和风险管理的角度探讨了形成灾害与灾害风险的要素及其相互作用和数学表达式。目前国内外关于灾害形成机制的理论主要有“致灾因子论”“孕灾环境论”“承灾体论”及“区域灾害系统理论”（Burton et al，1993；Blaikie et al，1994）。在国际减灾十年（IDNDR）活动中，灾害风险管理学者就灾害风险的形成基本上达成共识。目前国内外关于灾害风险形成机制的理论主要有“二因子说”“三因子说”和“四因子说”（张继权 等，2006，2007，2012a，2012b，2013）。

纵观国内外灾害风险研究可知：(1)灾害风险评估的研究，大多以针对单一灾种评估为主，而对多灾种复合的灾害综合风险评估研究较少，在时效和精度上远远不能满足实际评估的需要；(2)国外学者过于侧重地质灾害、海洋灾害、城市灾害、地震灾害、水文气象灾害等灾害类型的风险评价，而在农业气象灾害风险方面研究成果并不多，而我国在农业气象灾害及其风险评价方面，尤其是最近十几年，在风险评价方法、技术等研究领域诸多研究成果陆续出现；(3)就单灾种的风险评价而言，评价指标、模型及方法上的研究成果颇多，但并未达成完全的共识；(4)当前，国内外对于自然灾害风险评估方法可归纳为 3 大类：风险概率的建模与评估法，利用数理统计方法，对以往的灾害数据进行分析提炼，找出灾害发展演化的规律，以达到预测评估未来灾害风险的目的；指标体系的风险建模与评估，以指标为核心的风险评估体系，在方法上侧重于灾害风险指标的选取优化以及权重的计算；情景模拟的动态风险建模与评估方法，通过与 RS/GIS 和数值模式等复杂系统仿真建模手段相结合，模拟人类活动干扰下未来可能发生的灾害过程，形成对灾害风险的可视化表达，实现灾害风险的动态评估。

农业气象灾害风险既具有自然属性，也具社会属性，无论气象因子异常或人类活动都可能导致气象灾害发生。因此，农业气象灾害风险是普遍存在的。同时气象灾害风险又具有不确定性，其不确定性一方面与气象因子自身变化的不确定性有关，同时也与认识与评估农业气象灾害的方法不精确、评价的结果不确切以及为减轻气象风险而采取的措施有关。农业气象灾害风险评估的理论基础是自然灾害风险分析与风险评估原理，与自然灾害风险评价相比，国内外农业气象灾害风险评估研究起步相对较晚。国外的研究约始于 20 世纪 80 年代后期，主要集中在建立评估方法体系方面，研究对象多为果树等经济作物。如 Dennis 等(1988)提出了一种应用于农业发展计划的季节性农业干旱风险分析方法；美国学者 Richard 等(2005)在《Frost protection: fundamentals, practice and economics》一书中对霜冻发生的可能性给出了计算方法，并进行了产量损失风险的定量计算；Eduardo 等(2006)构建了一个定量评价樱桃霜冻风险的综合方法，主要用于估计霜冻防控系统在减灾方面的潜在影响；White 等(2009)通过研究蓝桉树生理指标与气象干旱指数、土壤水分之间的关系，构建了评价蓝桉树气候生产力和干旱风险的定量方法；Zoe 等(2004)提出了基于风速等主要气象观测数据的风险评价方法，用于定量评价气象因素对防灾设施的潜在影响。近年来，针对农作物的农业气象灾害风险评估研究成果不断出现，尤以农业干旱灾害风险评估居多。

如 Wilhite(2000)最早在干旱研究当中引入了风险概念，提出了干旱风险管理的概念，用以表征干旱严重情况和潜在损失；Keating 等(1998)和 Agnew(2000)选取降水、蒸发等气候指标和作物模拟模型，进行了相应的干旱风险评估研究；Hong 等(2004a,2004b)构建了针对玉米和大豆作物的旱灾风险评估模型，可实时评估干旱造成的作物产量的潜在损失情况；Richter 等(2005)利用作物模拟模型提出了一种可用于评估与预测气候变化对冬小麦产量和干旱风险影响的数学方法；Uwe 等(2007)提出了旱田农业干旱风险评估方法；Todisco 等(2009)选取土壤缺水指数、作物减产率、脆弱性等指标构建了农业干旱经济风险评估(AD-ERA)模型，用于评估农业干旱脆弱性和风险程度。20 世纪 80 年代以来，灾害形成中致灾因子与承灾体的脆弱性的相互作用受到人们关注，尤其是脆弱性研究逐步得到重视。脆弱性主要用来描述相关系统及其组成要素易于受到影响和破坏，并缺乏抗拒干扰、恢复的能力(Birkman,2007)。脆弱性衡量承灾体遭受损害的程度，是灾损估算和风险评价的重要环节。脆弱性分析被认为是把灾害与风险研究紧密联系起来的重要桥梁(UN/ISDR,2004)。因此，脆弱性分析与评价成为了目前灾害风险评估研究的热点。随着农业干旱风险研究的推进，脆弱性研究逐渐增多，并从不同的角度和方法，建立了农业干旱脆弱性评价指标和模型，推动了农业干旱灾害风险评价进程。

我国的农业气象灾害风险研究，起步于 20 世纪 90 年代，以农业气象灾害风险分析技术、方法的探索研究为主。21 世纪以来，随着我国农业防灾减灾的迫切需求，自然灾害风险分析理论和技术全面引入农业领域，农业气象灾害风险评估技术向定量化、动态化方向发展，认识农业气象灾害风险的形成机制，建立农业气象灾害风险评价体系框架，构建风险评价理论模型。国内的农业气象灾害风险评估研究大致可以 2001 年为界分为两个阶段：第一阶段，以灾害风险分析技术方法探索研究为主的起步阶段，主要成果包括：在农业生态地区法的基础上建立了华南果树生长风险分析模型（杜鹏 等，1995，1997），这是中国较早将风险分析方法应用于农业气象灾害研究；李世奎等（1999）以风险分析技术为核心，探讨了农业气象灾害风险分析的理论、概念、方法和模型。第二阶段，以灾害影响评估的风险化、数量化技术方法为主的研究发展阶段，丰富和拓展了灾害风险的内涵，包括概念的提出、定义的论述、辨识机理的揭示、函数关系的构建；实现和量化了灾害风险的评估，包括评估体系框架的构建、估算技术方法的研制、理论模型的构建及其应用量化；构建了灾害风险分析、跟踪评估、灾后评估、应变对策的技术体系。特别是"十五"国家科技攻关计划项目所属课题"农业气象灾害影响评估技术研究"的开展，促进了我国农业气象灾害风险评估研究的快速发展。主要研究成果包括：基于地面、遥感两种信息源，建立了主要农业气象灾害风险评估技术体系，实现了区域灾害致灾强度、灾损、抗灾能力风险的量化评估与业务应用；其中在灾害致灾信息提取及其风险量化表征、风险估算、风险评估模型构建及其参数的区域化等方面取得了重要进展（霍治国 等，2003；杜尧东 等，2003；马树庆 等，2003；王素艳 等，2003，2005；薛昌颖 等，2003a，2003b，2005；袭祝香 等，2003；刘锦銮 等，2003；植石群 等，2003；李世奎 等，2004；王春乙 等，2005）。其后，自然灾害风险分析理论和技术全面引入农业领域，农业气象灾害风险评估技术向定量化、动态化方向发展，认识农业气象灾害风险的形成机制，建立农业气象灾害风险评估体系框架，构建风险评估理论模型；灾害风险研究关注的灾害和作物类型不断增多，而且已表现出从单灾种向多灾种综合研究发展的趋势，对多灾种农业气象灾害的风险进行综合评估。研究方法上，基于多源信息获取和融合技术，借助作物模拟模型，并且考虑作物生理因素，进行针对不同作物生长全过程的农业气象灾害动态风险评估研究开始出现。在"十一五""十二五"国家科技支撑计划项目所属课题"重大农业气象灾害对农业的影响研究""重大农业气象灾害风险评价与管理关键技术研究"等的支持下，基于作物模型的农业气象灾害动态风险评价（王春乙，2007；王春乙 等，2010；Zhang J Q et al，2011；Liu et al，2013；Zhang Q et al，2013）、基于多灾种的农业气象灾害风险综合评价取得重要进展（蔡菁菁 等，2013）。

IPCC 第五次评估报告（AR 5）第二工作组（WGII）报告《气候变化 2014：影响适应和脆弱性》（IPCC，2014）认为，受全球气候变暖影响，未来全球极端气象灾害可能出现多发、频发、重发趋势，全球和我国农业生产都将出现大幅波动，粮食供给的不稳定性会增大，将会给全球和区域粮食安全带来极大风险。观测及模拟的影响表明，气候变化已经对全球许多区域主要作物包括小麦和玉米总产量产生不利影响，负面影响的结果比正面影响更为普遍；少量研究表明正面影响多见于高纬度地区。气候变化可能带来八大风险，其中与农业紧密相关的风险有四条：与增温、干旱、洪水、降水变率、极端事件等相关的食品安全和粮食系统崩溃的风险；由于饮用水和灌溉用水不足以及农业生产力下降对农村生计和收入带来损失的风险；提供沿海生计生态产品功能和服务损失的风险；陆地和内陆水生态系统、生物多样性，及其供给生计的生态系统产品、功能和服务的损失的风险。因此，应对气候变化背景下农业气象灾害风险的变化已成为灾害风险管理的新特征和新挑战，揭示气候变化背景下农业气象灾害风险的时空新变化及其规律性，开展灾害风险变化评估研究将成为未来的热点。

1.2 农业气象灾害风险评估的主要内容

1.2.1 致灾因子危险性评估

致灾因子危险性分析是农业气象灾害风险研究的一个方向，危险性是指致灾因子的自然变异程度，主要是由灾变活动规模（强度）和活动频次（概率）决定的。一般灾变强度越大，频次越高，灾害所造成的破坏损失就越严重，灾害的风险也越大。致灾因子危险性评估内容主要包括不同孕灾环境中的致灾因子引发的灾害种类，致灾因子时空分布、强度、频率、作用周期、持续时间，致灾因子等级及其出现概率等。致灾因子风险估算是致灾因子危险性分析的重要环节，风险估算模型以概率模型最为普遍，基于概率评估的危险性评价模型将农业气象灾害风险看成是一种随机过程，假设风险概率符合特定的随机概率分布，运用特定的风险概率函数来拟合风险，以灾害发生的频率、强度、变异系数等指标构建概率分布函数估算不同程度灾害发生的超越概率。Dennis 等（1988）利用蒸发散指标，构建了季节性农业干旱风险概率评估模型。杜鹏等（1995，1997，1998）根据灾害风险概率分析原理，建立了一个三层逐级放大的农业气象灾害风险分析实用模型。霍治国等（2003）采用灾害致灾的气象指标序列与实际灾情序列的对应匹配技术，通过灾害的致灾因子、致灾等级、致灾指标、减产率实现综合分离，采用六种概率分布模型进行序列的风险概率估算及其优选，分别研发了北方地区冬小麦干旱、东北地区玉米和水稻冷害、江淮地区冬小麦和油菜涝渍、华南地区香蕉和荔枝寒害风险评估技术；Cheng 等（2013）利用冷害的年均频率和强度，构建了湖南省双季稻冷害风险评价方法；Hao 等（2012）利用多时间尺度 SPI 指数，把干旱频率、强度作为危险性指标分析其变化规律，利用信息扩散技术对中国 583 个农气站的干旱损失进行评估；Daneshvar 等（2013）采用标准化降水指数对干旱小麦的影响进行了评价。这种从对作物影响较大的农业气象灾害风险要素和风险源出发，辨识致灾因子，通过一系列参数或方法描述致灾风险信息，从而建立风险评估模型，对灾害风险进行评估的方法，得到不少学者的青睐（马树庆 等，2003；袭祝香 等，2003；杜尧东 等，2003，2008；王素艳 等，2003；薛昌颖 等，2003b；陈怀亮 等，2006；钟秀丽 等，2007；刘荣花 等，2007；李娜 等，2010；侯双双 等，2010；高静 等，2010；徐新创 等，2011；朱红蕊 等，2012；许凯 等，2013）。

1.2.2 承灾体脆弱性评估

脆弱性是指给定危险地区的承灾体面对某一强度的致灾因子危险性可能遭受的伤害或损失程度。根据给定的致灾因子强度推算承灾体的伤害或损失程度称为承灾体脆弱性评估。承灾体脆弱性评估主要内容包括风险区确定，风险区特性评估，防灾减灾能力分析等。一般承灾体的脆弱性越大，抗灾能力越弱，灾害损失越大，灾害风险也越大，反之亦然。目前的研究主要集中在以下几个方面。

(1)基于综合影响因素分析的评估指标构建。

一般根据区域自然、环境、经济社会特点选取评估指标，构建多目标评估指标体系，比较分析区域脆弱性的差异。商彦蕊(2000)认为农业旱灾脆弱性是指农业生产系统易于遭受干旱威胁并造成损失的性质，是干旱致灾成灾的前提，与农业生产系统结构和功能有密切关系。Wilhelmi等(2002)认为决定农业旱灾脆弱性的是气候、土壤、土地利用及灌溉条件等自然因素和社会因素，建立了农业旱灾脆弱性框架体系，对美国内布拉斯加州的农业干旱脆弱性进行了分析和评价。Shahid和Behrawan(2008)从社会经济和自然两个角度选取人口密度、农业人口比例、农作物产量等七个指标，对孟加拉西部干旱承灾体进行了脆弱性评价。Fontaine(2009)基于暴露度、敏感性与适应性构建了旱灾脆弱性评价模型。Antwi-Agyei等(2012)利用降水、产量和社会经济数据构建了面向于国家和区域的多尺度、多指标的作物干旱脆弱性评价与区划方法；Kiumars Zarafshani等(2012)采用问卷调查法，选择经济、社会文化、心理、技术、基础设施等因子构建了小麦干旱脆弱性评价方法。刘兰芳等(2002)从生态环境、社会经济的角度，选择了降水量、蒸发量、水利化程度等九个指标评估了湖南省农业干旱脆弱性。杨春燕等(2005)从灾害发生发展过程的易损性和适应性两方面选择指标，构建了农业旱灾脆弱性综合评估模型。倪深海等(2005)从水资源承载能力、抗旱能力、农业旱灾系统三个方面，选择人均水资源量、灌溉率等七个指标对中国农业干旱脆弱性进行评估。王静爱等(2005)从旱灾形成的系统性和过程性两个角度出发，考虑承灾体灾前、灾中和灾后的影响和特点设置指标，从承灾体的易损性、适应性、生产压力、生活压力等四个方面构建了农业旱灾承灾体脆弱性评估体系。盛绍学等(2010)从自然地理条件、农业生产水平、社会经济系统等方面分析了涝渍灾害脆弱性的成因，建立了脆弱性定量评估模型。Xu等(2012)研究了综合作物对干旱的敏感性、暴露性和适应能力，构建了作物干旱脆弱性定量评估模型，并对加拿大亚伯达南部作物干旱脆弱性时空变化进行了分析。阎莉等(2012)基于IPCC报告中对脆弱性的定义，从暴露程度、敏感性和适应性的角度，选取作物自身、自然气象因子、作物生理因子以及社会经济因子等方面的十七项指标，建立了辽西北玉米干旱脆弱性评估模型。

(2)耦合防灾减灾能力等社会经济因素的评估指标、模型构建。

农业是一个系统产业，受多种因素的影响，一些社会人文因子在农业脆弱性影响中往往起到关键作用。Wilhite(2000)认为区域经济条件是农业旱灾脆弱性形成的关键因素。Wilhelmi等(2002)选取气候、土壤、土地利用和灌溉率四个因子，定量评估了美国内布拉斯加州不同区域的农业脆弱性空间分布状况，指出土壤持水能力和灌溉保证程度是影响该区域脆弱性的最重要因素。苏筠等(2005)选择旱地比重指数、耕地平坦指数、耕地生产力指数，构建了轻旱年型下的承灾体脆弱性评估指标。Elisabeth等(2009)，Evan等(2008)认为技术、资金等社会经济因素是中国东部主要粮食作物(小麦、玉米、水稻)干旱脆弱性影响的主要因子。陈香(2008)采用福建省水灾数据库和社会经济指标数据库资料，编制了福建省农业水灾脆弱性分布图。杜晓燕等(2010)根据影响旱灾脆弱性的自然、社会经济因素，选取八项指标，对天津地区旱灾脆弱性进行了综合评估和分区。Wu等(2011)选取作物季节水分短缺、土壤有效持水能力和灌溉能力三个指标，构建了农业干旱脆弱性评估模型。上述研究虽已考虑到一些社会、人文因子对农业气象灾害承灾体脆弱性的影响，但由于社会、经济、人文因子对农业承灾体的影响反馈过程极其复杂，过程很难量化刻画，同时这些因子的统计数据较难获得，且质量不高，因此，总体上精细化程度不足。

(3)不同灾害类型的作物脆弱性曲线构建。

通常可用致灾因子与承灾体自身性质之间的关系曲线或方程式表示，称为脆弱性曲线或灾损(率)曲线(函数)。它主要用来衡量不同灾种的致灾强度与其相应的损失(率)之间的关系，主要用曲线、表格或者曲面的形式来表现(史培军，2011)。White在1964年首次提出了脆弱性曲线方法应用于水灾脆弱性评估(Smith，1994)。近年来该方法逐渐被推广应用到农业气象灾害、水灾、旱灾、地震、台风、泥石流、滑坡、雪崩和海啸等灾害的研究中，并且得到了比较广泛的应用(周瑶 等，2012)。农业气象灾害脆弱性曲线构建方法有：基于灾情数据的脆弱性曲线构建，研究者利用收集到的农业灾情数据中致灾与成灾一一对应的关系，采用曲线拟合神经网络等数学方法发掘其间的脆弱性规律(薛昌颖 等，2003a)；基于模型模拟的脆弱性曲线，在旱灾研究中，有学者利用作物生长模型模拟不同灾害致灾强度情景，并计算出相应的产量损失率，分别构建了小麦、玉米和水稻的旱灾脆弱性曲线(王志强 等，2012；贾慧聪 等，2011；Wang *et al.*，2013)；基于试验模拟的脆弱性曲线构建，在人为模拟的灾损环境下，研究致灾因子强度对作物的影响，然后用统计方法拟合实验数据得到作物脆弱性曲线(余学知 等，2001)。

1.2.3　灾情期望损失评估

利用概率或超越概率方法分析灾情不同损失程度的概率风险或者利用灾害指标识别灾害事件在某一区域发生的概率及产生的后果，是农业气象灾害风险评估的主要内容。评估风险区内一定时段可能发生的一系列不同强度的农业气象灾害给承灾体造成的可能后果称为灾情期望损失评估。灾情损失评估指标可采用绝对、相对和综合指标表示。绝对指标包括成灾面积、绝收面积、产量损失数量、直接或间接经济损失等；相对指标包括成灾面积、绝收面积百分率、减产率等；综合指标包括灾损度或灾害等级等。一般可采用历史灾情反演的方法，分析灾害事件强度及其风险概率与灾情损失之间相互关系，建立灾损函数或曲线，预估未来可能的灾情损失(灾情期望损失)。

一般将作物产量进行去趋势化，分离出气象产量，以历(灾)年平均产量减产率、历(灾)年减产率的变异系数、基于正态拟合函数构建的减产量风险概率、产量灾损风险指数、抗灾指数等为指标进行产量灾损评估(李世奎 等，1999；邓国 等，2001；霍治国 等，2003；张琪 等，2010)。国内很多学者利用农业气象灾害历史灾情资料，借助解析概率密度曲线法、减产率变异系数及相关减产率统计指标对农业气象灾害损失进行风险估算。薛昌颖等(2003a)选取历年减产率的变异系数、历年平均减产率和减产率风险概率作为评估指标，估算了在干旱气候条件下河北及京津地区历年冬小麦产量灾害损失的风险水平。刘荣花等(2006)构建了华北平原冬小麦干旱产量灾损风险评估模型，并对华北平原冬小麦进行了实际灾损风险区划。吴利红等(2007，2012)利用台风、暴雨洪涝、干旱、秋季低温等造成的晚稻产量平均减产率、变异系数构建了农业气象灾害综合风险指数。马树庆等(2008)建立了由冷害气候风险指标和玉米产量、面积比例等农业生产结构因素构成的玉米低温冷害的气候—灾损综合风险评估模式。陈家金等(2009)用歉年平均减产率、歉年减产率变异系数、相对气象产量低于−5%的保证率三个风险指标表征粮食产量气象灾害风险程度。盛绍学等(2009)采用逐年的相对气象产量值，构建了基于减产率的冬小麦渍害风险评估方法。谢佰承等(2009)采用受灾率、成灾率、降水变率、脆弱度、灾害损失率等指标，评估了湖南省洪涝灾害农业风险度。Xu等(2010，2011)根据极值理论，利用农业气象灾害受灾率、成灾率和绝收率，构建了农业灾害风险评估概率模型。

张峭等(2011)根据农作物灾害风险的概率密度和累积分布函数,对全国及31个省份的农业自然灾害风险进行了评估。成林等(2012)采用拉格朗日插值法,通过期望产量提取了花期连阴雨灾损率序列,最终形成了花期连阴雨灾害风险区划指数,对河南省夏玉米花期连阴雨进行了风险区划。李丽纯等(2013)选取歉年平均减产率歉年减产率变异系数和减产率发生概率作为风险评估指标,采用等权重加权法构建了综合风险指数,对福建省马铃薯气候减产的风险进行了评估和区划。

1.2.4　灾害风险综合评估

仅对致灾因子或承灾体的单一评估不能反映农业气象灾害风险产生机制。因此,从灾害风险系统角度出发,以能够定量表达灾害风险形成过程中各要素之间相互作用的动力学机制为目的的农业气象灾害风险评估十分必要。在我国,根据农业气象灾害风险形成机理,利用合成法对影响灾害风险的各因子进行组合,建立灾害风险指数,对农业气象灾害风险进行综合评估成为目前农业气象灾害风险评估的主要趋势和发展方向,并取得了系列成果。如多位学者(霍治国 等,2003;马树庆 等,2003;王素艳 等,2003,2005;薛昌颖 等,2003a,2003b,2005;袭祝香 等,2003;刘锦銮 等,2003;植石群 等,2003;李世奎 等,2004;王春乙 等,2005;刘荣花等,2006)基于区域农业气象灾害的致灾强度、灾损、抗灾能力风险指数构建综合风险指数,进行区域主要农业气象灾害综合风险评估。张继权等(2004)用人类生存环境风险评估法,选取干旱灾害的时间、范围、强度频率,持续强度和受灾区区域经济发展水平等指标,构建了玉米旱灾风险综合评估模型,评估了中国松辽平原玉米的旱灾风险;张继权等(2006,2007,2012a,2013)在总结国内外相关研究成果的基础上,完善了灾害风险概念和形成机制,提出了基于形成机理的综合灾害风险形成理论,认为灾害风险是危险性、暴露性、脆弱性和防灾减灾能力四个因素相互综合作用的产物,并对农业干旱灾害风险进行了综合评估。陈红等(2010)、罗伯良等(2011)也采用同样的方法,分别开展了玉米和小麦旱灾风险评估研究。何斌等(2010)、龙鑫等(2012)、单琨等(2012)、朱红蕊等(2013)、周寅康等(2012)考虑致灾因子危险性和承灾体脆弱性,分别构建了农业旱灾、水稻初霜冻灾害风险,农业生产自然灾害风险综合评估模型。王远皓等(2008)基于风险分析的原理,选择热量指数变异系数、不同强度冷害年出现的概率、减产率风险指数和抗灾性能四个风险评估指标,构建了综合风险评估指数。梁书民(2011)对中国雨养农业区的旱灾发生程度和旱灾抗御潜力进行了综合评估。朱琳等(2002)从灾损率、易灾性、抗灾能力三方面构建了陕西省冬小麦干旱风险评价模型。吴东丽等(2011)综合考虑了影响灾害风险大小的自然属性和社会属性,选择冬小麦干旱指数的干旱频率、基于灾损的干旱频率、灾年减产率变异系数、区域农业经济发展水平、抗灾性能指数等六个风险评估指标,构建了华北地区冬小麦干旱风险综合评价模型。王明田等(2012)从干旱的孕灾、致灾、灾损角度出发,建立了玉米干旱的气候风险、致灾风险和灾损风险三个单项风险指数模型,并与社会抗灾能力相结合,建立了玉米干旱综合风险评估指数模型。陈家金等(2011,2012)考虑致灾因子危险性、承灾体脆弱性及抗灾减灾能力,分别构建了农业气象干旱灾害、极端气候条件下橄榄产量风险评估模型。顾万龙等(2012)综合考虑霜冻害日数和冬小麦实际种植面积比例因素,构建了冬小麦晚霜冻害风险评估指数。吴荣军等(2013)从致灾因子危险性、承灾体脆弱性及抗灾能力等方面构建了干旱灾害多指标综合风险评估模型。赵俊晔等(2013)构建了由致灾因子、孕灾环境因子和承灾体因子构成的作物自然灾害风险评估指标体系,计算了省级单元不同因子自然灾害影响指数和灾害风险综合评价指数，识别了玉米自然灾害风险区域。莫建飞等(2012)、唐为安等(2012)从致灾因子危险性、孕灾环境敏感性、承灾体易损性、防灾减灾能力四个方面分别构建了农业暴雨洪涝灾害、低温冷害风险综合评估模型。目前，农业气象灾害风险综合评估实例研究众多，在指标、方法等方面有一定拓展(王远皓 等，2008；任义方 等，2011b；高晓容 等，2012a，2012b，2012c；蔡菁菁 等，2013；李帅 等，2013a，2013b；刘玉英 等，2013；赵俊晔 等，2013)。

1.3　农业气象灾害风险评估的主要方法

1.3.1　基于指标的综合评估方法

以致灾因子危险性、承灾体脆弱性、灾情损失以及防灾减灾能力等为评价对象，相应的构成要素为评估因子，分别构建研究区域的灾害风险评估指标体系，利用数学模型计算指标的权重后结合指标值计算研究区域的风险等级。基于指标的评估方法主要侧重于灾害风险指标的选取、优化以及权重的计算，典型的分析方法包括层次分析法、模糊综合评判法、主成分分析法、专家打分法、历史比对法、德尔菲法等。如在干旱研究方面，陈晓艺等(2008)采用累积湿润指数作为干旱指标，从干旱强度和干旱频率两个方面对安徽省冬小麦主要发育期及全生育期的干旱危险性进行了评估。袭祝香等(2008，2013)利用东北地区逐日平均气温、降水量资料构建了夏季干旱综合风险指数。高晓容等(2012a)利用作物系数法，计算了玉米不同生育阶段的需水量，以作物水分盈亏指数为评估指标，分析了近 50 年东北玉米不同生育阶段的旱涝分布及演变。在低温冷害研究方面，陆魁东等(2011)采用当量冷积温、低温持续天数及过程日照时数等低温强度要素，建立了低温和寒露风综合气象风险指数。Cheng 等(2013)利用冷害的年均频率和强度，构建了湖南省双季稻冷害风险评估方法。薛晓萍等(2013)基于人工气候箱和大田试验观测结果，探讨了日光温室黄瓜生产低温冷害风险评估方法。李红英等(2013)对宁夏霜冻发生范围、频率、强度及致灾因子危险性特征进行了分析。高晓容等(2012b，2012c)构建了基于热量指数的玉米生育阶段冷害指数，系统分析了近 50 年东北玉米不同生育阶段低温冷害时空分布及周期特征。在综合灾害研究方面，蔡冰等(2011)结合设施农业气象灾害指标对江苏省设施农业气象三种主要气象灾害(寡照灾害、低温灾害、高温灾害)进行风险等级区划。陆魁东等(2013)采用相关分析方法，构建了基于气象因子的湖南省油菜气象灾害综合风险指数。

1.3.2　基于数据的概率评估方法

以研究区域的历史灾害和灾损样本数据为基础，利用数学模型对样本数据进行统计分析获得灾害危险性与损失的统计规律，进而进行灾害的风险评估。典型的分析方法包括回归模型、时序模型、聚类分析、概率密度函数参数估计法或非参数估计法，信息扩散理论法等。其中风险概率评估法是最常用的方法。

选择灾害风险概率评估方法时，需要考虑所占有的资料序列，依据资料样本的多少可以把灾害风险概率评估方法分为资料完备型和资料不完备型两种。如果拥有资料年代序列较长可以采用资料完备型风险评估方法，否则采用资料不完备型风险评估方法。

(1)资料完备型灾害风险概率评估法

对于具有长时间序列的农业气象灾害事件和损失数据,可采用概率统计方法推求农业气象灾害致灾因子、损失的概率分布曲线,进行灾害风险定量估算,通常称为概率风险。Petak等(1982)曾依据美国各类自然灾害的统计分析,得到以概率形式表示的灾害风险。本书中致灾因子危险性评估、灾情损失评估两部分内容的研究个例多属于此类。

(2)资料不完备型灾害风险概率评估法

通常的概率风险分析方法需要样本足够多,当可获得的信息较少时,统计样本得到的估计参数和总体参数之间的误差会很大,因而无法反映总体的信息,分析结果将极不稳定,甚至与实际情况相差甚远,这就要求考虑采用其他手段来对小样本进行客观风险分析。黄崇福将模糊数学引入风险估算,并提出了可能性风险的定义。由于不完备信息是一类模糊信息,根据信息扩散原理,一定存在着一个适当的扩散函数,可以将传统的观测样本点集值化,以部分弥补资料不足的缺陷,达到提高风险估计精度的目的(Huang et al,2002)。由于自然灾害系统是由孕灾环境、致灾因子和承灾体共同构成的复杂系统,存在着大量的不确定性和模糊性,应用模糊信息优化处理技术,黄崇福(2005,2010,2012)全面研究了孕灾环境、致灾因子、承灾体及历史灾情中不完备信息的种类、特点和模糊特性,提出了自然灾害模糊风险的概念,对其特性和计算方法进行了初步的研究,进一步完善了信息扩散原理,在其基础上建立了不完备信息条件下进行自然灾害风险评估的理论体系,并分别以城市地震灾害风险、湖南省农业自然灾害风险评估为例,对复杂的自然灾害风险系统和简单历史灾情统计风险系统进行了研究,给出了不完备信息条件下进行风险评估的计算方法。目前,在模糊信息处理中最常用的模型是基于正态扩散函数的正态扩散模型(Huang et al,2002)。信息扩散理论已广泛用于农业气象灾害风险评估中(娄伟平 等,2009;于飞 等,2009;张丽娟 等,2009;张星 等,2009;刘亚彬 等,2010;王军 等,2011;Zhao et al,2012),如基于信息扩散的农业干旱灾害风险评估(龚宇 等,2008;常文娟 等,2009;陈家金 等,2010;曹永强 等,2011;Chen et al,2011;Zhang et al,2011;Hao et al,2012;张竞竟,2012;秦越 等,2013; Wu et al,2013)、基于信息扩散的农业洪涝灾害风险评估(Jiang et al,2009;Chen et al,2010;庞西磊 等,2012;王加义 等,2012;Zou et al,2013)、基于信息扩散的农业低温冷害和霜冻风险评估(李文亮 等,2009;林晶 等 2011;蔡大鑫 等,2013)以及基于信息扩散的农业高温热害风险评估等。

1.3.3 基于情景模拟的评估方法

农业气象灾害风险情景模拟评估法,也称为农业气象灾害风险动态评估法。通过与RS/GIS和数值模式等复杂系统仿真建模手段相结合,模拟人类活动干扰下未来可能发生的灾害过程,形成对灾害风险的可视化表达,实现灾害风险的动态评估。是当前农业气象灾害风险评估研究的主流方向。在情景模拟的方法方面,一类研究是通过描述作物的动态生长过程,建立起灾害风险情景下作物的生长模型,对气象灾害风险进行动态评估。如马树庆等(2003)应用改进后的玉米生长发育和干物质积累动态模型,采用新的玉米低温冷害指标和参数,建立了玉米低温冷害风险评估模型。王翠玲等(2011)、Zhang J Q 等(2011)选取影响玉米不同生长阶段的干旱灾害风险指标,建立了基于玉米不同生长阶段的干旱灾害动态风险评估体系和模型。Hong 等 (2004a,2004b)借助多变量分析技术,采用 *SPI* 和 *CSDI* 指标,建立了玉米和大豆不同生长阶段的干旱风险实时、动态评估方法。张琪等(2011)采用多尺度 *SPI* 指数,判别式分析法和滑动直线平均法，建立了一种动态评估与预测玉米不同生育阶段干旱灾害风险的新方法。高晓容(2012a,2012b,2012c)利用自然灾害风险指数法构建东北玉米发育阶段及整个生育期主要气象灾害风险动态评估模型。蔡菁菁(2013)以玉米出苗—抽雄、抽雄—成熟两个生长阶段里发生的干旱及冷害为研究对象，对东北地区玉米干旱、冷害风险进行了动态评估。Liu 等(2012)建立了基于多维干旱指标的不同生长阶段的春小麦干旱风险评估模型。林晓梅等(2009)根据作物生长发育的阶段性原理，统计得到冬小麦各个生育阶段不同灾害等级的年霜冻日数，并计算出冬小麦全生育期内不同等级霜冻的发生概率，基于以上两项指标对冬小麦霜冻致灾因子危险度做出了评估。杨再强等(2013)构建了基于实数编码的加速遗传算法和投影寻踪的日光温室气象灾害风险评估模型，并对北方地区日光温室主要生产月气象灾害风险进行了逐月评估。陈晓艺等(2008)以累积湿润指数为干旱指标，利用干旱强度和频率评估安徽省冬小麦主要发育期及整个生育期的干旱危险性。贺楠(2009)建立了基于旬尺度旱涝对最终产量灾损的贡献系数，构建了农业旱涝风险动态评估模型，初步实现了小麦、玉米旱涝风险的动态评估。

另一类研究是利用作物模型，对作物的生长过程进行模拟，通过作物模型参数的设定，从而评估农业气象灾害风险。如孙宁等(2005)利用 APSIM-Wheat 模型的模拟结果评估了北京地区干旱造成的冬小麦产量风险。张建平等(2007)、王远皓等(2008)、张雪芬等(2012)则通过引入 WOFOST 模型，对东北地区玉米低温冷害，以及黄淮区域晚霜冻进行风险评估。基于物理过程的作物模型 EPIC(Erosion Productivity Impact Calculator)也被一些学者用于模拟典型作物的生长过程，如贾慧聪等(2011)引入采用作物模型模拟和数字制图等技术，分别从全生育期和分生育期角度，对黄淮海夏播玉米区玉米旱灾风险的时空分布进行了定量评估，王志强等(2012)模拟了 1966—2005 年中国典型小麦生长过程，构建了基于水分胁迫的小麦干旱致灾强度指数，对中国小麦干旱致灾强度和风险的时空分布规律进行了定量评估分析。潘卫华等(2012)提出了基于遥感的农作物地表低温风险评估法。

1.4　农业气象灾害风险评估存在的问题

目前农业气象灾害风险评估的基础理论和应用方法研究仍相当薄弱。农业气象灾害风险评估标准的规范性，风险评估模型的实用性和可操作性，基于全生育期的单灾种风险、多灾种综合风险动态评估技术方法等研究有待进一步突破。在农业气象灾害风险评估的概念内涵、针对性、过程分析方面有待进一步加强。在承灾体、灾种数量方面还有待进一步拓展。

(1)农业气象灾害风险评估的基础理论和应用方法研究仍相当薄弱。农业生产是自然再生产和经济再生产交织的过程。农业气象灾害风险具有自然属性和社会经济属性，其中自然属性居于主导地位，社会经济属性对灾害风险有增减作用，不同种类的农业气象灾害风险的自然属性、社会经济属性存在一定的差异性。目前，在基础理论研究方面，针对不同农业气象灾害风险的自然属性、社会经济属性的构成要素厘定，要素之间的内部联系、演变过程，不同要素的变异程度及对评估对象风险作用程度等有关灾害风险形成机制、成险机理等的基础理论问题，仍缺乏统一认知和深入研究。表现为关注农业气象灾害风险自然属性的研究较多，社会属性的研究较少；风险识别研究较多，风险形成机制研究甚少。在应用方法研究方面，不同灾害风险评估指标的选择及其代表性，尤其是有关社会经济属性指标，不同评估指标影响权重的确定等，仍缺乏科学与量化的方法，人为因素明显。表现为对同一农业气象灾害，不同学者选择的指标、确定的指标影响权重等不同，评估结果难以进行比较。

(2)农业气象灾害风险评估标准缺乏规范统一。随着农业气象灾害风险评估研究与应用的快速发展，气象、农业、水利等涉农部门根据各自需要，分别开展了灾害风险评估的指标体系和技术方法研究，但由于不同研究者对灾害风险的自然属性和社会经济属性的理解和侧重点不同，在不同属性因子和指标因子选择及其权重分配、评估模型构建以及等级划分等方面差异性明显。迄今，在农业气象灾害评估指标体系、评估方法、风险表征等方面尚未形成具有可比性的规范标准。

(3)基于全生育期的单灾种风险、多灾种综合风险动态评估技术方法等研究有待进一步突破。目前，农业气象灾害风险评估大多以单一灾种对单一承灾体的影响为研究对象，多数研究为静态的、灾后的评估，仅有少数研究针对作物全生育期或关键期，利用数理统计、作物模拟模型等方法，开展了单灾种风险、多灾种综合风险动态评估。其中基于全生育期的单灾种、多灾种灾害的致灾因子危险性及其可能损失的时空量化难度大，数理统计方法解释性较差、评估效果不稳定，作物模拟模型方法在由单点和田间尺度升至区域尺度评估应用时误差较大等问题，是制约基于全生育期的单灾种风险、多灾种综合风险动态评估的主要技术瓶颈，有待于进一步发展和突破。

(4)农业气象灾害风险评估的概念内涵、针对性、过程分析有待加强。目前，一些研究中存在着灾害风险评估的概念内涵不清、针对性不足、过程分析缺乏等问题。①评估的概念内涵不清。如错误地将气象灾害风险评估等同为农业气象灾害风险评估，缺乏具体评估的农业承灾体；将灾害实际发生频率等同为风险概率，而实际发生频率随着资料序列的延长将会随时间变化，无法真正反映灾害的真实风险状况。②评估因子选择针对性不足。在致灾因子选择方面，错误地将气象灾害致灾因子和指标等同于农业气象灾害致灾因子和指标，如采用表征气象干旱、洪涝因子指标进行农业干旱、洪涝风险评估。在脆弱性或易损性因子选择方面，所选因子针对性不足问题突出，如采用机耕面积比、绿化覆盖率等评估农业旱灾的脆弱性。在防灾减灾能力因子选择方面，所选因子针对性不足问题更为突出，部分所选因子与防灾减灾能力缺乏实质性关联，如农村人口受教育程度、适龄儿童入学率等，实际上农村受教育程度高的人群外出务工比例很高，无法真正为提升农业气象防灾减灾能力提供帮助。③评估过程分析缺乏。一些研究，尤其是综合风险研究，缺乏灾害风险形成的过程分析，仅给出致灾因子、承灾体脆弱性或易损性、防灾减灾能力等因子的罗列和计算公式，最后给出一个评估结果或结果图，缺乏实际情况的验证检验，难以评估结果的可信性。

1.5　农业气象灾害风险评估研究展望

农业气象灾害风险评估作为农业气象灾害学的一个新兴分支学科，是全面认识和科学评价农业自然灾害风险与社会经济发展相互作用的必然产物。未来随着农业可持续发展和农业防灾减灾的迫切需求，农业气象灾害风险评估的基础理论和技术方法、灾害风险动态评估技术、多灾种综合风险评估技术、气候变化背景下灾害风险变化评估研究等将会得到加强，农业气象灾害风险评估技术将向精细化、动态化方向发展。基于3S(Remote sensing，RS；Geography information systems，GIS；Global positioning systems，GPS)技术的农业气象灾害风险动态评估、多灾种综合风险评估技术将成为未来研究发展及其业务应用的重点。

1.5.1 农业气象灾害风险评估的基础理论和技术方法研究

未来随着自然灾害风险分析、风险评估基础理论与技术方法的发展和深化，相关的基础理论与技术方法将不断被引入到农业气象灾害风险评估研究中(Zhang J Q,2004)；同时，农业气象灾害风险评估研究也将在持续吸收农业气象灾害学的最新研究成果的基础上，不断得到丰富和拓展(王春乙 等,2005,2007,2010;张继权 等,2006,2007,2012a,2012b,2013)。预计农业气象灾害风险属性要素的科学构成与量化评估、成险过程因子演替及其相互作用等将成为基础研究的重点；作物模拟模型、数值模式、数学仿真技术以及数理统计新技术新方法等的引入、融合和创新发展，将成为灾害风险评估技术方法发展的重点；在灾害风险形成机制、致险机理等基础理论研究、风险量化、评估模型构建等技术方法研究方面将取得重要突破。

1.5.2 农业气象灾害风险动态评估技术研究

农业气象灾害风险动态评估是农业气象灾害风险研究的主要发展方向，对实时有针对性地开展防灾减灾意义重大(Zhang J Q et al,2011;Zhang Q et al,2013)。研究发展重点为动态评估指标、模型构建，其中与指标、模型相关的自然属性和社会属性影响的综合集成研究将得到加强(王翠玲 等,2011;张琪 等,2011)。动态评估指标研究，将在灾害风险属性要素的科学构成、要素厘定与量化评估、成险过程因子演替及其相互作用等研究基础上，向覆盖农业生产全过程的方向发展，建立基于灾种—承灾体的实时动态指标体系。动态评估模型构建研究，将向多模型多方法集成应用方向发展，其中3S技术作物生长模型模拟技术的耦合应用将成为未来发展的重点。未来随着3S技术的发展和实验室条件的改善，基于天基、地基、实验室模拟和数值模拟等多元数据日益丰富和精细，农业气象灾害风险评价的精细化程度将会得到显著加强(潘卫华 等,2012)。

1.5.3 多灾种农业气象灾害综合风险评估技术研究

多灾种农业气象灾害综合风险评估是开展农业气象灾害综合风险管理的基础和综合防灾减灾的必要条件，也是当前国际社会高度关注的热点、难点问题之一。某一农业生产对象(承灾体)在其生产全过程中，往往会有一种或多种农业气象灾害发生，目前针对单灾种的农业气象灾害风险评估研究较为常见且取得了不少成果，如农业干旱、洪涝、低温灾害评估等；但针对多灾种的农业气象灾害风险评估研究成果甚少，究其原因主要是发生于不同时段的多灾种组合中的单致灾因子对多致灾因子综合危险性、综合(最终)灾害损失的影响效应与贡献系数量化及其综合集成量化等关键技术尚未得到有效解决。上述关键技术的研发与突破，将成为未来多灾种农业气象灾害综合风险评估研究的重点(王军 等,2011;蔡菁菁 等,2013;张丽娟,2009;张竟竟,2012)。

1.5.4 气候变化背景下农业气象灾害风险变化评估研究

以变暖为主要特征的全球气候变化已对农业气象灾害的发生与灾变规律产生了显著影响，就农业气象灾害风险而言，气候变暖不仅影响农业气象灾害致灾因子变化以及灾害形成的各个环节，而且还影响形成农业气象灾害风险的孕灾环境、致灾因子、承灾体和防灾减灾能力等多个因素;使农业气象灾害风险影响因素变得更加复杂多样。应对气候变化背景下农业气象灾害风险的变化已成为灾害风险管理的新特征和新挑战。因此,揭示气候变化背景下农业气象灾害风险的时空新变化及其规律性,开展灾害风险变化评估研究将成为未来的热点(高晓容 等,2012c;陆魁东 等,2013;朱红蕊 等,2013)。

参考文献

蔡冰,刘寿东,费玉娟,等.2011.江苏省设施农业气象灾害风险等级区划[J].中国农学通报,**27**(20):285-291.

蔡大鑫,张京红,刘少军.2013.海南荔枝产量的寒害风险分析与区划[J].中国农业气象,**34**(5):595-601.

蔡菁菁,王春乙,张继权.2013.东北地区玉米不同生长阶段干旱冷害危险性评价[J].气象学报,**71**(5):976-986.

曹永强,李香云,马静,等.2011.基于可变模糊算法的大连市农业干旱风险评价[J].资源科学,**33**(5):983-988.

常文娟,梁忠民.2009.信息扩散理论在农业旱灾风险率分析中的应用[J].水电能源科学,**27**(6):185-187.

陈红,张丽娟,李文亮,等.2010.黑龙江省农业干旱灾害风险评估与区划研究[J].中国农学通报,**26**(3):245-248.

陈怀亮,邓伟,张雪芬,等.2006.河南小麦生产农业气象灾害风险分析及区划[J].自然灾害学报,**15**(1):135-143.

陈家金,王加义,李丽纯,等.2010.基于信息扩散理论的东南沿海三省农业干旱风险评估[J].干旱地区农业研究,**28**(6):248-252.

陈家金,王加义,李丽纯,等.2011.极端气候对福建省橄榄产量影响的风险评估[J].中国农业气象,**32**(4):632-637.

陈家金,王加义,李丽纯,等.2012.影响福建省龙眼产量的多灾种综合风险评估[J].应用生态学报,**23**(3):819-826.

陈家金,张春桂,王加义.2009.福建省粮食产量气象灾害风险评估[J].中国农学通报,**25**(10):277-281.

陈香.2008.福建省农业水灾脆弱性评价及减灾对策[J].中国生态农业学报,**16**(1):206-211.

陈晓艺,马晓群,孙秀邦.2008.安徽省冬小麦发育期农业干旱发生风险分析[J].中国农业气象,**29**(4):472-476.

成林,刘荣花.2012.河南省夏玉米花期连阴雨灾害风险区划[J].生态学杂志,**31**(12):3075-3079.

邓国,王昂生,李世奎,等.2001.风险分析理论及方法在粮食生产中的应用初探[J].自然资源学报,**16**(3):221-226.

杜鹏,李世奎,温福光,等.1995.珠江三角洲主要热带果树农业气象灾害风险分析[J].应用气象学报,**6**(增刊):27-32.

杜鹏,李世奎.1997.农业气象灾害风险评价模型及应用[J].气象学报,**55**(1):95-102.

杜鹏,李世奎.1998.农业气象灾害风险分析初探[J].地理学报,**53**(3):202-208.

杜晓燕,黄岁樑.2010.天津地区农业旱灾脆弱性综合评价及区划研究[J].自然灾害学报,**19**(5):138-145.

杜尧东,李春梅,唐力生,等.2008.广东地区冬季寒害风险辨识[J].自然灾害学报,**17**(5):82-86.

杜尧东,毛慧勤,刘锦銮.2003.华南地区寒害概率分布模型研究[J].自然灾害学报,**12**(2):103-107.

高静,侯双双,姜会飞,等.2010.湖北省棉花洪涝灾害风险分析[J].中国农业大学学报,**16**(3):60-66.

高晓容,王春乙,张继权,等.2012a.近50年东北玉米生育阶段需水量及旱涝时空变化[J].农业工程学报,**28**(12):101-109.

高晓容,王春乙,张继权.2012b.东北玉米低温冷害时空分布与多时间尺度变化规律分析[J].灾害学,**27**(4):65-70.

高晓容,王春乙,张继权. 2012c. 气候变暖对东北玉米低温冷害分布规律的影响[J]. 生态学报,**32**(7):2110-2118.

龚宇,花家嘉,陈昱,等. 2008. 唐山地区种植业干旱灾害特征及模糊风险评估[J]. 中国农学通报,**24**(8):435-438.

顾万龙,姬兴杰,朱业玉. 2012. 河南省冬小麦晚霜冻害风险区划[J]. 灾害学,**27**(3):39-44.

何斌,武建军,吕爱锋. 2010. 农业干旱风险研究进展[J]. 地理科学进展,**29**(5):557-564.

贺楠. 2009. 安徽省农业旱涝灾害风险分析[D]. 北京:中国气象科学研究院.

侯双双,姜会飞,廖树华,等. 2010. 利用风险预测方法甄选农业气象灾害指标初探[J]. 中国农业气象,**31**(3):462-466.

黄崇福. 2005. 自然灾害风险分析理论与实践[M]. 北京:科学出版社.

黄崇福. 2010. 灾害风险基本定义的探讨[J]. 自然灾害学报,**19**(6):8-16.

黄崇福. 2012. 自然灾害风险与管理[M]. 北京:科学出版社.

霍治国,李世奎,王素艳,等. 2003. 主要农业气象灾害风险评估技术及其应用研究[J]. 自然资源学报,**18**(6):692-703.

贾慧聪,王静爱,潘东华,等. 2011. 基于 EPIC 模型的黄淮海夏玉米旱灾风险评价[J]. 地理学报,**66**(5):543-652.

李红英,张晓煜,曹宁,等. 2013. 宁夏霜冻致灾因子指标特征及危险性分析[J]. 中国农业气象,**34**(4):474-479.

李丽纯,陈家金,陈惠,等. 2013. 福建省马铃薯气候减产的风险分析和区划[J]. 中国农业气象,**34**(2):186-190.

李娜,霍治国,贺楠,等. 2010. 华南地区香蕉、荔枝寒害的气候风险区划[J]. 应用生态学报,**21**(5):1244-1251.

李世奎,霍治国,王道龙,等. 1999. 中国农业灾害风险评价与对策[M]. 北京:气象出版社:1-221,271-275.

李世奎,霍治国,王素艳,等. 2004. 农业气象灾害风险评估体系及模型研究[J]. 自然灾害学报,**13**(1):77-87.

李帅,陈莉,王晾晾. 2013a. 1980 年以来黑龙江省玉米低温冷害风险变化研究[J]. 灾害学,**8**(4):100-103.

李帅,王晾晾,陈莉. 2013b. 黑龙江省玉米低温冷害风险综合评估模型研究[J]. 自然资源学报,**28**(4):635-645.

李文亮,张冬有,张丽娟. 2009. 黑龙江省气象灾害风险评估与区划[J]. 干旱区地理,**32**(5):754-760.

梁书民. 2011. 中国雨养农业区旱灾风险综合评价研究[J]. 干旱区资源与环境,**25**(7):39-44.

林晶,陈家金,王加义,等. 2011. 基于信息扩散理论的福建省农作物霜冻灾害风险评估[J]. 中国农业气象,**32**(增 1):188-191.

林晓梅,岳耀杰,苏筠. 2009. 我国冬小麦霜冻灾害致灾因子危险度评价——基于作物生育阶段气象指标[J]. 灾害学,**24**(4):45-50.

刘锦銮,杜尧东,毛慧勤. 2003. 华南地区荔枝寒害风险分析与区划[J]. 自然灾害学报,**12**(3):126-130.

刘兰芳,刘盛和,刘沛林,等. 2002. 湖南省农业旱灾脆弱性综合分析与定量评价[J]. 自然灾害学报,**11**(4):78-83.

刘荣花,王友贺,朱自玺. 2007. 河南省冬小麦气候干旱风险评估[J]. 干旱地区农业研究,**25**(6):1-4.

刘荣花,朱自玺,方文松,等. 2006. 华北平原冬小麦干旱灾损风险区划[J]. 生态学杂志,**25**(9):1068-1072.

刘亚彬,刘黎明,许迪. 2010. 基于信息扩散理论的中国粮食主产区水旱灾害风险评估[J]. 农业工程学报,**26**(8):1-7.

刘玉英,石大明,胡轶鑫,等. 2013. 吉林省农业气象干旱灾害的风险分析及区划[J]. 生态学,**32**(6):1518-1524.

龙鑫,甄霖,邸苏闯. 2012. 泾河流域农业旱灾风险综合评估研究[J]. 资源科学,**34**(11):2197-2205.

娄伟平,吴利红,邱新法,等. 2009. 柑桔农业气象灾害风险评估及农业保险产品设计[J]. 自然资源学报,**24**

(6):1030-1040.
陆魁东,罗伯良,黄晚华,等. 2011. 影响湖南早稻生产的五月低温的风险评估[J]. 中国农业气象,**32**(2):283-289.
陆魁东,彭莉莉,黄晚华,等. 2013. 气候变化背景下湖南油菜气象灾害风险评估[J]. 中国农业气象, **34**(2):191-196.
罗伯良,黄晚华,帅细强,等. 2011. 湖南省水稻生产干旱灾害风险区划[J]. 中国农业气象,**32**(3):461-465.
马树庆,王琪,王春乙,等. 2008. 东北地区玉米低温冷害气候和经济损失风险分区[J]. 地理研究,**27**(5):1169-1177.
马树庆,袭祝香,王琪. 2003. 中国东北地区玉米低温冷害风险评估研究[J]. 自然灾害学报,**12**(3):137-141.
莫建飞,陆甲,李艳兰,等. 2012. 基于 GIS 的广西农业暴雨洪涝灾害风险评估[J]. 灾害学,**27**(1):39-43.
倪深海,顾颖,王会蓉. 2005. 中国农业干旱脆弱性分区研究[J]. 水科学进展,**16**(5):705-709.
潘卫华,陈惠,张春桂,等. 2012. 基于 MODIS 数据的福建省农作物低温监测分析与风险评估[J]. 中国农业气象,**33**(2):259-64.
庞西磊,黄崇福,艾福利. 2012. 基于信息扩散理论的东北三省农业洪灾风险评估[J]. 中国农学通报,**28**(8):271-275.
秦越,徐翔宇,许凯,等. 2013. 农业干旱灾害风险模糊评价体系及其应用[J]. 农业工程学报,**29**(10):83-91.
任义方,赵艳霞,王春乙. 2011. 河南省冬小麦干旱保险风险评估与区划[J]. 应用气象学报,**22**(5):537-548.
单琨,刘布春,刘园,等. 2012. 基于自然灾害系统理论的辽宁省玉米干旱风险分析[J]. 农业工程学报,**28**(8):186-194.
商彦蕊. 2000. 干旱、农业旱灾与农户旱灾脆弱性分析[J]. 自然灾害学报,**9**(2):55-61.
盛绍学,石磊,张玉龙. 2009. 江淮地区冬小麦渍害指标与风险评估模型研究[J]. 中国农学通报,**25**(19):263-268.
盛绍学,石磊. 2010. 江淮地区小麦春季涝渍灾害脆弱性成因及空间格局分析[J]. 中国农业气象,2010,**31**(增1):140-143.
史培军. 2011. 中国自然灾害风险地图集[M]. 北京:科学出版社.
苏筠,吕红峰,黄术根. 2005. 农业旱灾承灾体脆弱性评价——以湖南鼎城区为例[J]. 灾害学,**20**(4):1-7.
孙宁,冯利平. 2005. 利用冬小麦作物生长模型对产量气候风险的评估[J]. 农业工程学报,**21**(2):106-110.
唐为安,田红,杨元建,等. 2012. 基于 GIS 的低温冷冻灾害风险区划研究——以安徽省为例[J]. 地理科学,**32**(3):356-361.
王春乙,王石立,霍治国,等. 2005. 近 10 年来中国主要农业气象灾害监测预警与评估技术研究进展[J]. 气象学报,**63**(5):659-668.
王春乙,张雪芬,赵艳霞. 2010. 农业气象灾害影响评估与风险评价[M]. 北京:气象出版社:262-282.
王春乙. 2007. 重大农业气象灾害研究进展[M]. 北京:气象出版社:262-282.
王翠玲,宁方贵,张继权,等. 2011. 辽西北玉米不同生长阶段干旱灾害风险阈值的确定[J]. 灾害学,**26**(1):43-47.
王加义,陈家金,林晶,等. 2012. 基于信息扩散理论的福建省农业水灾风险评估[J]. 自然资源学报,**27**(9):1497-1506.
王静爱,商彦蕊,苏筠,等. 2005. 中国农业旱灾承灾体脆弱性诊断与区域可持续发展[J]. 北京师范大学学报,(3):130-137.
王军,王洪丽,张雪清. 2011. 吉林省玉米生产自然灾害风险评估与气象灾害产量的影响因素研究[J]. 玉米科学,**19**(5):143-147.
王明田,张玉芳,马均,等. 2012. 四川省盆地区玉米干旱灾害风险评估及区划[J]. 应用生态学报,**23**(10):2083-2811.

王素艳，霍治国，李世奎，等. 2003. 干旱对北方冬小麦产量影响的风险评估[J]. 自然灾害学报，**12**(3)：118-125.

王素艳，霍治国，李世奎，等. 2005. 北方冬小麦干旱灾损风险区划[J]. 作物学报，**31**(3)：267-274.

王远皓，王春乙，张雪芬. 2008. 作物低温冷害指标及风险评估研究进展[J]. 气象科技，**36**(3)：310-317.

王志强，何飞，栗健，等. 2012. 基于 EPIC 模型的中国典型小麦干旱致灾风险评价[J]. 干旱地区农业研究，**30**(5)：210-215.

吴东丽，王春乙，薛红喜，等. 2011. 华北地区冬小麦干旱风险区划[J]. 生态学报，**31**(3)：760-769.

吴利红，毛裕定，苗长明，等. 2007. 浙江省晚稻生产的农业气象灾害风险分布[J]. 中国农业气象，**28**(2)：217-220.

吴利红等. 2012. 气象灾害风险管理在农业保险中的应用研究[M]. 北京：气象出版社.

吴荣军，史继清，关福来，等. 2013. 干旱综合风险指标的构建及风险区划——以河北省冬麦区为例[J]. 自然灾害学报，**22**(1)：145-151.

袭祝香，马树庆，王琪. 2003. 东北区低温冷害风险评估及区划[J]. 自然灾害学报，**12**(2)：98-102.

袭祝香，王文跃，时霞丽. 2008. 吉林省春旱风险评估及区划[J]. 中国农业气象，**29**(1)：119-12.

袭祝香，杨雪艳，刘实，等. 2013. 东北地区夏季干旱风险评估与区划[J]. 地理科学. **33**(6)：735-740.

谢佰承，罗伯良，帅细强，等. 2009 湖南洪涝灾害农业风险评估研究[J]. 中国农业气象，**30**(增 2)：307-309.

徐新创，葛全胜，郑景云，等. 2011. 区域农业干旱风险评估研究——以中国西南地区为例[J]. 地理科学进展，**30**(7)：883-890.

许凯，徐翔宇，李爱花. 2013. 基于概率统计方法的承德市农业旱灾风险评估[J]. 农业工程学报，**29**(14)：139-146.

薛昌颖，霍治国，李世奎，等. 2003a. 华北北部冬小麦干旱和产量灾损的风险评估[J]. 自然灾害学报，**12**(1)：131-139.

薛昌颖，霍治国，李世奎，等. 2003b. 灌溉降低华北冬小麦干旱减产的风险评估研究[J]. 自然灾害学报，**12**(3)：131-136.

薛昌颖，霍治国，李世奎，等. 2005. 北方冬小麦产量损失风险类型的地理分布[J]. 应用生态学报，**16**(4)：620-625.

薛晓萍，李楠，杨再强. 2013. 日光温室黄瓜低温冷害风险评估技术研究[J]. 灾害学，**28**(3)：61-65.

阎莉，张继权，王春乙，等. 2012. 辽西北玉米干旱脆弱性评价模型构建与区划研究[J]. 中国生态农业学报，**20**(6)：788-794.

杨春燕，王静爱，苏筠，等. 2005. 农业旱灾脆弱性评价——以北方农牧交错带兴和县为例[J]. 自然灾害学报，**14**(6)：88-93.

杨再强，张婷华，黄海静，等. 2013. 北方地区日光温室气象灾害风险评价[J]. 中国农业气象，**34**(3)：342-349.

于飞，谷晓平，罗宇翔，等. 2009. 贵州农业气象灾害综合风险评价与区划[J]. 中国农业气象，**30**(2)：267-270.

余学知，刘发挥，吴桂初，等. 2001. 水稻田间干旱模拟试验研究[J]. 中国农业气象，**22**(3)：20-23.

张继权，岗田宪夫，多多纳裕一. 2006. 综合自然灾害风险管理——全面整合的模式与中国的战略选择[J]. 自然灾害学报，**15**(1)：29-37.

张继权，李宁. 2007. 主要气象灾害风险评价与管理的数量化方法及其应用[M]. 北京：北京师范大学出版社：33.

张继权，刘兴朋，刘布春. 2013. 农业灾害风险管理[M]//郑大玮，李茂松，霍治国. 农业灾害与减灾对策. 北京：中国农业大学出版社：753-794.

张继权，刘兴朋，严登华. 2012b. 综合灾害风险管理导论[M]. 北京：北京大学出版社：262-282.

张继权，严登华，王春乙，等. 2012a. 辽西北地区农业干旱灾害风险评价与风险区划研究[J]. 防灾减灾工程学报，**32**(3)：300-306.

张继权,赵万智,冈田宪夫等.2004.综合自然灾害风险管理的理论、对策与途径[J].应用基础与工程科学学报,**14**:263-271.

张建平,赵艳霞,王春乙,等.2007.未来气候变化情景下我国主要粮食作物产量变化模拟[J].干旱地区农业研究,**25**(05):208-213.

张竟竟.2012.基于信息扩散理论的河南省农业旱灾风险评估[J].资源科学,**34**(2):28-286.

张丽娟,李文亮,张冬有.2009.基于信息扩散理论的气象灾害风险评估方法[J].地理科学,**29**(2):250-254.

张琪,张继权,佟志军,等.2010.干旱对辽宁省玉米产量影响及风险区划[J].灾害学,**25**(2):87-91.

张琪,张继权,佟志军,等.2011.朝阳市玉米不同生育阶段干旱灾害风险预测[J].中国农业气象,**32**(3):451-455.

张峭,王克.2011.我国农业自然灾害风险评估与区划[J].中国农业资源与区划,**32**(3):32-36.

张星,张春桂,吴菊薪,等.2009.福建农业气象灾害的产量灾损风险评估[J].自然灾害学报,**18**(1):90-94.

张雪芬,余卫东,王春乙.2012.基于作物模型灾损识别的黄淮区域冬小麦晚霜冻风险评估[J].高原气象,**31**(1):277-284.

赵俊晔,张峭,赵思健.2013.中国小麦自然灾害风险综合评价初步研究[J].中国农业科学,**46**(4):705-714.

植石群,刘锦銮,杜尧东,等.2003.广东省香蕉寒害风险分析[J].自然灾害学报,**12**(2):113-116.

钟秀丽,王道龙,李玉中,等.2007.黄淮麦区小麦拔节后霜害的风险评估[J].应用气象学报,**18**(1):102-107.

周瑶,王静爱.2012.自然灾害脆弱性曲线研究进展[J].地球科学进展,**27**(4):435-442.

周寅康,金晓斌,王千,等.2012.基于GIS的关中地区农业生产自然灾害风险综合评价研究[J].地理科学,**32**(12):1465-1472.

朱红蕊,刘赫男,孙爽,等.2013.气候变暖背景下黑龙江省水稻初霜冻灾害风险区划研究[J].中国农学通报,**29**(30):29-34.

朱红蕊,于宏敏,姚俊英,等.2012.黑龙江省水稻初霜冻灾害致灾因子危险性分析[J].灾害学,**27**(2):96-99.

朱琳,叶殿秀,陈建文,等.2002.陕西省冬小麦干旱风险分析及区划[J].应用气象学报,**13**(2):201-206.

Agnew C T. 2000. Using the SPI to identify drought [J]. *Drought Network News*, **12**(1):6-12.

Antwi-Agyei, Fraser P, Dougill A J, et al. 2012. Mapping the vulnerability of crop production to drought in Ghana using rainfall, yield and socioeconomic data [J]. *Applied Geography*, **32**(2):324-334.

Birkmann J. 2007. Risk and vulnerability indicators at different scales: applicability, usefulness and policy implications [J]. *Environ Hazards*, **7**(1): 20-31.

Blaikie P, Cannon T, Davis I, et al. 1994. *At Risk: Natural Hazards, People Vulnerability, and Disasters* [M]. London and New York: Routledge Publishers: 141-156.

Burton I, Kates R W, White G F. 1993. *The Environment as Hazard*[M]. 2nd ed. New York: The Guilford Press:284.

Chen J F, Yang Y. 2011. A fuzzy ANP-based approach to evaluate region agricultural drought risk[J]. *Procedia Engineering*, **23** (2011):822-827.

Chen Y M, Fan K S, Chen L C. 2010. Requirements and functional analysis of a multi-hazard disaster-risk analysis system[J]. *Human and Ecological Risk Assessment*, **16**(2):413-428.

Cheng Y X, Huang J F, Han Z L, et al. 2013. Cold damage risk assessment of double cropping rice in Hunan, China[J]. *Journal of Integrative Agriculture*, **12**(2): 352-363.

Daneshvar M R M, Bagherzadeh A, Khosravi M. 2013. Assessment of drought hazards impact on wheat cultivation using standardized precipitation index in Iran[J]. *Arab J Geosci*, **6**(11):4463-4473.

Dennis N, Thomas W, Giambelluca. 1988. Risk analysis of seasonal agricultural drought on low Pacific islands [J]. *Agricultural and Forest Meteorology*, **42**(2-3):229-239.

Eduardo D C, Ridder N, Pablo L P, et al. 2006. A method for assessing forst damage risk in sweet cheery orchards of South Patagonia[J]. *Agricultural and Forest Meteorology*, **141**(2-4):235-243.

Elisabeth S, Evan D G F, Mette T. 2009. Typologies of crop-drought vulnerability: an empirical analysis of the socio-economic factors that influence the sensitivity and resilience to drought of three major food crops in China(1961—2001) [J]. *Environmental Science & Policy*, **12**(4):438-452.

Field C B, Barros V, Stocker T F, et al. 2012. Managing the risks of extreme events and disasters to advance climate change adaptation[R]// IPCC. Special report of working groups I and II of the intergovernmental panel on climate change. Cambridge: Cambridge University Press: 72-76.

Fontaine M M, Steinemann A C, ASCE M, 2009. Assessing Vulnerability to A Natural Hazards: Impact Based Method and Application to Drought in Washington State[J]. *Nat Hazards Rev*, **10**(1):11-18.

Fraser E D G, Termansen M, Sun N, et al. 2008. Quantifying socioeconomic characteristics of drought-sensitive regions: Evidence from Chinese provincial agricultural data[J]. *Comptes Rendus Geoscience*, **340**(9-10):679-688.

Hao L, Zhang X Y, Liu S D. 2012. Risk assessment to China's agricultural drought disaster in county unit [J]. *Nat Hazards*, **61**(2):785-801.

Hong Wu, Wilhite C A. 2004a. An operational agricultural drought risk assessment model for Nebraska, USA[J]. *Natural Hazards*, **33**(1):1-21.

Hong Wu, Kenneth G Hubbard, Donald A. Wilhite. 2004b. An agricultural drought risk assessment model for corn and soybeans[J]. *Int J Climatol*. **24**(**6**):723-741.

Huang C F, Shi Y. 2002. *Towards Efficent Fuzzy Information on Processing*: *Using the principle of Information on Diffusion*[M]. Heidelberg, Germany: Spring:325-363.

IPCC. 2014. *Climate change* 2014: *Impact*, *adaptation*, *and vulnerability*[M/OL]. Cambridge: Cambridge University Press, in press. [2014—05—06]http://www.ipcc.ch/report/ar5/wg2/.

Jiang W G, Deng L, Chen L Y, et al. 2009. Risk assessment and validation of flood disaster based on fuzzy mathematics[J]. *Progress in Natural Science*, **19**(10):1419-142.

Keating B A, Meinke H. 1998. Assessing exceptional drought with a cropping systems simulator: a case study for grain production in Northeast Australia[J]. *Agriculture System*, **57**(3):315-332.

Liu X J, Zhang J Q, Ma D L, et al. 2013. Dynamic risk assessment of drought disaster for maize based on integrating multi-sources data in the region of the northwest of Liaoning Province, China[J]. *Natural Hazards*, **65**(3):1393-1409.

Liu X P, Zhang J Q, Tong Z J, et al. 2012. GIS-based multi-dimensional risk assessment of the grassland fire in northern China[J]. *Natural Hazards*, **64**(1):381-395.

Nivolianitou Z S, Synodinous B M, Aneziris O N. 2004. Important meteorological data for use in risk assessment[J]. *J Loss Prevent Proc Industr*, **17**(6):419-429.

Petak W J, Atkisson A A. 1982. Natural Hazard Risk assessment and Public Policy: Anticipating the Unexpected[J]. *Technological Forecasting and Social Change*, **27**(1):99-100.

Richard S, de Melo-Abteu J P, Scott M. 2005. Frost Protection: fundamentals, practice, and economics// Environment and Natural Resources Series 10, Volume 1, Rome: FAO.

Richter G M., Semenov M A. 2005. Modelling impacts of climate change on wheat yields in England and Wales: assessing drought risks[J]. *Agricultural Systems*, **84**(1): 77-97.

Shahid S, Behrawan H. 2008. Drought risk assessment in the western part of Bangladesh[J]. *Nat Hazards*, **46**(3):391-413.

Smith D I. 1994. Flood damage estimation-A review of urban stage damage curves and loss functions[J]. *Water S A*, **20**(3): 231-238.

Todisco F, Vergni L, Mannocchi F. 2009. Operative approach to Agricultural Drought Risk Management[J]. *J Irrig Drain Eng*, **135**(5):654-664.

UN/ISDR. 2004. *Living with risk: A global review of disaster reduction initiatives* 2004 version[M]. Geneva: United Nations Publication.

Uwe S, Joerg S, Lothar M, et al. 2007. Drought risk to agricultural land in Northeast and Central Germany [J]. *J Plant Nutr Soil Sc*, **170**(3):357-362.

Wang Z Q, He F, Fang W H , et al. 2013. Assessment of physical vulnerability to agricultural drought in China[J]. *Nat Hazards*, **67**(2):645-657.

White D A, Stuart C, Kinal J, et al. 2009. Managing productivity and drought risk in Eucalyptus globulus plantations in south-western Australia[J]. *Forest Ecology and Management*, **259**(1):33-44.

Wilhelmi O V, Wilhite D A. 2002. Assessing vulnerability to agricultural drought: a Nebraska case study[J]. *Natural Hazards*, **25**(1): 37-58.

Wilhite D A. 2000. Drought as a natural hazard: concepts and definitions // Wilhite D A. *Drought: a global assessment*[M]. London :Routledge Publishers:3-18.

Wisner B, Blaikie P, Cannon T , et al. 1994. *At Risk: Nat Hazards, People's Vulnerability, and disasters* [M]. London and NewYork:Routledge Publishers:141-156.

Wu D, Yan D H, Yang G Y, et al. 2013. Assessment on agricultural drought vulnerability in the Yellow River basin based on a fuzzy clustering iterative model[J]. *Nat Hazards*, **67**(2):919-936.

Wu J J , He B, Lu A F, et al. 2011. Quantitative assessment and spatial characteristics analysis of agricultural drought vulnerability in China[J]. *Nat Hazards*, **56**(3):785-801.

Xu L, Zhang Q. 2010. Modeling agricultural catastrophic risk[J]. *Agriculture and Agricultural Science Procedia*,**1**(1):251-257.

Xu L, Zhang Q. 2011. Evaluating agricultural catastrophic risk[J]. *China Agricultural Economic Review*, **3**(4):451-461.

Xu W, Ren X M, Johnston T, et al. 2012. Spatial and temporal variation in vulnerability of crop production to drought in southern Alberta[J]. *The Canadian Geographer*, **56**(4):474-491.

Zarafshani K, Sharafi L, Azadi H, et al. 2012. Drought vulnerability assessment:The case of wheat farmers in Western Iran[J]. *Glob Planet Change*, 98-99:122-130.

Zhang D, Wang G L, Zhou H C. 2011. Assessment on agriculture drought risk based on variable fuzzy sets model[J]. *Chinese Geographical science*,**21**(2):167-175.

Zhang J Q, Zhang Q , Yan D H, et al. 2011. A Study on Dynamic Risk Assessment of Maize Drought Disaster in Northwestern Liaoning Province, China[J]. *Beyond Experience in Risk Analysis and Crisis*, **5**: 196-206.

Zhang J Q. 2004. Risk assessment of drought disaster in the maize growing region of Songliao plain, China [J]. *Agriculture, Ecosystems Environ*, **102**(2):133-153.

Zhang Q, Zhang J Q, Yan D H , et al. 2013. Dynamic risk prediction based on discriminant analysis for maize drought disaster[J]. *Nat Hazards*, **65**(3):1275-1284.

Zhao X L, Wang D, Zhang H. 2012. Application of Information Fuzzy in the Risk Evaluation of Agro-meteorological Disasters[J]. *Journal of Information & Computational Science*, **9**: 2571-2578.

Zou Q, Zhou J Z, Zhou C, et al. 2013. Comprehensive flood risk assessment based on set pair analysis-variable fuzzy sets model and fuzzy AHP[J]. *Stoch Environ Res Risk Assess*, **27**:525-546.

第2章　东北地区玉米综合农业气象灾害风险评估与区划

东北地区是我国玉米主产区和重要的商品粮基地。由于其地理纬度较高,积温不足,且生长季热量的年际波动较大,玉米在生长过程中极易受到低温冷害的影响;同时,东北地区降水量地域间差异较大,年际波动亦较大,极易遭受旱涝灾害。冷害、干旱、涝害是该地区影响玉米产量的主要气象灾害,是造成该地区玉米产量不稳定的主要因素。开展东北地区玉米主要气象灾害风险评价体系与方法研究对于防灾减灾,保障国家粮食安全具有十分重要的现实意义。目前农业气象灾害风险评估研究普遍以单一灾种对单一承灾体的影响为研究对象,而农业生产过程中经常面临多种气象灾害的威胁,迄今农业气象灾害风险评价尚未涉及多种气象灾害,无法反映实际气象条件下农业面临的真实风险。作物在不同发育期或发育阶段遭受气象灾害对最终产量的影响都会不同,现有研究基本是基于作物全生育期,没有区分灾害发生在哪个发育期或发育阶段,少有贯穿作物发育全过程的风险评估。本章以东北地区玉米在生育过程中面临的冷害、干旱、涝害为研究对象,利用玉米发育期、气象、土壤、作物面积和产量等多元资料,根据自然灾害风险理论和农业气象灾害风险形成机理,探索作物不同发育阶段多种气象灾害风险评估方法,研究东北玉米基于发育阶段的主要气象灾害风险评价指标体系及评估模型,构建东北地区玉米主要气象灾害风险评价体系,为有关部门调整农业结构及制订防灾减灾对策和措施提供理论依据。

2.1　数据处理与研究方法

2.1.1　区域概况

本章所述东北地区指辽宁、吉林、黑龙江三省,位于38°～54°N,118.5°～135°E。东北地区是我国地理纬度最高的地区,地势东、北、西三面有中山、低山环绕,中部为广阔的三江平原、松嫩平原和辽河平原。这一地区属温带湿润、半湿润大陆性季风气候。冬季寒冷,来自东西伯利亚的寒潮经常侵入。东北面与素称“太平洋冰窖”的鄂霍茨克海相距不远,春夏季节从这里发源的东北季风常沿黑龙江下游谷地进入我国东北,使东北地区夏季比较凉爽;南面临近渤海、黄海,东面临近日本海,经华中、华北而来的变性很深的热带海洋气团,经渤海、黄海补充水汽后进入东北,给东北带来较多雨量和较长的雨季。由于气温较低,蒸发微弱,降水量虽不十分丰富,但湿度仍较高。

东北地区年平均气温一般在－5～10 ℃,由于太阳辐射的作用,气温随纬度的增加而显著降低,南北温差较大。冬季受极地大陆气团控制,气候严寒,1月为全年最冷月,全区月平均气温在－4 ℃以下,除南部沿海和东南部近海等地,全区大部分地区的7月为全年气温最高月,入秋以后,气温迅速下降。日照时数为2200～3000 h,从东南向西北逐渐增加,无霜期由辽南及东南沿海向北逐渐缩短，为 160～200 d。由于无霜期短，作物一年一熟。降水时空分布不均匀，全年降水量 400～1000 mm，地域间差别很大，基本由东南向西北减少，降水主要集中在夏秋，与作物生长期匹配较好，基本能满足作物生长需求。但降水的年际变化较大，各地降水最多年雨量可达最少年的 2～3 倍，西北干旱地区可达 4～4.5 倍，容易发生旱涝灾害（周琳，1991）。

近年来，玉米种植面积和总产量急剧上升，已成为中国第二大粮食作物（王述民 等，2011）。2011 年玉米种植面积已达 0.34 亿 hm^2，成为中国种植面积最大的粮食作物，其产量达 1928 亿 kg，占全国粮食总产量的 33.7%（韩长赋，2012）。东北地区是我国玉米主产区和重要的商品粮基地，由于其地理纬度较高，积温不足，且生长季热量的年际波动较大，玉米在生长过程中极易受到低温冷害的影响（王春乙 等，1999；马树庆 等，2006；李祎君 等，2007；高晓容 等，2012a）；同时，东北地区降水量地域间差异较大，年际波动亦较大，极易遭受旱涝灾害（周琳，1991；高晓容 等，2012b）。冷害、干旱、涝害是该地区影响玉米产量的主要气象灾害，是造成该地区玉米产量不稳定的主要因素。东北地区历史上低温冷害年农作物平均减产 13%～35%，其中 1969、1972、1976 年 3 年的严重低温冷害均使东北三省的粮豆总产量比正常年减产 50 亿 kg 以上，减产率达 20%（王春乙，2008）。气象灾害对农业造成的损失是极其严重的，已成为制约社会和经济可持续发展的重要因素。开展东北地区玉米主要气象灾害风险评估体系与方法研究对于防灾减灾、保障国家粮食安全具有十分重要的现实意义。

2.1.2　研究数据

选取辽宁、吉林、黑龙江 3 省 48 个农业气象观测站（简称“农气站”）为研究站点（见图 2.1），其中黑龙江 16 个站，吉林 20 站，辽宁 12 站。

东北地区 48 个气象站 1961—2010 年逐日气象资料（平均气温、最高气温、最低气温、降水量、风速、日照时数等），来自国家气象信息中心资料室。1961—2010 年 10 km×10 km 网格逐日气温资料，来自国家气象中心。

1980—2010 年历年玉米播种、出苗、三叶、七叶、拔节、抽雄、开花、吐丝、乳熟、成熟普遍期（部分站点建站晚于 1980 年），来自国家气象信息中心资料室；48 个农气站所在行政县（市）2004 年耕地面积及 1961—2010 年玉米种植面积、产量资料来自各省统计年鉴；1992—2010 年农业灾情旬月报来自国家气象信息中心资料室。

农业气象试验站的土壤观测资料、1992—2010 年全国农业气象观测 AB 报土壤湿度资料，均来自于国家气象信息中心资料室。

主要对气温（平均气温、最高气温、最低气温）和降水数据的缺测值进行处理，气温缺测值利用 10 km×10 km 网格资料进行插补，降水缺测值利用附近站点数据进行线性插补。对风速和日照时数的缺测不予处理，在计算参考作物蒸散量 ET_0 时，根据刘钰等（2001）的研究结果，对太阳辐射的缺测值利用邻近站点的太阳辐射数据根据公式插补；由于风速对 ET_0 的影响较小，其缺测值利用邻近气象站的风速资料代替。

联合国粮食及农业组织（FAO）建议，将玉米生育期划分为四个发育阶段：播种—七叶、七叶—抽雄、抽雄—乳熟、乳熟—成熟。考虑东北各地气候条件、种植品种及种植习惯，根据玉米多年发育期资料，采用发育阶段长度的多年平均值代表当地一般发育阶段长度。

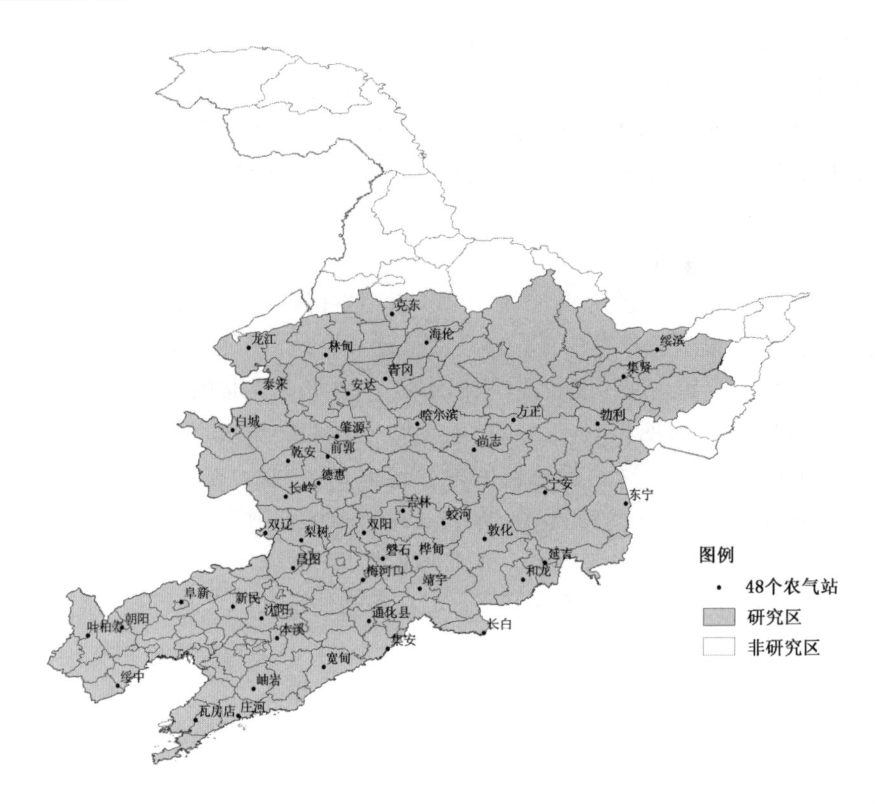

图 2.1 东北地区 48 个农气站分布

2.1.3 研究方法

本章以东北地区玉米在生育过程中面临的冷害、干旱、涝害为研究对象，以基于自然灾害风险理论和评估技术的风险评估指标体系和模型构建为重点，研究东北地区玉米主要气象灾害风险评估技术。主要研究内容包括：

(1)发育阶段主要气象灾害识别及分析

利用热量指数及低温冷害积温距平监测指标构建冷害指数，识别发育阶段冷害；从水分收支平衡原理出发，构建水分盈亏指数识别发育阶段干旱、涝害。利用统计方法分析发育阶段冷害、干旱、涝害的时空分布规律。

(2)发育阶段主要气象灾害风险分析

根据自然灾害风险理论和农业气象灾害风险形成机制，从主要气象灾害孕灾环境指标的气象学、生物学意义出发，选取主要气象灾害危险性指标，从承灾体暴露性、脆弱性内涵出发选取暴露性、脆弱性评估指标，利用区域农业水平综合反映防灾减灾能力，形成较完备的主要气象灾害风险评估指标体系。

(3)发育阶段气象灾害风险评估及区划

从孕灾环境和致灾因子危险性、承灾体暴露性、脆弱性、防灾减灾能力四个要素入手，利用自然灾害风险评估技术构建发育阶段及全生育期主要气象灾害风险评估模型。利用系统聚类分析方法进行发育阶段及全生育期主要气象灾害风险区划，探寻不同发育阶段主要气象灾害风险分布规律。

2.2 东北地区玉米综合农业气象灾害风险识别与分析

我国东北地区地理纬度较高，年平均温度偏低，积温不足，且生长季热量条件的年际波动较大，玉米在生长过程中极易受到低温冷害的影响，造成产量下降、品质降低。低温冷害成为东北地区最主要的农业气象灾害，给农业生产带来严重的损失。

随着气候变暖，热量资源条件有所改善，近些年基本没有发生大范围严重的低温冷害，但区域性、阶段性的低温冷害仍然时有发生，同时气温波动幅度增大，极端事件频发（王春乙，2008）。为了积极应对气候变化对东北地区粮食生产带来的影响，就需要准确认识在全球气候变化的大背景下，东北地区玉米发育阶段热量和低温冷害出现的新特点、新变化。

东北地区农业生产以“雨养”为主，降水量地域间差异很大，年际波动也较大（周琳，1991），因而农业生产过程中极易遭受旱涝灾害。东北又是全球变暖最强烈的地区之一（王绍武 等，2010），气候变化一方面会直接影响作物发育期的降水量，另一方面通过气温、空气湿度、风速、太阳辐射等气象要素的变化间接影响作物的需水量。农业旱涝主要由降水异常引起，不仅要考虑气象旱涝、土壤水分，还要考虑不同作物的水分需求。本节基于热量指数构建发育阶段冷害指数，识别发育阶段冷害的发生，分析东北玉米发育阶段热量和冷害的空间分布及时间演变特征，以期为东北玉米冷害的成因分析、风险评估奠定基础；基于作物水分亏缺指数构建发育阶段水分盈亏指数，识别不同发育阶段的旱、涝，分析气候变化背景下近50年东北玉米四个发育阶段及全生育期需水量和有效降水量的时空分布特征及旱涝分布、演变，为发育阶段干旱、涝害风险评估提供基础。

2.2.1 东北地区玉米发育阶段热量及冷害分布

近几十年来，东北低温冷害研究取得了许多成果。应用比较广泛的指标主要有4类：

第一类是基于气温的积温、积温距平指标，马树庆（1996）把大于10 ℃的活动积温距平在−120～−70 ℃·d定义为一般冷害年，−120 ℃·d以下为严重冷害年。这种指标很好地反映了延迟型冷害的性质，并能准确地表现积温与产量的关系。但在积温相同情况下，不能体现出不同发育期发生的冷害对作物影响的不同，没有和作物发育期联系，属于气候学指标。

第二类是作物发育期距平。一般用主要发育期延迟天数判断是否发生延迟性冷害（高素华，2003；刘布春 等，2003）。这种指标虽然与发育期结合，但只是判断一个主要发育期（一般是抽雄）的延迟天数，缺少对前后时期冷害发生情况的综合分析，因而得出的冷害年与实际有一定差异。

第三类是热量指数。这类指标与作物发育期相结合，考虑了玉米不同发育期的适宜温度、下限温度、上限温度，其大小直接反映了热量条件对作物生长发育的影响程度（郭建平 等，2009）。作物不同发育阶段对低温的敏感性不同，受害可能性与受害程度也就不同。目前研究中，一般用整个生长季的热量指数判别冷害年，没有考虑冷害究竟发生在作物生长过程中的哪个阶段。

第四类是由几种指标组成的综合指标，一般用于冷害监测与评估。李祎君等（2007）按3个发育时段定义了由积温负距平、负积温指数和发育期延迟天数组成的综合指标，实现了分发育时段讨论低温的发生，适用于小范围的冷害预测。马树庆等（2006）利用出苗到主要发育期的积温距平和发育期延迟天数建立了玉米不同品种熟型低温冷害监测指标，对冷害发生及损失程度实现了动态预测和评估。

目前东北低温冷害指标及其分布规律的研究大多基于5—9月整个生育期，较少考虑种植区不同品种熟型间的差异，作物在不同发育期或发育阶段遭受冷害对最终产量的影响的明显不同（张建平，2010），而目前仅有的发育阶段积温距平冷害监测指标（马树庆 等，2006）只给出了4个品种熟型区的大致距平范围，无法对具体站点发育阶段低温冷害进行定量分析。要实现东北地区玉米发育阶段低温冷害风险评估的目标，首先要建立科学、合理的发育阶段冷害判别指标，准确地识别发育阶段冷害的发生。本节根据玉米生长发育与热量条件的关系，以具有生物学意义的热量指数为基础，综合考虑作物品种熟型间的差异，构建东北地区玉米发育阶段热量指数和冷害指数。

2.2.1.1 发育阶段冷害指数建立

东北地域辽阔，地形地势、纬度等方面的差异造成各地热量条件明显不同，不同地区玉米种植的品种熟型也各不相同，不同品种熟型间低温冷害的致灾临界值就会不同。根据已有研究成果把东北地区玉米种植区划分为北部和东部早熟区、中北部和东部山区中熟区、中西部中晚熟区、南部晚熟区四个区域（郭建平 等，2009）。一般采用从出苗到某一发育期的累积值作为冷害指标。选取出苗、七叶、抽雄、乳熟、成熟为主要发育期，主要考察出苗—七叶、出苗—抽雄、出苗—乳熟、出苗—成熟四个发育阶段的热量状况及低温冷害。

（1）发育阶段热量指数

郭建平等（1999）提出具有生物学意义的热量指数作为低温冷害指标，热量指数结合了作物的生长发育特性，考虑了作物不同发育阶段的适宜温度、下限温度和上限温度，反映了农作物对环境热量状况的响应。

热量指数公式为：

$$F(T_{mean}) = [(T_{mean} - T_1)(T_2 - T_{mean})^B]/[(T_0 - T_1)(T_2 - T_0)^B] \tag{2.1}$$

$$B = (T_2 - T_0)/(T_0 - T_1) \tag{2.2}$$

式中，T_{mean}为日平均气温；T_0，T_1，T_2分别为某日所在发育期的适宜温度、下限温度、上限温度，且当$T_{mean} \leqslant T_1$或$T_{mean} \geqslant T_2$时，$F(T_{mean})=0$。

根据各发育期的最高、最低和适宜温度（见表2.1），利用公式（2.1）、（2.2）计算各发育期逐日热量指数，把发育期内逐日热量指数的平均值作为发育期热量指数，发育阶段内几个发育期热量指数累加得到发育阶段热量指数。建立四个发育阶段热量指数，其大小可以直接反映不同发育阶段热量条件对作物生长发育的影响。

表2.1 玉米各发育阶段的最低、最高及适宜温度（℃）（郭建平 等，2009）

玉米发育阶段		最低温度 T_1	最高温度 T_2	适宜温度 T_0
出苗—七叶	出苗—三叶	8.0	27.0	20.0
	三叶—七叶	11.5	30.0	24.5
七叶—抽雄	七叶—拔节	11.5	30.0	24.5
	拔节—抽雄	14.0	33.0	27.0
抽雄—乳熟	抽雄—开花	14.0	33.0	27.0
	开花—乳熟	14.0	32.0	25.5
乳熟—成熟	乳熟—成熟	10	30	19

(2)发育阶段低温冷害确定

根据王春乙等(1999)、毛飞等(1999)的研究,东北地区一般、严重低温冷害判别指标为:

$$CDY = \Delta T_{5-9} + 8.6116 - 0.1482(X + 0.0109H) \tag{2.3}$$

$$CDW = \Delta T_{5-9} + 18.3029 - 0.3270(X + 0.0109H) \tag{2.4}$$

式中,ΔT_{5-9}为5—9月月平均气温和的距平(℃);X为纬度(°N);H为海拔高度(m)。当$CDY \leqslant 0$时,出现一般低温冷害;当$CDW \leqslant 0$时,出现严重冷害。

根据公式(2.3)、(2.4)判断48个农气站一般、严重冷害发生的年份。由于低温具有累积延迟、高温具有补偿效应,后期高温对前期低温影响的补偿作用更为显著(李祎君 等,2007),一般采用从出苗到某一发育期的累积指标判断冷害的发生。根据48个农气站多年发育期的平均值,计算各站出苗到各主要发育期≥10 ℃活动积温的多年平均,历年出苗—七叶、出苗—抽雄、出苗—乳熟、出苗—成熟的积温距平;然后根据马树庆等(2006)的发育阶段低温冷害积温距平监测指标(见表2.2),判断一般、严重冷害年的低温冷害出现在哪个发育阶段。

表2.2 东北地区玉米低温冷害积温距平监测指标(℃·d)(马树庆等,2006)

品种分区	冷害类型	出苗—七叶	出苗—抽雄	出苗—乳熟
晚熟区	一般冷害	−60～−45	−70～−55	−80～−70
	严重冷害	<−60	<−70	<−80
中晚熟区	一般冷害	−50～−40	−60～−50	−70～−60
	严重冷害	<−50	<−60	<−70
中熟区	一般冷害	−40～−35	−50～−40	−65～−55
	严重冷害	<−40	<−50	<−65
早熟区	一般冷害	−35～−30	−40～−35	−55～−50
	严重冷害	<−35	<−40	<−55

(3)发育阶段冷害指数建立

在四个发育阶段热量指数定义和低温冷害判别的基础上,建立发育阶段冷害指数。对各站点四个发育阶段历年出现的冷害,取热量指数的最大值作为该站点相应发育阶段冷害临界值$Y_{i,j}$,把发育阶段热量指数$F_{i,j}$减去临界值$Y_{i,j}$定义为冷害指数$A_{i,j}$:

$$A_{i,j} = F_{i,j} - Y_{i,j} \quad (i = 1,2,3; j = 1,2,\cdots,48) \tag{2.5}$$

当$A_{i,j} \leqslant 0$时,则站点j在发育阶段i出现低温冷害,且$A_{i,j}$越小,表明冷害程度越强。

2.2.1.2 发育阶段热量指数及冷害指数检验

图2.2为黑龙江龙江县1995、2006年七叶—抽雄逐日平均气温与热量指数变化曲线。1995年七叶—抽雄正常,逐日平均气温与热量指数变化十分相似。2006年7月初出现高温,日平均气温达29 ℃,此时正值拔节期,适宜温度为24.5 ℃,过高的气温反而使热量指数下降到0.654;几天后日平均气温骤降至16～17 ℃,热量指数为0.300～0.400;抽雄期还出现了15 ℃的低温,发育阶段内日平均气温波动幅度较大,积温表现正常甚至偏高,热量指数却明显低于正常年。由此可见,积温指标无法反映日平均气温波动对作物热量的真正影响,热量指数不仅可以反映低于适宜温度的偏低气温导致的热量指数下降,也能识别高于适宜温度的偏高温度对作物产生的不利影响,能够真实反映出日平均气温波动导致的作物热量变化。

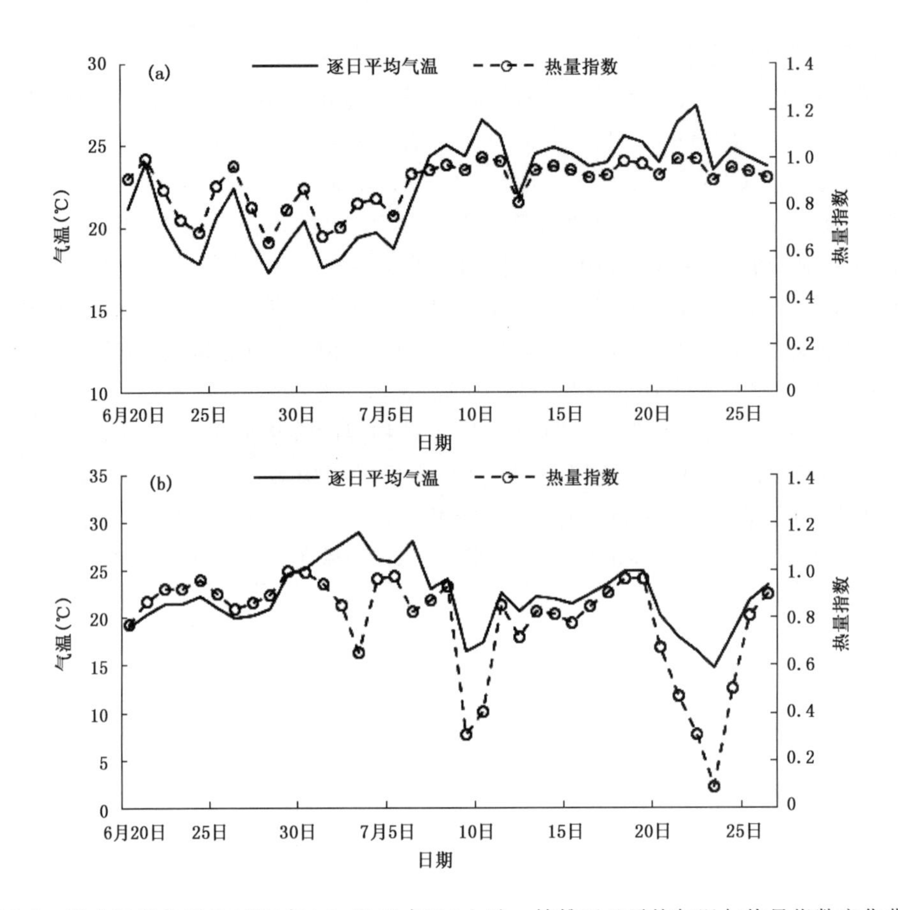

图 2.2　黑龙江省龙江县 1995 年(a)、2006 年(b)七叶—抽雄逐日平均气温与热量指数变化曲线

对 48 个站点历年四个发育阶段积温距平、冷害指数的判断结果进行对比，发现二者基本相似，但还存在一些差异。随机抽取黑龙江安达站的判别结果进行比较(见图 2.3a)，出苗—抽雄两个指标的判别结果完全一致，出苗—七叶、出苗—乳熟判别结果也基本相同。出苗—七叶冷害指数判断 1997—1999、2009 年均发生冷害，出苗—乳熟冷害指数判断 2002、2009 年发生冷害，而积温距平指标判断没有冷害发生。

以安达 1997 年出苗—七叶为例，根据逐日平均气温、热量指数的变化趋势对两个指标的指示值进行具体分析(见图 2.3b)。安达 1997 年 5 月底 6 月初日平均气温降至营养生长期的下限温度 11～12 ℃，热量指数接近于 0；6 月中旬，高达 30 ℃的日平均气温接近营养生长期的上限温度，热量指数同样接近于 0。导致出苗—七叶平均热量指数仅为 0.718，明显低于临界值 0.740。同期积温为 620 ℃ · d，与多年平均值 616 ℃ · d 十分接近，积温距平指标没有判断出低温的发生，而冷害指数的判别结果反映了真实情况，同时验证了冷害指数的合理性。

2.2.1.3　发育阶段热量及冷害的时空分布

(1) 发育阶段热量及冷害的长期变化趋势

图 2.4a 为东北玉米出苗—成熟冷害指数全区平均值随时间的变化曲线及线性趋势，近 50 年冷害指数呈明显的上升趋势，相关系数 0.521，通过 0. 01 显著性水平检验，表明冷害强度呈极显著的减弱趋势。出苗—成熟东北全区冷害比较严重的年份有 1964、1966、1969、

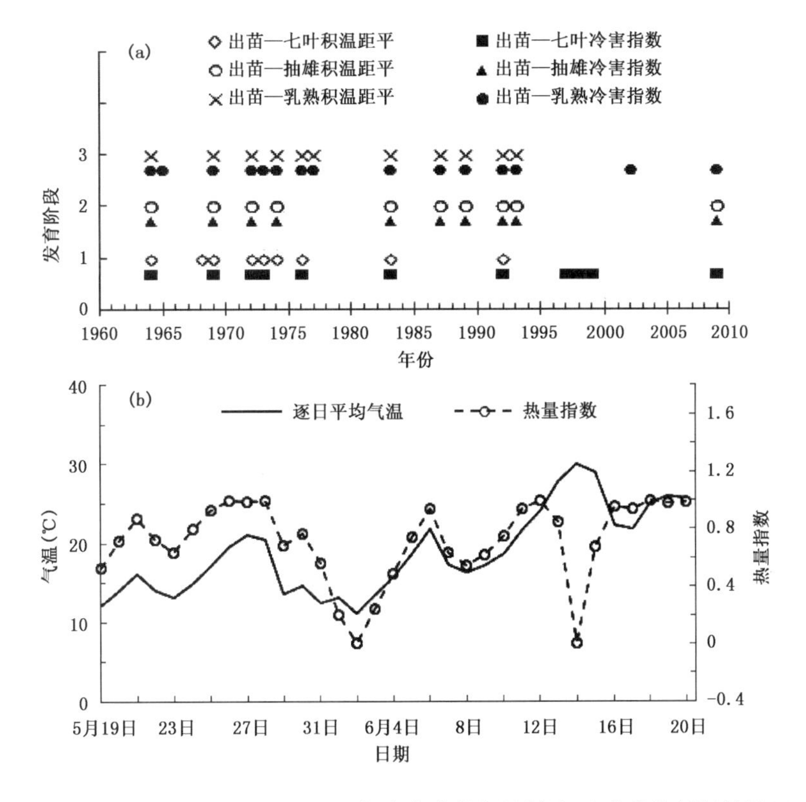

图 2.3　黑龙江省安达县 1961—2010 年发育阶段积温距平、冷害指数判断结果(a)和 1997 年出苗—七叶逐日平均气温、热量指数变化(b)

1972、1992。不同地区冷害的长期变化并不一致，48 个站点中有 46 个站的冷害指数有上升趋势，其中 36 个站达到 0.05 显著性水平，冷害指数上升趋势基本上由西南向东北方向呈阶梯状递增(见图 2.4b)，黑龙江研究区中南部及吉林东部的上升趋势最明显，上升趋势的大值中心主要位于尚志、方正，绥化地区的海伦、青冈，吉林东部的敦化、磐石、宁安、东宁等地，表明这些地区冷害强度的下降趋势最大；辽宁大部分地区的冷害指数上升趋势较小，南部的绥中、瓦房店略呈下降趋势，表明冷害强度略有增加趋势，究其原因，这一地区发育后期有的日平均气温超过玉米正常生长发育的适宜温度，从而导致整个生育期热量指数降低(郭建平 等，2009)。

海伦、双辽、瓦房店分别为黑龙江、吉林、辽宁省的玉米主产区，分别代表中熟、中晚熟、晚熟品种。从这三个代表站 50 年出苗—成熟热量指数、冷害指数的变化趋势可以看出(见图 2.5)，中熟区热量指数、冷害指数表现为显著的上升趋势，通过 0.01 显著性检验；中晚熟区热量指数、冷害指数呈上升趋势，通过 0.02 的显著性检验；晚熟区热量指数、冷害指数略呈下降趋势，通过 0.1 显著性检验，由于晚熟区发育后期有的日平均气温超过玉米正常生长发育的适宜温度，从而导致整个生育期热量指数降低。由此可见，气候变暖对中熟区玉米生长发育十分有利，对中晚熟区比较有利，而对晚熟区会有不利影响，这与郭建平等(2009)的研究结论一致；同时气候变暖对不同熟型区域的冷害强度影响不同，中熟区冷害强度呈极显著的下降趋势，中晚熟区为显著的下降趋势，晚熟区则有增加趋势。

(2)发育阶段热量指数时空分布

图 2.6 为东北玉米 1961—2010 年出苗—成熟热量指数的年代际变化(略去其他三个阶

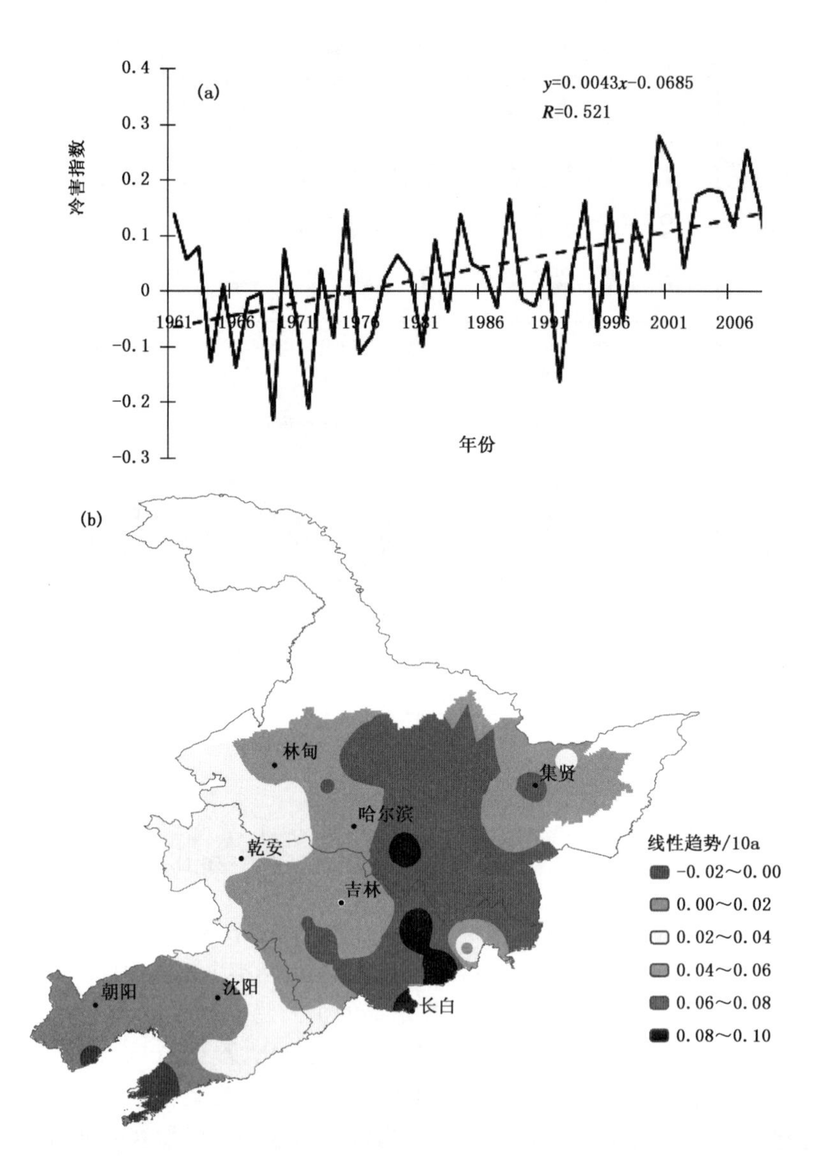

图 2.4 1961—2010 年东北玉米出苗—成熟冷害指数全区平均值变化(a)、冷害指数变化趋势空间分布(b)

段)。出苗—七叶阶段,热量指数 0.40～0.50 的低值区从 20 世纪 70 年代开始向东南方向退缩,到 2000 年之后基本消失;0.60～0.80 的中高值区从 70 年代起向东南方向移动扩展;2000 年研究区西部出现一片 0.80～0.90 的高值区。出苗—抽雄阶段,热量指数 1.05～1.20 的低值区从 70 年代开始退缩;1.35～1.65 的中高值区从 70 年代起向东南方向移动扩展;2000 年之后西部 1.65～1.80 的高值区面积约占研究区域的 1/3。出苗—乳熟阶段,热量指数 2.00～2.20 的中低值区从 70 年代开始向东南方向退缩;同时中高值区向东南方向扩展或移动;2000 年之后西部出现一片 2.55～2.70 的高值区。出苗—成熟,2.65～2.90 的中低值区从 70 年代开始向东南方向退缩;3.15～3.40 的中高值区在 2000 年之后明显向东北方向扩展;同时西部出现一片 3.40～3.60 的高值区。

对比分析四个发育阶段热量指数的年代际变化得到以下结论:

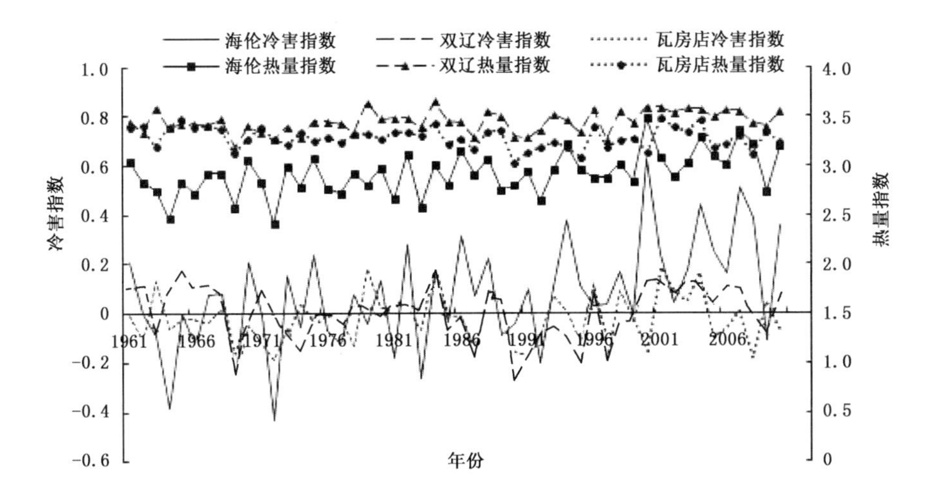

图 2.5　1961—2010 年东北地区三个代表站出苗—成熟热量指数、冷害指数变化

①四个发育阶段的年代际热量指数基本呈带状分布，东南部的长白山地最低，由东南（或东）向西北（或西）方向递增。

②热量指数中低值区从 1970 年代起向东南方向退缩，同时中高值区向东南方向扩展，且在研究区西部出现高值区，总体表现为明显的增加趋势。

③2000 年代的热量条件为近 50 年最好。

（3）发育阶段冷害频率时空分布

图 2.7 为 1961—2010 年东北玉米出苗—成熟冷害频率的年代际变化（略去其他三个阶段）。对比分析四个发育阶段冷害频率的年代际变化，可得到以下结论：

①总体上，冷害频率表现为减小趋势，1961—2010 年中前 20 年的冷害频率中高值区范围大于后 30 年。

②从 20 世纪 80 年代起冷害频率有较明显的下降，2000 年之后的冷害程度最低，这一结论也验证了 80 年代我国变暖趋势加快的观点（任国玉 等，2005）。

③80 年代以后气候变暖趋势的加快对不同地区的影响并不一致。出苗—抽雄阶段，80 年代吉林、辽宁大部分地区的冷害频率比 70 年代明显减小，黑龙江种植区变化不明显；90 年代黑龙江种植区冷害频率比 80 年代明显减小，吉林、辽宁大部分地区比 80 年代有所增加。

图 2.8 为 1961—2010 年东北玉米不同发育阶段冷害频率的空间分布。出苗—七叶阶段，冷害频率 20%～30%的中低值区主要分布在黑龙江西南部和吉林西北部的松嫩平原一带，黑龙江东南部的东宁、宁安，吉林中东部的双阳、敦化、和龙、长白等地冷害频率也在 20%～30%；其余大部分地区冷害频率在 20%以下。出苗—抽雄阶段，冷害频率 40%～50%的中高值区主要分布在黑龙江西南部的泰来、龙江、海伦，吉林西北部的乾安、长岭等地；30%～40%的中值区主要分布在黑龙江西南部、吉林中西部及辽宁西部和北部，黑龙江东南部的东宁、宁安，吉林东部的长白等地冷害频率也在 30%～40%；其余大部分地区冷害频率在 20%～30%。出苗—乳熟阶段，冷害频率 40%～50%的中高值区以白城为中心，主要分布在黑龙江西南部和吉林西部，辽宁西部的朝阳、建平冷害频率也在 50%以上；吉林大部、黑龙江东部和西部为 30%～40%的中值区；辽宁大部为 30%以下的中低值区。出苗—成熟阶段，整个研究区西部

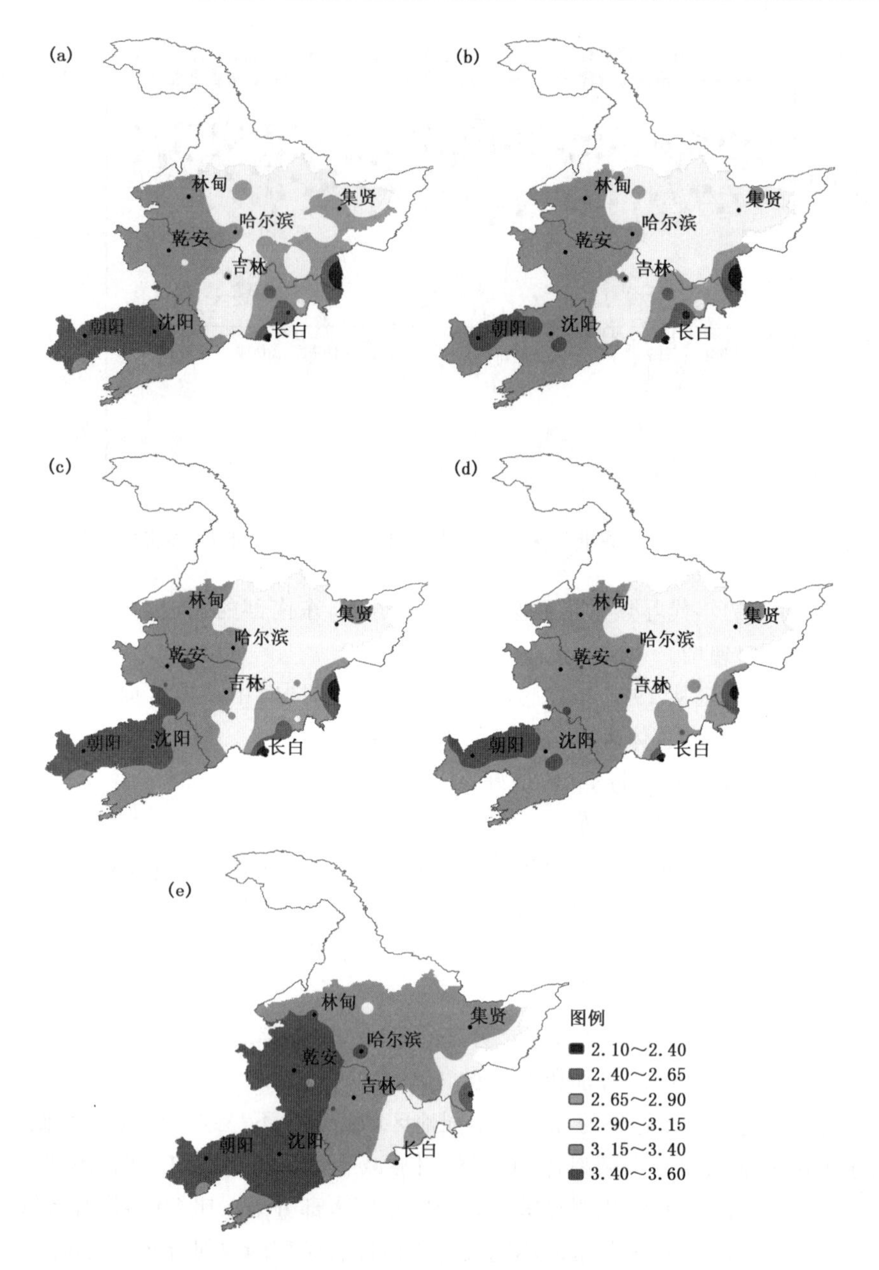

图 2.6　1961—2010 年东北玉米出苗—成熟热量指数年代际变化

(a)～(d)20 世纪 60,70,80,90 年代;(e) 2000 年之后

为 40%以上的中高值区,黑龙江东北部的绥滨、集贤冷害频率也在 40%以上;其余大部地区冷害频率在 30%～40%。

由此可见,从出苗—七叶、出苗—抽雄到出苗—乳熟、出苗—成熟,冷害频率逐渐增大。每个阶段中,冷害频率的相对高值区一般分布在黑龙江西南部、吉林西部及辽西地区。

低温冷害是一种累积延迟性灾害,冷害指数是基于出苗到主要发育期热量指数的累积值。要实现四个发育阶段冷害、干旱、涝害的风险评估,必须把冷害与干旱、涝害的评估时间尺度统一起来。为此,以播种—七叶、七叶—抽雄、抽雄—乳熟、乳熟—成熟四个发育阶段为基准,把

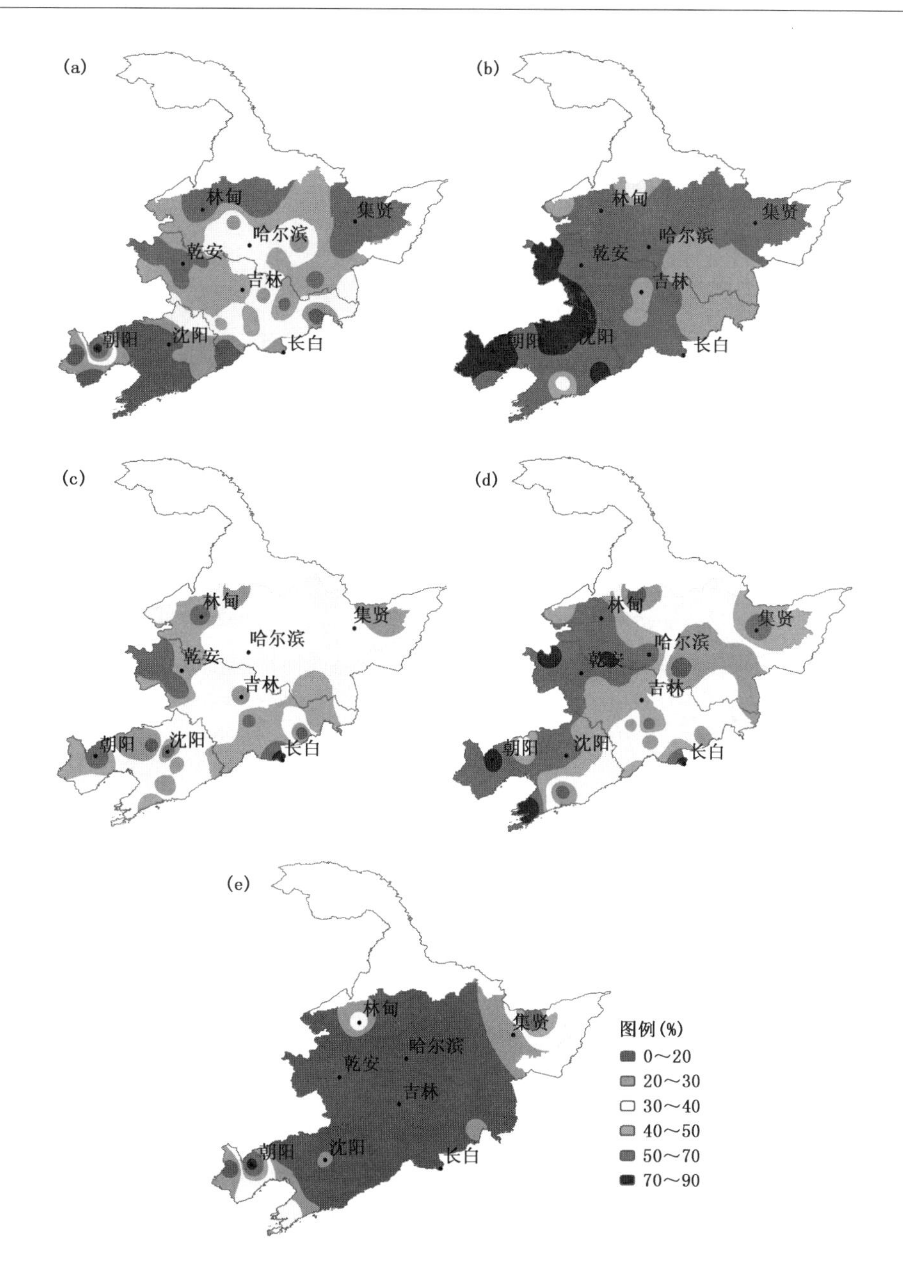

图 2.7　1961—2010 年东北玉米出苗—成熟冷害频率年代际变化

(a)～(d) 20 世纪 60,70,80,90 年代;(e) 2000—2010 年

冷害指数的判别结果统一到四个发育阶段,只是不再区分一般、严重冷害。具体做法是:①认为播种—七叶与出苗—七叶的冷害判别结果相同。② 若出苗—抽雄为一般冷害,出苗—七叶也为一般冷害,说明冷害主要发生在出苗—七叶,则认为七叶—抽雄正常;若出苗—抽雄为严重冷害,出苗—七叶为一般冷害或正常,则判别七叶—抽雄出现冷害。以此类推,对 1961—2010 年 48 个站点四个发育阶段的冷害发生情况进行判别。

图 2.9 为 1961—2010 年东北玉米四个发育阶段冷害频率的空间分布。播种—七叶阶段,冷害频率 20%～30%的中值区主要分布在黑龙江西南部和吉林西北部的松嫩平原一带,黑龙

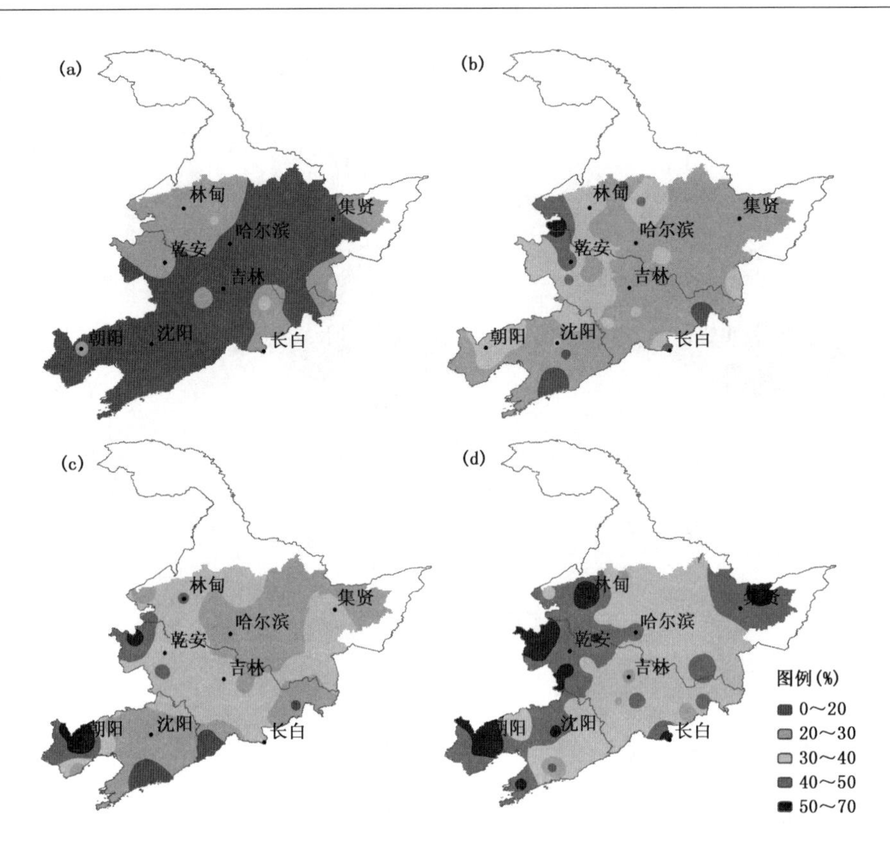

图 2.8　1961—2010 年东北玉米冷害频率空间分布

(a) 出苗—七叶；(b) 出苗—抽雄；(c) 出苗—乳熟；(d) 出苗—成熟

江东南部的东宁、宁安，吉林中东部的双阳、敦化、和龙、长白等地冷害频率也在 20%～30%；其余大部分地区冷害频率在 20%以下。七叶—抽雄阶段，冷害频率 20%～30%的中值区以泰来为中心，主要分布在黑龙江西南部和吉林西北部，吉林西南部的梨树、长岭，辽宁中北部的昌图、阜新、沈阳等地；其余大部分地区冷害频率在 20%以下。抽雄—乳熟，研究区大部分地区的冷害频率在 10%以下；黑龙江东部的勃利、集贤，吉林西部的白城、中部的永吉、敦化、梅河口等地冷害频率在 10%～20%；辽西的朝阳、建平冷害频率在 20%～30%。乳熟—成熟，研究区大部分地区的冷害频率在 20%以下；20%～30%的中值区连片性较差，零星分布在研究区边缘。

(4) 发育阶段低温冷害时空分布的 EOF 分析

对东北地区 48 个站点 1961—2010 年四个发育阶段冷害指数矩阵(48×50)分别进行 EOF 分析。四个发育阶段第一个特征向量分别解释了总方差的 50%以上，分别为 55.6%，58.4%，60.8%，58.5%，远大于其他各个主分量的方差贡献，说明四个发育阶段第一特征向量集中了东北玉米发育阶段冷害最主要的信息，第一特征向量的空间振荡型基本上代表了东北玉米发育阶段冷害最主要的空间振荡模态(见图 2.10)，因此下面仅就第一模态进行讨论。四个发育阶段第一模态的特征向量均为正值，反映了发育阶段冷害空间变化趋势基本一致的特点。东北地区冷害一致的特征占总体方差的 50%以上，显然与大尺度天气系统的影响有关。研究表明，低温冷害与夏季低温有关(王春乙，2008)，而东北地区夏季低温是大尺度环流异常

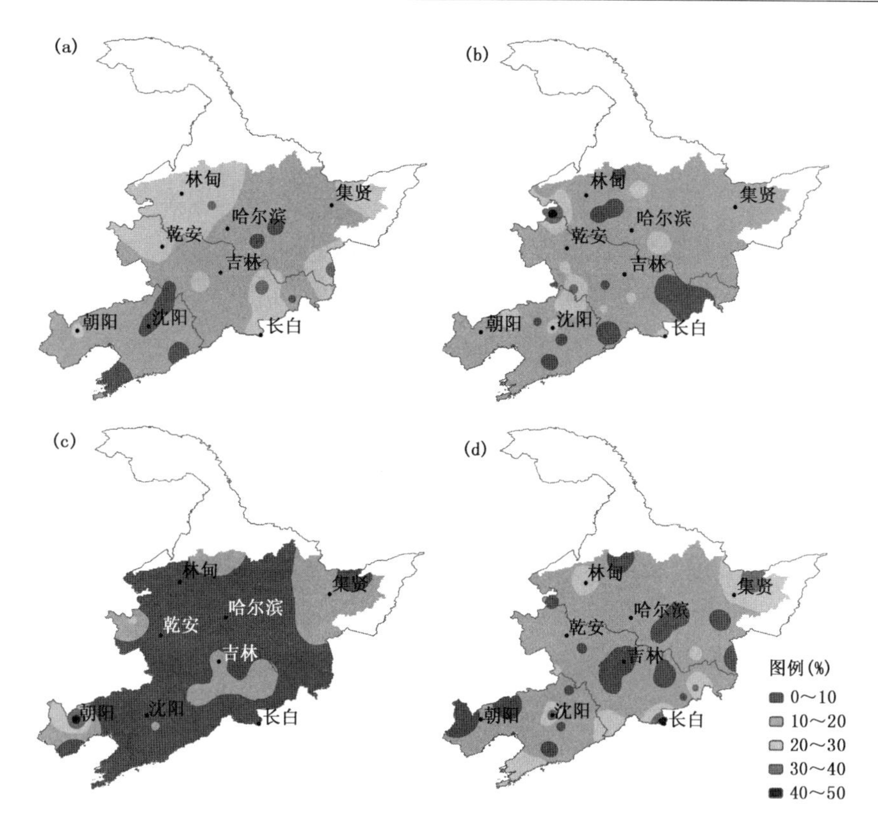

图 2.9　1961—2010 年东北玉米四个发育阶段冷害频率空间分布

(a) 播种—七叶；(b) 七叶—抽雄；(c) 抽雄—乳熟；(d) 乳熟—成熟

的结果，并与全球气温异常有密切的关系(陈莉等，2004)。图 2.10 中荷载量最大值区的冷害发生较重，前三个发育阶段的荷载量最大值区基本分布在黑龙江中南部、吉林绝大部分地区及辽宁北部地区，出苗—成熟的荷载量最大值区明显北伸，且范围为四个发育阶段最大，可见乳熟—成熟期黑龙江研究区大部分地区冷害发生较重；四个发育阶段的荷载量低值区位于辽宁南部和西部，说明这些地区冷害发生较轻。

图 2.11 为发育阶段第一特征向量对应的时间系数变化曲线，代表了东北玉米发育阶段冷害主导分布型的年际变化。四个发育阶段第一模态的时间系数均呈上升趋势，通过了 0.01 的显著性水平检验。从第一到第四阶段上升趋势逐渐增大，表明东北玉米发育阶段冷害强度呈极显著的减弱趋势，且减弱趋势逐渐增大。发育阶段第一特征向量在东北全区均为正值，若某年时间系数为负，某点空间函数与时间函数的乘积便为负，即冷害指数为负，表明此年发生冷害。时间系数负值越大，冷害越严重，定义时间系数≤−5.0 为严重冷害。50 年中四个发育阶段冷害发生年数在 22～24 年(见表 2.3)，基本是两年一遇；20 世纪 80 年代，全区冷害次数有所减少，严重冷害次数明显减少，表明冷害强度明显减弱；进入 21 世纪，东北全区只发生过 1～2 次一般冷害。

从图 2.11 高斯九点平滑滤波可以看到，出苗—七叶阶段，20 世纪 60 年代中期—70 年代中期冷害强度处于年代际变化的偏重期，70 年代末—80 年代中期、2000 年代为偏轻期；出苗—抽雄、出苗—乳熟阶段，60 年代中期—70 年代中期、80 年代中期—90 年代初冷害强度处

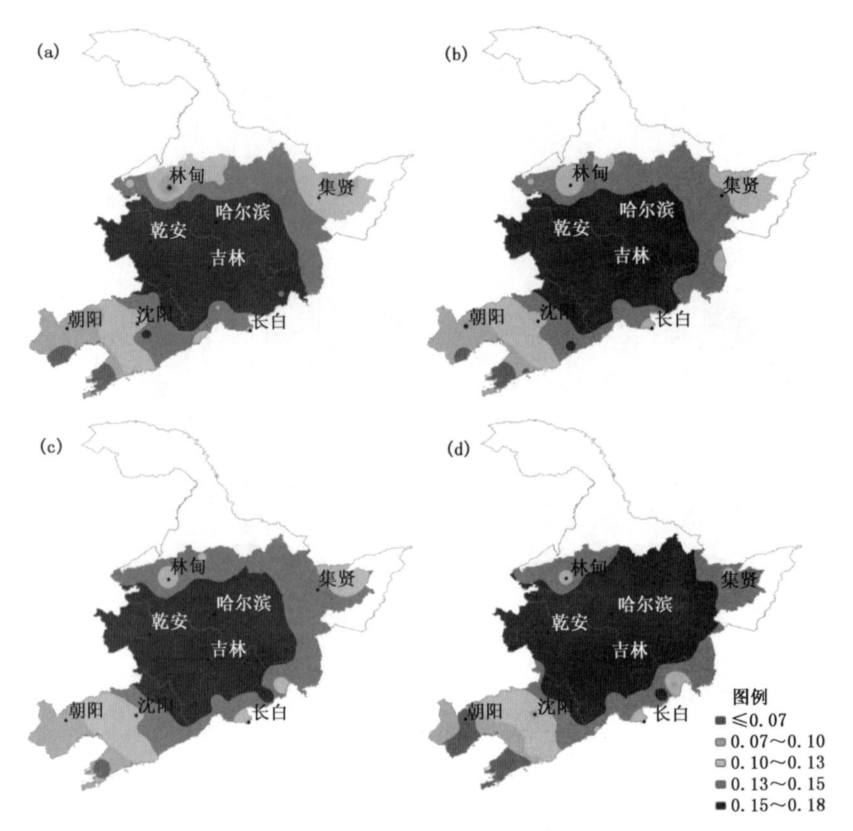

图 2.10 1961—2010 年东北玉米发育阶段冷害指数第一模态分布

(a) 出苗—七叶；(b) 出苗—抽雄；(c) 出苗—乳熟；(d) 出苗—成熟

于偏重期，90 年代中期—2010 年为偏轻期；出苗—成熟阶段，60 年代中期—70 年代末、80 年代末—90 年代初冷害强度处于偏重期，90 年代末—2010 年为偏轻期。进一步说明了东北玉米发育阶段冷害强度随着全球变暖呈减弱趋势。

表 2.3 近 50 年东北玉米发育阶段低温冷害统计

年份	出苗—七叶		出苗—抽雄		出苗—乳熟		出苗—成熟	
	次数	严重冷害年	次数	严重冷害年	次数	严重冷害年	次数	严重冷害年
1961—1970	5	1969	6	1964,1969	6	1964,1969	6	1964,1966,1969
1971—1980	6	1972,1973,1974	5	1972,1974	7	1971,1972,1974,1976	7	1972,1974,1976,1977
1981—1990	5		5	1983	6	1983	5	1981
1991—2000	6	1992,1997	4	1992	4	1992	4	1992,1995,1997
2001—2010	2		2		1		1	
合计	24	6	22	6	24	8	23	11

利用 Mann-Kendall(M-K)方法(魏凤英,2007;符淙斌 等,1992)对 EOF 分析主要模态时间系数的变化趋势进行检验，可以得到近 50 年东北玉米发育阶段冷害主导分布型的时间突变点。图 2.12 为 Mann-Kendall 方法对四个发育阶段第一模态时间系数的检测结果，根据 UF 和 UB 曲线交点的位置可以确定出苗—七叶、出苗—抽雄冷害强度在 1993 年前后发生突变。

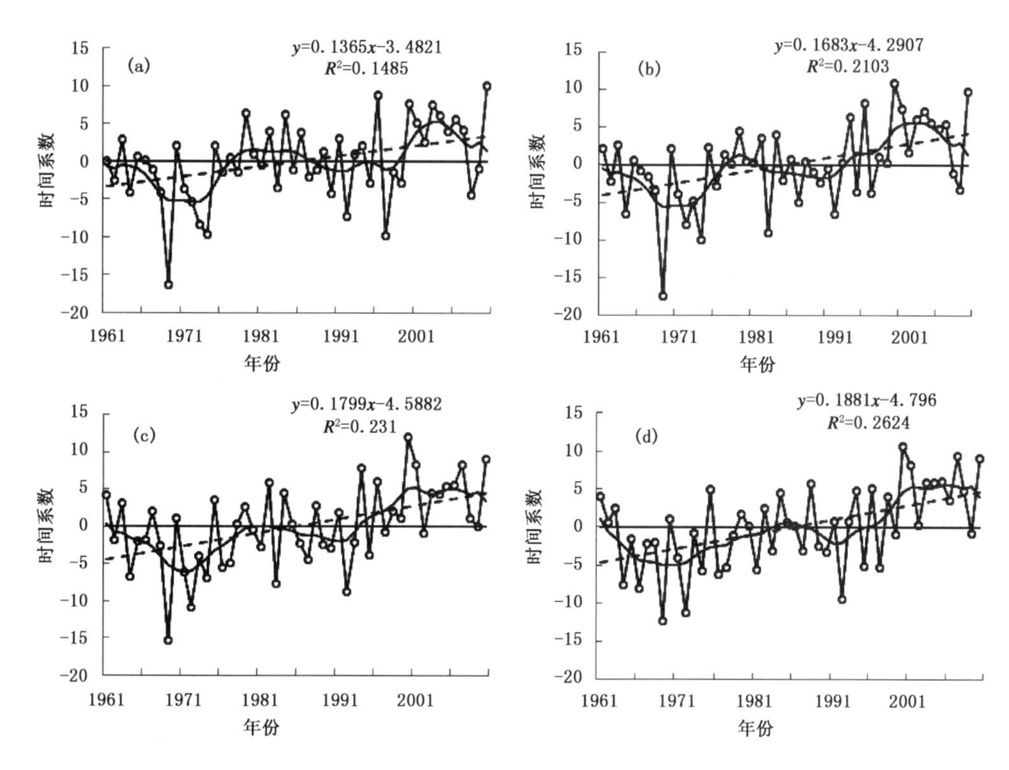

图 2.11 1961—2010年东北玉米冷害空间分布第一模态(EOF1)时间系数变化

(图中实线为高斯九点平滑滤波;虚线为线性趋势)

(a) 出苗—七叶;(b) 出苗—抽雄;(c) 出苗—乳熟;(d) 出苗—成熟

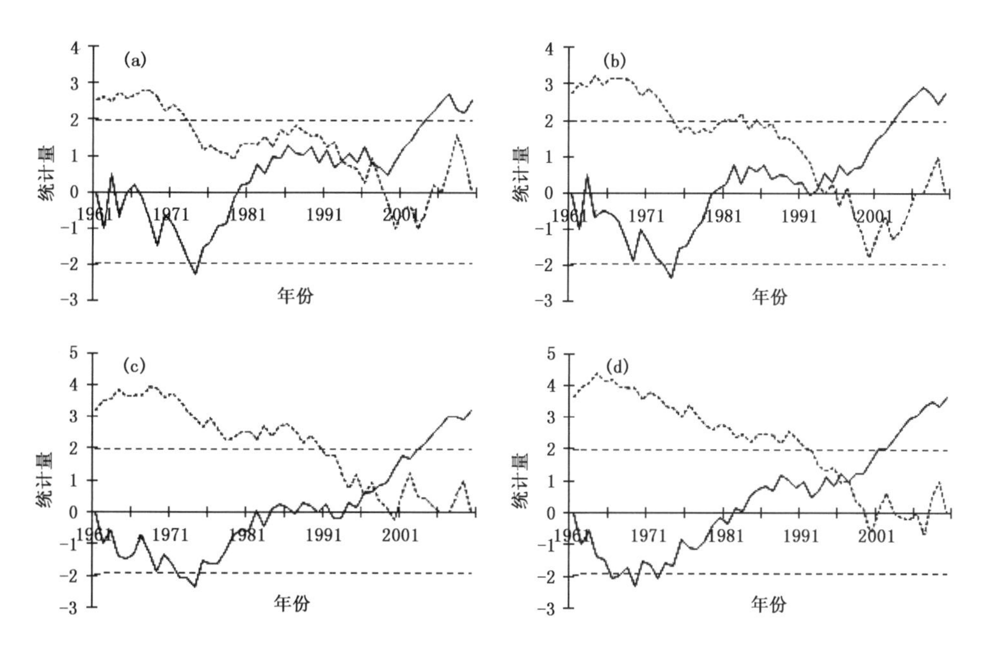

图 2.12 东北玉米冷害指数 EOF1 时间系数的 M-K 检测曲线

(实线为 UF,点线为 UB,虚线为 0.05%显著性水平)

(a) 出苗—七叶;(b) 出苗—抽雄;(c) 出苗—乳熟;(d) 出苗—成熟

20 世纪 60 年代初—70 年代中期冷害强度呈增加趋势，1974 年达到 0.05 显著性水平，70 年代中期—80 年代初呈减小趋势，1993 年突变之后冷害强度明显减小，其中 2004—2010 年减少趋势达到 0.05 显著性水平。出苗—乳熟、出苗—成熟冷害强度在 1996 年左右发生突变，20 世纪 60 年代初—70 年代初、中期冷害强度有增加趋势，70 年代初、中期—80 年代中期呈减小趋势，1996 年突变之后冷害强度明显减小，进入 21 世纪以后减少趋势达到 0.05 显著性水平。

2.2.2 东北地区玉米发育阶段水分供需及旱涝分布

东北地区农业生产以“雨养”为主，降水量地域间差异很大，年际波动也较大(周琳，1991)，因而农业生产过程中极易遭受旱涝灾害。东北又是全球变暖最强烈的地区之一(王绍武 等，2010)，气候变化一方面会直接影响作物发育期的降水量，另一方面通过气温、空气湿度、风速、太阳辐射等气象要素的变化间接影响作物的需水量。

已有不少研究分析了近几十年来东北地区年、季及作物生长季降水的变化，东北地区年降水量呈减少趋势，20 世纪 90 年代末以后尤其明显(赵春雨 等，2009)；春季降水量略有增加趋势，夏季降水量有减少趋势(孙凤华 等，2005；龚奂 等，2003)，作物生长季降水有减少趋势(汪宏宇 等，2005)；同时东北地区降水有向不均衡、极端化发展的趋势，旱涝灾害有加重趋势(孙凤华 等，2007)。也有一些关于东北地区参考蒸散量、作物需水量变化的研究，梁丽乔等(2006)研究认为 1951—2000 年松嫩平原西部 5—9 月参考蒸散量略呈增加趋势；徐新良等(2004)研究表明 1991—2000 年 5 月和 8 月东北大部分地区日均蒸散量呈减少趋势，6，7，9 月大部分地区日均蒸散量呈增加趋势；倪广恒等(2006)研究发现 1971—2000 年半干旱、半湿润地区的参考作物蒸散量呈减少趋势，刘钰等(2009)分析 1970—2000 年东北玉米整个生育期的有效降水量和需水量，认为玉米整个生育期水分亏缺量多年平均值为 10～220 mm。玉米不同发育阶段对水分的需求量不同，不同发育期或发育阶段水分盈亏对产量形成的影响也不相同，然而迄今关于东北玉米不同发育阶段降水量和需水量共同变化的研究尚未见到。

农业旱涝主要由降水异常引起，不仅要考虑气象旱涝、土壤水分，还要考虑不同作物的水分需求。目前农业旱涝研究中的常用指标有两类，一类是反映水分供应状况的降水量指标，如降水距平百分率、Z 指数、标准化降水指数、降水温度均一化指标等；另一类是反映水分供需变化的指标，如综合气象干旱指数 CI、Palmer 指标、相对湿润度指数、作物水分亏缺指数等(王劲松 等，2007；袁文平 等，2004)。与仅反映水分供应的降水量旱涝指标比较，考虑水分供需关系的旱涝指标更能真正反映农田湿润程度和旱涝状况。张艳红等(2008)以作物水分亏缺指数距平为干旱监测指标，对代表站典型年份的干旱时段进行分析验证，表明该指标能较好地反映生长季作物水分亏缺与农业干旱情况；马晓群等(2008)利用累积湿润指数分析近 30 年江淮地区农业年、季旱涝时空变化；目前地区性较长时间尺度的作物发育阶段旱涝研究较少(黄晚华等，2009)，而东北地区近几十年主要作物玉米不同发育阶段的旱涝研究也未见到。

鉴于此，本节从水分收支平衡原理出发，以玉米不同发育阶段的水分需求特性为前提，分析发育阶段降水量和需水量的变化趋势，揭示东北玉米发育阶段的水分供需规律。基于作物水分亏缺指数构建发育阶段水分盈亏指数，参照相对湿润度指数及水分亏缺指数干旱等级(黄晚华 等，2009；GB/T32136—2015)，利用代表站点典型灾害年份确定东北地区玉米不同发育阶段水分盈亏指标旱涝等级标准。以发育阶段长度为评估时间尺度，分析近 50 年东北玉米四个发育阶段及全生育期需水量和有效降水量的时空分布及旱涝分布、演变特征。

2.2.2.1 发育阶段水分盈亏指数建立

为了更准确地反映玉米四个发育阶段的需水特性及水分供应状况，以发育阶段潜在蒸散量为需水指标，以有效降水量为供水指标，基于作物水分亏缺指数构建玉米发育阶段水分盈亏指数 $CWSDI$(Crop Water Surplus Deficit Index)表征水分盈亏程度。

$$CWSDI_i = \frac{P_{ei} - ET_{ci}}{ET_{ci}} \tag{2.6}$$

式中，$i(i=1,2,3,4)$表示发育阶段；ET_{ci} 为发育阶段 i 的需水量(mm)；P_{ei} 为有效降水量(mm)；$CWSDI_i$ 为水分盈亏指数。当 $CWSDI_i>0$ 时，表示发育阶段 i 水分盈余；当 $CWSDI_i=0$ 时，表示水分供需平衡；当 $CWSDI_i<0$ 时，表示水分亏缺。水分盈亏指数考虑了降水和作物可能蒸散两项因子，反映实际供水量与作物最大水分需要量的平衡关系，可以较好地表征农田湿润程度和作物旱涝状况。

对于旱作物，有效降水量指总降雨量中能够保存在作物根系层中用于满足作物蒸发蒸腾需要的那部分降水量，不包括地表径流和渗漏至作物根系吸水层以下的部分。影响有效降水的主要因子有降水强度、土壤质地及结构、地形及平整度、降水前的土壤含水率、作物种类及发育阶段等(康绍忠 等，1996)。

某次降水的有效降水量 P_{ej} 计算公式为

$$P_{ej} = \alpha_j \cdot P_j \tag{2.7}$$

式中，P_j 为 j 次降水的降水总量(mm)；α_j 为有效利用系数。一般 α_j 的取值如下：当 $P_j \leqslant 5$ mm时，$\alpha_j=0$；当 5 mm$<P_j\leqslant 50$ mm时，$\alpha_j=0.9$；当 $P_j>50$ mm时，$\alpha_j=0.75$(康绍忠 等，1996)。

发育阶段 i 内多次降水的有效降水量累积得到发育阶段有效降水量 P_{ei}。

$$P_{ei} = \sum_{j=1}^{n} P_{ej,i} \tag{2.8}$$

式中，P_{ei} 为发育阶段 i 的有效降水量(mm)；$j(j=1,2,\cdots,n)$表示某发育阶段的降水次数；$P_{ej,i}$ 为发育阶段 i 的第 j 次有效降水量(mm)。

发育阶段需水量由发育阶段内逐日需水量累积得到。逐日需水量利用FAO推荐的作物系数法(Allen et al，1998)计算，把标准条件下(长势良好，供水充足)的逐日蒸散量作为理论需水量，计算公式

$$ET_c = K_c \cdot ET_0 \tag{2.9}$$

式中，ET_c 为逐日作物需水量(mm)；ET_0 为逐日参考作物蒸散量(mm)，只与气象要素有关，反映了不同地区不同时期大气蒸发能力对植物需水量的影响；K_c 为逐日作物系数，反映了作物蒸腾、土壤蒸发的综合效应，受作物类型、气候条件、土壤蒸发、作物生长状况等多种因素影响。

利用FAO推荐的Penman-Monteith公式计算发育期逐日参考作物蒸散量 ET_0。

$$ET_0 = \frac{0.408\Delta(R_n - G) + \gamma \dfrac{900}{T_{mean}+273} U_2 (e_s - e_a)}{\Delta + \gamma(1+0.34U_2)} \tag{2.10}$$

式中，ET_0 为逐日参考作物蒸散量(mm)；R_n 为净辐射(MJ/(m^2 · d))；G 为土壤热通量(MJ/(m^2 · d))，计算步长为1 d时，相对于 R_n 很小可忽略不计；T_{mean} 为日平均气温(℃)；e_s 为日平均饱和水汽压(kPa)；e_a 为实际水汽压(kPa)；Δ 为饱和水汽压与温度关系曲线的斜率

(kPa/℃);γ 为干湿表常数(kPa/℃);U_2 为 2 m 高处风速(m/s)。

研究表明,缺少试验资料的情况下可以采用 FAO 推荐的标准作物系数和修正公式,根据当地气候、土壤、作物等条件进行修正(刘钰 等,2000);李彩霞等(2007)研究认为利用 FAO 推荐的作物系数,并根据当地气候条件订正后对东北地区玉米需水量的预测值与实测值非常接近。故采用 FAO 推荐标准条件下(最小相对湿度约为 45%,风速约 2 m/s 的半湿润气候),玉米发育初期、中期、后期的三个标准作物系数:$Kcini=0.3$,$Kcmid=1.2$,$Kcend=0.6$,并根据各站历年气象条件进行订正,然后计算各站历年逐日作物系数(Allen *et al*,1998)。

2.2.2.2　发育阶段水分盈亏指数旱涝等级标准确定

参照相对湿润度指数及作物水分亏缺指数干旱等级(GB/T 20481—2006;GB/T 32136—2015),同时利用代表站典型灾害年份的灾情资料进行验证,确定东北玉米发育阶段水分盈亏指数的旱涝等级标准(见表 2.4)。

表 2.4　东北玉米发育阶段水分盈亏指数 CWSDI(%)的旱涝等级

旱涝等级	发育阶段	
	抽雄—乳熟	其他发育阶段
特旱	≤−90	≤−95
重旱	(−90,−80]	(−95,−85]
中旱	(−80,−60]	(−85,−65]
轻旱	(−60,−40]	(−65,−45]
正常	(−40,45]	(−45,45]
轻涝	(45,65]	(45,65]
中涝	(65,85]	(65,85]
重涝	(85,95]	(85,95]
特涝	>95	>95

以抽雄—乳熟阶段为例,选取黑龙江泰来、吉林白城、辽宁朝阳为代表站(见图 2.13)。由图可见,泰来 1998 年特涝、2004 年特旱,白城 1998 年特涝、1995 年特旱,朝阳 2009 年重旱。根据农气站农业灾情旬月报;泰来 1998 年 8 月上旬 3 次暴雨导致重大洪涝灾害,作物受灾面积达 60 万 hm^2 以上;2004 年 6 月中旬—8 月下旬发生重度干旱,受灾面积超过 60 万 hm^2。白城 1998 年 8 月上、中旬两场暴雨造成重大洪涝灾害;1995 年 7 月中旬中度干旱,到 8 月下旬发展到重度干旱,受灾面积超过 60 万 hm^2。朝阳 2009 年 7 月上旬出现轻度干旱,到 8 月中旬发展到重度干旱,受灾面积超过 60 万 hm^2。三个代表站旱涝发生时间、强度均与农业气象观测中灾害资料相符。

玉米全生育期需水较多,抗旱能力较强,轻旱、轻涝对作物的产量形成影响较小。为了分析简便,把干旱分为轻旱、中旱(包含中旱及以上),渍涝分为轻涝、中涝(包含中涝及以上),并把中旱、中涝作为研究重点。

2.2.2.3　发育阶段需水量、有效降水量及旱涝分布

(1)发育阶段需水量、有效降水量、水分盈亏指数的时间变化

采用线性趋势分析近 50 年 48 个站点玉米四个发育阶段及全生育期需水量、有效降水量、水分盈亏指数全区平均值的变化(见表 2.5)。四个发育阶段及全生育期的需水量没有显著变

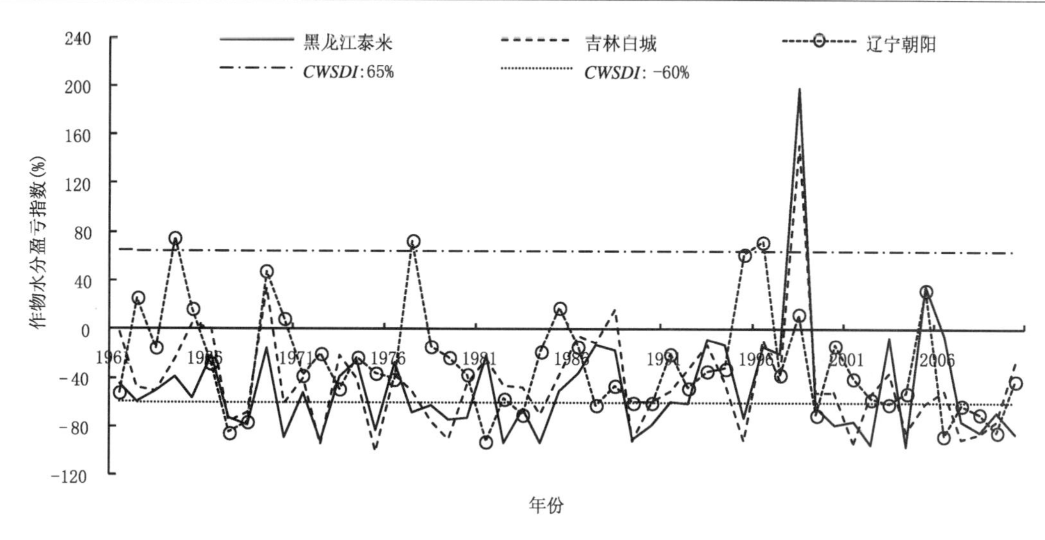

图 2.13　1961—2010 年黑龙江泰来、吉林白城、辽宁朝阳抽雄—乳熟 *CWSDI* 变化

化。播种—七叶阶段有效降水量略呈增加趋势，七叶—抽雄、抽雄—乳熟、乳熟—成熟阶段有效降水量则呈下降趋势，播种—七叶在春季，后三个阶段分别在夏、秋季，其有效降水量的变化趋势与前人(孙凤华 等，2005；汪宏宇 等，2005)的研究结论一致。乳熟—成熟阶段有效降水量、*CWSDI* 呈较明显的下降趋势，通过 0.05 显著性检验，表明干旱有显著的增加趋势，其他三个阶段和全生育期没有明显的旱涝变化。

表 2.5　发育阶段需水量、有效降水量及 *CWSDI* 的线性趋势 $(10a)^{-1}$

发育阶段 / 指标	播种—七叶	七叶—抽雄	抽雄—乳熟	乳熟—成熟	播种—成熟
需水量(mm)	1.0	−1.3	−1.0	0.1	−1.2
有效降水量(mm)	1.3	−0.6	−1.2	−4.1 *	−4.6
CWSDI (%)	0.1	1.0	0.6	−6.2 *	−1.0

注：* 表示通过 0.05 显著性检验。

利用 Mann-Kendall(M-K)方法对抽雄—乳熟、乳熟—成熟阶段的需水量、有效降水量、*CWSDI*全区平均值的变化趋势进行检测，图 2.14 为 M-K 检测曲线。由图可见，抽雄—乳熟阶段，需水量 20 世纪 60 年代后期—90 年代初呈上升趋势，其中 1975—1984 年达到 0.05 显著性水平，1993 年以后呈下降趋势。有效降水量从 60 年代后期—90 年代中期下降趋势比较明显，其中 1980、1983 年达到 0.05 显著性水平，90 年代后期—2010 年下降趋势明显变小。*CWSDI* 从 60 年代后期—90 年代中期呈下降趋势，其中 1979—1984 年达到 0.05 显著性水平，90 年代后期—2010 年变化趋势不明显。东北地区多数气象要素的突变都发生在 70 年代末期以后，年平均气温的突变发生在 80 年代中后期(赵春雨 等，2009；孙凤华 等，2006)。抽雄—乳熟阶段，蒸散量以作物蒸腾为主，需水量变化趋势在 90 年代初的改变应该是对气候变化的响应。

乳熟—成熟阶段，需水量 60 年代后期—80 年代中期呈上升趋势，1987—1995 年为下降趋势，1990 年代末—2010 年呈上升趋势。有效降水量 70 年代中期—80 年代中期呈下降趋势，80 年代后期—90 年代初呈上升趋势，2000 年代呈下降趋势。*CWSDI* 从 60 年代中期—80 年代中期呈下降趋势，其中1978—1981年达到0.05显著性水平，80年代后期—90年代初为上升趋势，1993—2010年呈下降趋势。

由图2.14还可见，抽雄—乳熟阶段，60年代中期—90年代初，需水量与有效降水量的变化基本呈反位相，即前者呈上升趋势，后者则呈下降趋势；乳熟—成熟阶段，70年代中期—2010年，需水量与有效降水量的变化基本呈反位相。*CWSDI* 与有效降水量在两个发育阶段中的变化趋势基本一致。

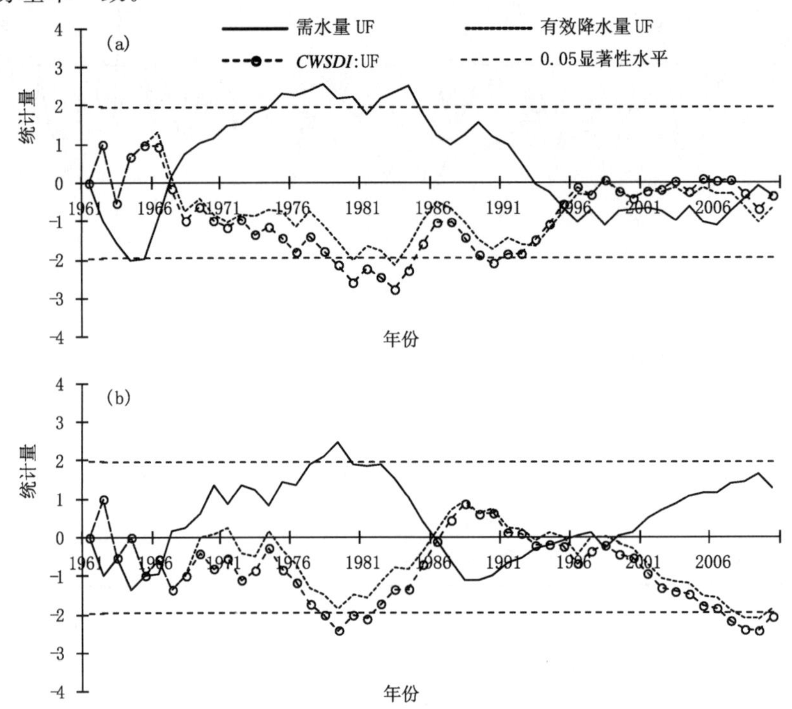

图2.14　1961—2010年东北地区玉米发育阶段需水量、有效降水量及CWSDI的M-K检测曲线

(a) 抽雄—乳熟；(b) 乳熟—成熟

前人对近几十年东北地区作物生长季降水量变化的研究较多(孙凤华 等,2005;龚奕等,2003;汪宏宇 等,2005)，这里重点分析发育阶段需水量的变化，利用Mann-Kendall方法对发育阶段需水量全区平均值的变化趋势进行检测(见图2.15)。

由图2.15a可见，播种—七叶阶段，60年代中期—2010年需水量呈上升趋势，其中1990—1999年达到0.05显著性水平；七叶—抽雄阶段(见图2.15b)，60年代后期—80年代中期呈上升趋势，1985—2010年呈下降趋势；抽雄—乳熟阶段(见图2.15c)，1960年代后期—1990年代初呈上升趋势，其中1975—1984年达到0.05显著性水平，1993年以后呈下降趋势；乳熟—成熟阶段(见图2.15d)，60年代后期—80年代中期呈上升趋势，1987—1995年有下降趋势，90年代末—2010年呈上升趋势；播种—成熟阶段(见图2.15e)全生育期，60年代中期—80年代中期呈上升趋势，80年代末—2010年有下降趋势。

东北地区多数气象要素的突变都发生在20世纪70年代末期以后，年平均气温的突变发生在80年代中后期(赵春雨 等,2009;孙凤华 等,2006)。七叶—抽雄阶段，作物蒸腾所占比例逐渐增大，抽雄—乳熟阶段，以作物蒸腾为主，这两个阶段需水量变化趋势在80年代末—90年代初的改变无疑是对气候变化的响应。初期(播种—七叶)土壤蒸发所占比例较大，作物系

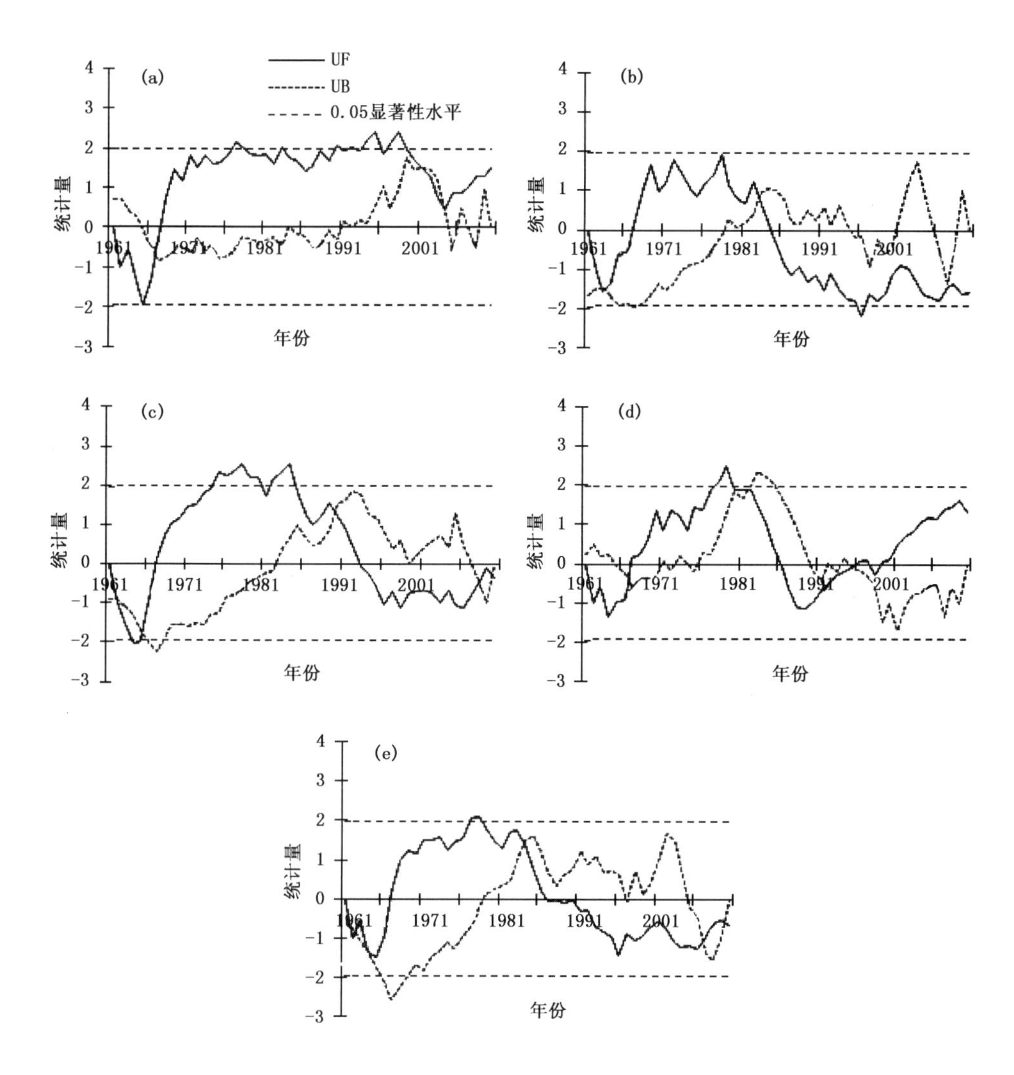

图 2.15　1961—2010 年东北玉米需水量全区平均值的 M-K 检测曲线

(a) 播种—七叶;(b) 七叶—抽雄;(c) 抽雄—乳熟;(d) 播种—成熟;(e)全生育期

数受发育阶段平均降水周期、降水量及参考蒸散量的影响,后期(乳熟—成熟)作物逐渐衰老变干,土壤蒸发逐渐增加,这两个阶段的需水量与土壤湿度关系密切,受降水量周期性变化的影响最大。而东北地区降水量的变化经历了 60 年代中期的降水偏多期,60 年代中期—80 年代初期的降水减少期,80 年代中期—90 年代中期的降水偏多期, 1990 年代中期以来的降水显著偏少期(赵春雨 等,2009;孙凤华 等,2005),可以看到乳熟—成熟阶段需水量的变化趋势与降水量的变化周期十分吻合。由于气象要素对潜在蒸散量的影响是一个复杂的非线性过程,气温对作物需水量的影响远小于太阳辐射,有时甚至小于风速和降水(刘晓英 等,2005),播种—七叶阶段全区平均需水量 50 年持续上升的原因有待于进一步研究。

(2)发育阶段需水量、有效降水量的空间分布

分别统计 48 个站点玉米四个发育阶段需水量、有效降水量的 50 年平均值,用反距离加权插值法对各站点的多年平均值进行空间插值,得到东北玉米四个发育阶段需水量、有效降水量

50年平均值的空间分布(见图2.16、图2.17)。

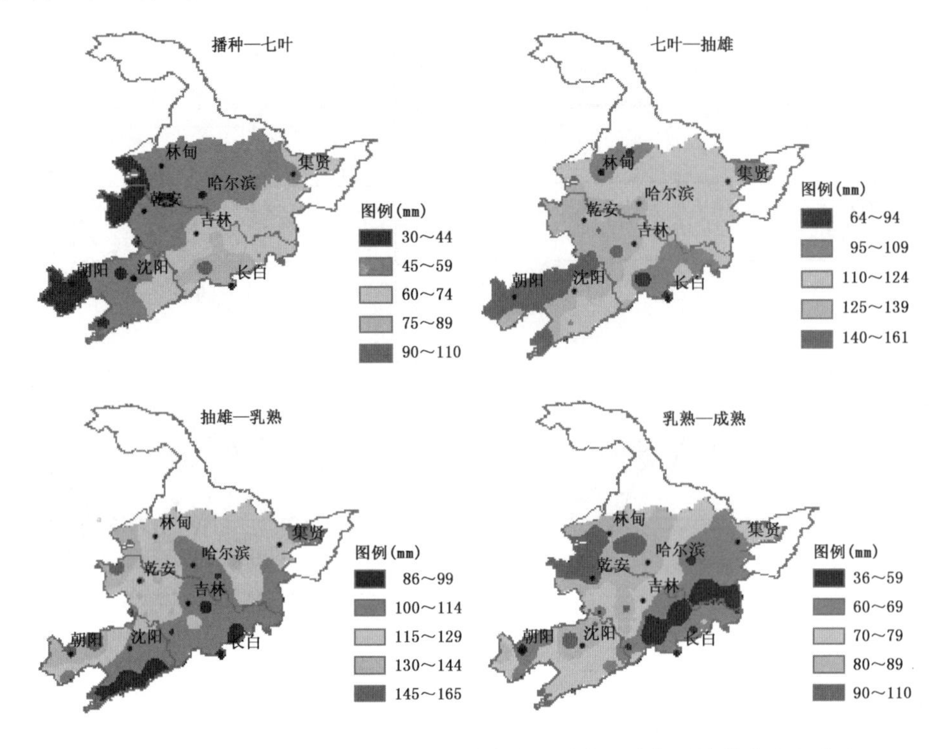

图2.16　1961—2010年东北玉米四个发育阶段需水量多年平均值的空间分布

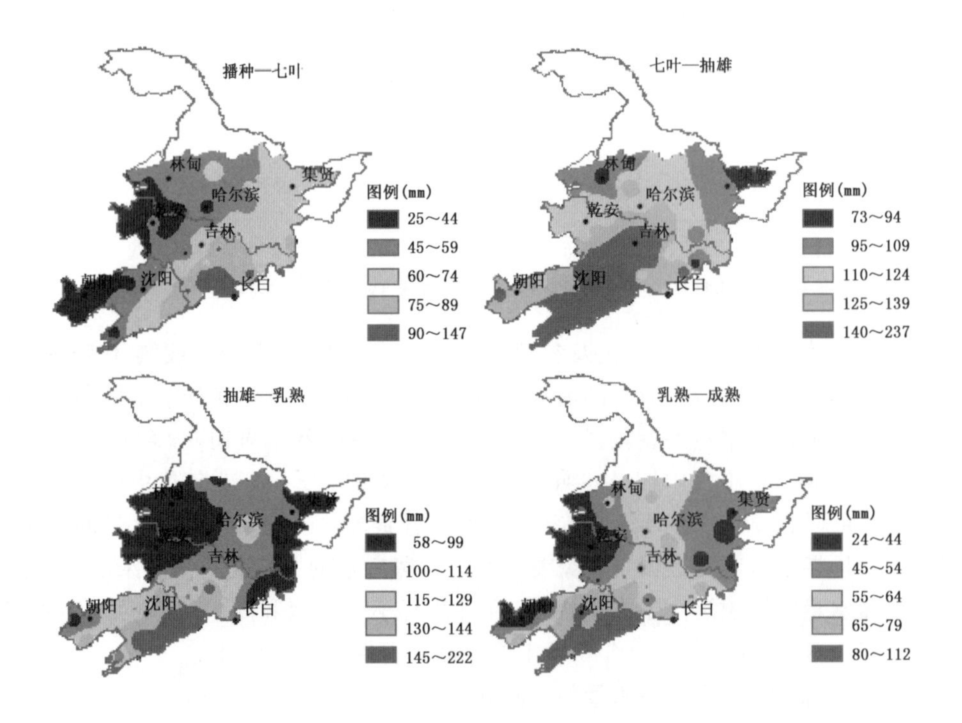

图2.17　1961—2010年东北玉米四个发育阶段有效降水量多年平均值的空间分布

四个发育阶段需水量 50 年平均值的空间分布呈阶梯状，全区差异较大(如图 2.16 所示)。播种—七叶阶段，整个研究区西部为低值区，吉林东南部为高值区，需水量由西北向东南方向递增。其他三个阶段，以吉林东部为中心，整个研究区东南部为低值区，西部或西南部为高值区，需水量由西向东递减。

四个发育阶段有效降水量的空间分布如图 2.17 所示。播种—七叶阶段，整个研究区西部为低值区，高值区在吉林东南部和辽宁东北部，有效降水量由西北向东南方向递增，与需水量的空间分布一致，不易发生旱涝灾害。七叶—抽雄、抽雄—乳熟、乳熟—成熟三个阶段，整个研究区南部或东南部为高值区，西部或西北部、东部或东北部为中低值区，有的区域需水量明显大于有效降水量，有的区域需水量又明显小于降水量。简言之，相应发育阶段的需水量与降水量空间分布不一致，容易发生旱涝灾害。

(3)发育阶段旱涝频率分布

根据发育阶段水分盈亏指数旱涝等级标准(见表 2.4)判断各站点历年 4 个发育阶段的旱涝等级。总年数为研究站点的时间序列长度，1961—2010 年共 50 年，各站 4 个发育阶段中旱、中涝发生次数与总年数之比即为近 50 年发育阶段的旱涝频率。用反距离加权插值法对旱涝频率进行空间插值，得到东北玉米四个发育阶段 50 年中旱、中涝频率的空间分布如图 2.18、图 2.19 所示。

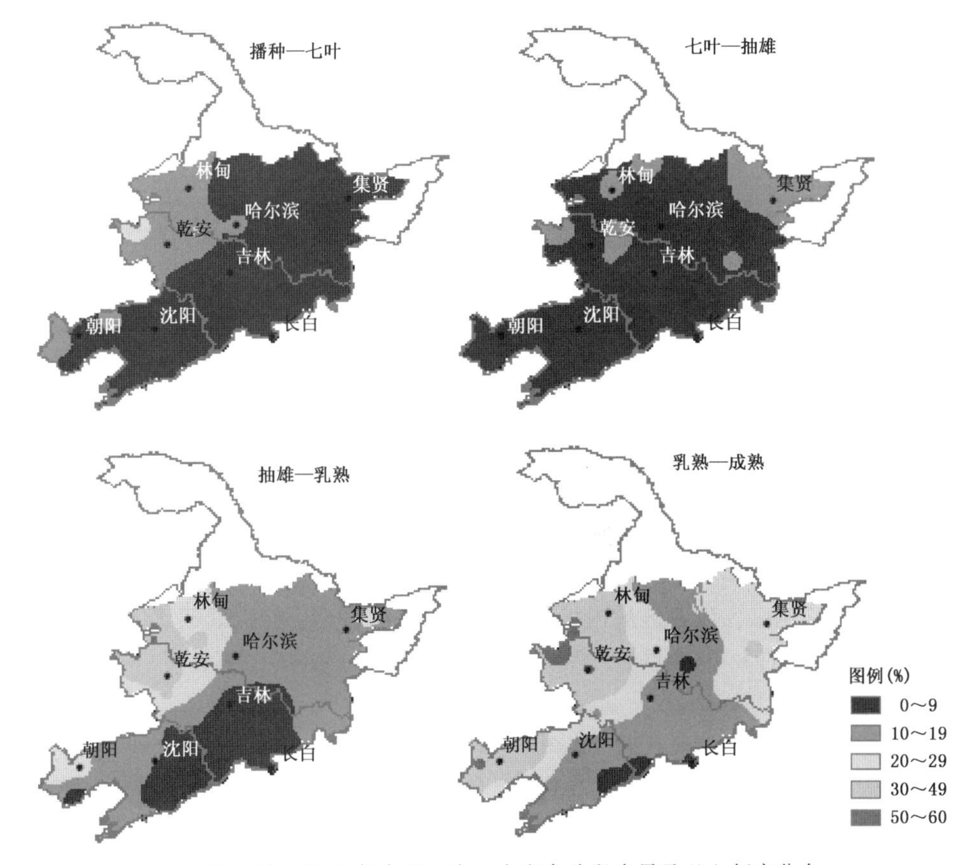

图 2.18　近 50 年东北玉米四个发育阶段中旱及以上频率分布

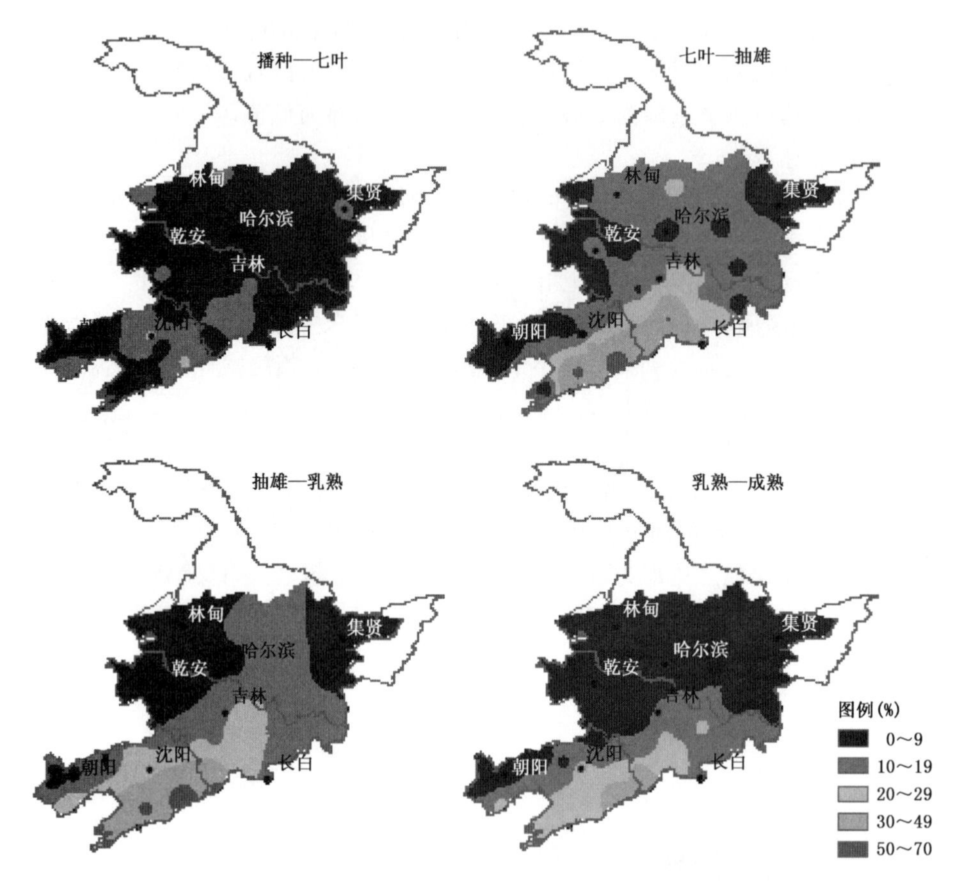

图 2.19 近 50 年东北玉米四个发育阶段中涝及以上频率分布

播种—七叶阶段，中旱、中涝频率较低，大部分地区在 10%以下。七叶—抽雄阶段，中旱频率较低，大部分地区在 10%以下；中涝频率由东南向西北方向递减，30%～50%的高值区位于辽宁东南部、吉林东南部。抽雄—乳熟阶段，中旱频率由西北向东南递减，30%～50%的高值区分布在吉林西北部、黑龙江研究区西部，即松嫩平原西部是伏旱高发区；中涝频率由南向北递减，30%～50%的高值区位于辽宁东南部。乳熟—成熟阶段，中旱频率 30%～50%的高值区位于整个研究区西部；中涝频率由东南向西北递减，20%～30%的中值区位于辽宁东南部和吉林东南部。可见松嫩平原西部易发生伏旱和秋吊，这与李取生等(2004)的研究结论一致，同时辽西也是伏旱、秋吊的易发区；辽宁东南部和吉林东南部则是夏涝和秋涝的高发区。

旱(涝)站次比 Si 定义为研究区域内旱(涝)发生站点数占全部站点数的比例，用来评估研究地区旱(涝)影响范围的大小(黄晚华 等，2010)。当 $Si \geqslant 50\%$ 时为全域性旱(涝)；当 $30\% \leqslant Si < 50\%$ 时为区域性旱(涝)。

四个阶段全域和局域的中旱、中涝及以上灾害发生年份见表 2.6。①播种—七叶，旱涝发生频率较低。②七叶—抽雄，20 世纪 80 年代和 90 年代旱涝频繁。③抽雄—乳熟，60 年代和 80 年代旱涝频繁交替，90 年代以涝害为主，2000 年之后呈旱涝交替。④乳熟—成熟，60 年代和 80 年代以涝害为主，70 年代和 2000 年之后以旱灾为主。就年代际中旱、中涝次数而言，60 年代共发生 7 次，70 年代 5 次，80 年代 9 次，90 年代 9 次，2000 年之后 10 次。80 年代以来降水变率明显增大(孙凤华 等,2005),体现在从80年代起发育阶段全域、区域干旱和涝害次数的明显增加。

根据文献(丁一汇 等,2006;张强 等,2009),2001年夏季东北地区中南部发生严重旱灾,黑龙江省受旱面积为375万 hm^2,其中重旱212万 hm^2;吉林省受旱面积270万 hm^2,严重受旱面积近204万 hm^2;辽宁省重度干旱面积超过作物播种面积的70%。1998年6—8月,松花江、嫩江流域频降大雨、暴雨,受灾农田617.7万 hm^2,成灾面积438.5万 hm^2,绝收面积246.3万 hm^2。2001、1998年发生的旱涝灾害在表2.6中均有体现。

表2.6　近50年东北玉米发育阶段全域、区域性中旱及以上、中涝及以上发生年份

发育阶段	中旱及以上		中涝及以上	
	全域	区域	全域	区域
播种—七叶			1974	
七叶—抽雄		1976,1982,1997	1991	1963,1983,1985,1986,1994,2003
抽雄—乳熟	2009	1967,1968,1980,1989,2008	1995,1998	1964,1966,1985,1986,1994,1996,2005,2010
乳熟—成熟	1977,2001,2002,2007	1967,1973,1976,1991,1996,2005,2010	1987	1961,1962,1964,1982,1985,1986,1988,1997

2.3　东北地区玉米综合农业气象灾害风险评估

东北地区玉米生长季气象要素时空差异显著,农业气象灾害频繁,冷害、干旱、涝害等多种灾害并存,单一灾种风险评估难以真实反映区域作物面临的真实气象灾害风险。要达到实现东北地区种植结构调整、优化作物布局、规避农业气象灾害的目的,需要多种农业气象灾害风险评估技术。本节在前人农业气象灾害风险评估研究的基础上,利用玉米发育期、气象、土壤、作物面积和产量等多元资料,根据自然灾害风险理论和农业气象灾害风险形成机理,研究东北玉米生育过程中面临的冷害、干旱、涝害三种主要气象灾害风险评估指标体系及评估模型,建立东北玉米主要气象灾害风险评估体系。

2.3.1　农业气象灾害形成机制

区域灾害系统论认为灾害是致灾因子、孕灾环境与承灾体综合作用的结果,在灾害的形成过程中,致灾因子、孕灾环境、承灾体缺一不可(史培军,1996),并认为孕灾环境、致灾因子和承灾体在灾害系统中的作用具有同等的重要性(史培军,2002,2005)。

根据区域灾害形成理论,农业气象灾害是孕灾环境(自然环境和人文环境)、致灾因子、农作物和农业灾害管理相互作用的结果(刘引鸽,2005)。农业气象灾害的影响、危害和损失是对系统存在的农业气象灾害脆弱性的揭示和表达,也就是说,农业气象灾害是在自然和人为因素共同作用下形成和发展的。农业气象灾害是自然、经济、社会的综合反映,它的形成及其成灾强度,既决定于自然环境变异而形成的灾害频率和强度,也受农业土地利用、经济结构和社会环境等人为因素的影响(张继权 等,2007)。

2.3.2 主要气象灾害风险内涵及研究现状

根据有关自然灾害风险理论和上述农业气象灾害形成机制,将农业气象灾害风险定义为:气象灾害的发生、发展对农业生产造成的影响和危害的可能性。把东北地区玉米主要气象灾害风险定义为:冷害、干旱、涝害的发生、发展对玉米生产造成的影响和危害可能性,而不是气象灾害本身。当这种由冷害、干旱、涝害导致的影响和危害的可能性变为现实,即为气象灾害。具体而言,就是指某一地区某一时间内冷害、干旱、涝害发生的可能、活动程度、破坏损失及对承灾体造成的影响和危害的可能性有多大。

联合国国际减灾战略(UN/ISDR)从自然灾害的角度提出灾害风险评估是对可能造成危害的致灾因子、处在灾害物理暴露之下的潜在受灾对象(生命、财产、生计和人类依赖的环境等)及其脆弱性的分析和评估(葛全胜 等,2008)。联合国人道主义事务协调办公室给出的风险表达式"风险度(R)=危险度(H)×脆弱度(V)"得到了很多研究者的赞同,目前国际上多数研究项目都按这个思路进行(UNDP, 2004;Dilley et al, 2005)。张继权等(2006,2007)把承灾体暴露性和防灾减灾能力两个相互独立的部分从脆弱性中分离出来,认为一定区域自然灾害风险是自然灾害危险性、承灾体的暴露性和脆弱性及防灾减灾能力四个因素综合作用的结果。气象灾害危险性指气象灾害异常程度;承灾体暴露性是指可能受到气象危险因子威胁的所有人和财产;承灾体脆弱性是指在给定危险地区的财产由于潜在的气象危险因素而造成的伤害或损失程度,反映了气象灾害的损失程度;防灾减灾能力表示受灾区在短期和长期内能够从气象灾害中恢复的程度,包括应急管理能力、减灾投入、资源准备等(张继权 等,2007)。

目前,国内外农业气象灾害风险研究主要集中在以下三个方面:一是基于农业气象灾害发生可能性或灾害频率的概率风险评估,利用概率或超越概率分析不同灾情损失程度的概率风险或者利用灾害指标识别灾害事件在某一区域发生的概率及产生的后果(薛昌颖 等,2003;袭祝香 等,2003;马树庆 等,2003;李娜 等,2010)。概率风险法虽然简单易行,但不能反映农业气象灾害风险的形成机制和影响因素。二是研究农业气象灾害的致灾因子危险性或承灾体脆弱性(Hao et al, 2011;陈晓艺 等,2008;刘兰芳 等,2002;Simelton et al, 2009;Fraser et al, 2008)。三是根据自然灾害致灾机理,利用合成法对影响灾害风险的各因子进行组合建立灾害风险指数(Ngigi et al, 2005;Zhang, 2004;Shahid et al, 2008;Zhang D et al, 2011)。大多数研究基于灾害频率的致灾可能性或对影响灾害风险的不全面的几个因子进行组合构建风险指数,不能准确反映农业气象灾害风险的形成机理和影响因素。作物在不同发育期或发育阶段遭受气象灾害对最终产量的影响都会不同(张建平,2010;张倩,2010),缺乏基于发育期或发育阶段,贯穿发育全过程的风险评估研究。

2.3.3 主要气象灾害风险指标与量化

农作物实际产量 Y 可以分离为三个部分:随社会生产水平提高的趋势产量 Y_t、随气象条件波动的气象产量 Y_w 及一般忽略不计的随机"噪声"。采用直线滑动平均法模拟 48 个县(市)的趋势产量 Y_t,分离出受气象灾害影响的作物产量(即气象产量)Y_w,相对气象产量($\frac{Y_w}{Y_t}\times 100\%$)的负值即为减产率。农业气象灾害级别通常以减产率的大小来划分,一般规定减产

5%以上即为灾害年份。

根据东北地区玉米主要气象灾害风险形成机制，分析发育阶段主要气象灾害的危险性、承灾体的暴露性、脆弱性和防灾减灾能力四个因素，综合考虑指标体系确定的目的性、系统性、科学性、可比性和可操作性原则，并结合东北三省各县市的实际情况和资料获取的难易程度选取指标。

2.3.3.1　主要气象灾害危险性指标

(1)主要气象灾害危险性指标选择

发育阶段主要气象灾害危险性为某一地区某一时段造成气象灾害的自然变异因素、程度及其导致气象灾害发生的可能性，主要指极端的气候条件及自然地理环境。由于农业气象灾害成因复杂，单独选取某个指标往往不能真实、全面地反映灾害危险程度。具体分析不同灾害的致灾因子、孕灾环境，采用孕灾环境多指标法(葛全胜 等，2008)，从气象、作物、自然地理环境等方面选取指标，综合反映主要气象灾害的危险性。

日平均气温≥0 ℃积温负距平(简称≥0 ℃积温负距平)反映环境积温偏少。日平均气温≤适宜温度界限天数(简称≤适宜温度界限天数)反映气温偏低对作物发育的不利影响，四个发育阶段的适宜温度界限分别为 15 ℃，18 ℃，18 ℃，16 ℃。热量指数负距平反映作物热量的偏低程度。日照≤3 h 天数反映太阳辐射偏少引起的寡照程度。纬度和海拔反映自然地理环境。选取上述指标以及作物品种熟型作为冷害危险性指标。

干旱主要由降水持续偏少所致，降水量值、少雨时间是衡量干旱的重要指标；同时土壤蒸发、作物蒸腾增大可加剧干旱；干旱也与土壤状况有关，如果土壤蓄水保水能力差，同样容易发生干旱。选取最长连续无雨日数、降水负距平百分率、累积有效降水量反映气象干旱，水分亏缺百分率、累积蒸散量反映作物干旱。其中降水负距平百分率、水分亏缺百分率分别反映站点与常年相比降水的偏少幅度、作物水分的亏缺程度；累积有效降水量、累积蒸散量则可以反映空间不同站点干旱发生的可能性。由于缺乏完备的土壤湿度数据，选用土壤类型反映土壤易旱涝的特点。

涝害发生的直接原因是过量或长时间降水，间接原因主要是局部地形不利于排水。暴雨日数多、暴雨频率高，涝灾频率也就比较高。选取暴雨日数(日降雨量达到或超过 50 mm 的降雨日数)、暴雨累积量(暴雨日的降水量之和)反映暴雨性降水，降水正距平百分率、水分盈余百分率分别反映站点与常年相比降水的偏多程度、作物水分的盈余幅度，累积有效降水量则可以反映空间不同站点涝害发生的可能性。利用历年气象资料对作物系数订正得到逐日作物系数，发育阶段需水量反映了不同阶段的需水特性，水分盈亏百分率也可以反映不同阶段的需水特性及水分供需状况(高晓容 等，2012b)。

(2)主要气象灾害危险性指标验证

对 48 个站点关键发育阶段典型冷害的危险性指标与相对气象产量进行相关分析可以检验危险性指标的选择是否合理。1969 年抽雄—乳熟阶段发生了典型的全域冷害，48 个站点相对气象产量与抽雄—乳熟的热量指数、≥0 ℃积温、≤18 ℃天数、纬度的相关系数分别为 0.614，0.462，−0.405，−0.469，均通过 0.05 显著性检验，与海拔相关系数为−0.259，通过 0.1 显著性检验，与日照≤3 h 天数相关系数为 0.136，没有通过 0.1 显著性检验。

表 2.7 为白城代表站抽雄—乳熟典型冷害危险性指标值与减产率的对照。可见 1962 年冷害主要表现为≤18 ℃天数偏少和寡照；1972 年主要表现为≥0 ℃积温明显偏低、≤18 ℃天数明显偏少及寡照；1983 年主要表现为≥0 ℃积温偏低、≤18 ℃天数偏少；1999 年主要表现

为热量指数偏小和寡照。冷害年热量指数距平百分率、≥0 ℃积温距平、≤18 ℃天数距平一般为负值;同时日照≤3 h天数一般偏少,个别冷害年份偏少 5～6 d。不同冷害年的危险性指标表现各不相同,从环境积温、作物热量、太阳辐射等角度选取多个指标可以全面地反映冷害危险性,避免单个指标带来的偏差。低温一般与寡照相伴,日照≤3 h天数作为冷害危险性指标是合理的。

表 2.7 白城市玉米抽雄—乳熟典型冷害危险性指标与减产率对照

年份	热量指数距平百分率(%)	≥0 ℃积温距平(℃·d)	≤18 ℃天数距平(d)	日照≤3 h天数距平(d)	减产率(%)
1962*	0.6	−9.4	−2.7	−2.9	−41.7
1965*	−7.1	−44.4	0.6	−2.5	−25.5
1972*	−3.0	−19.7	−6.7	−4.9	−54.1
1980	3.0	−9.8	−2.7	−0.5	−22.2
1983	−2.6	−16.6	−5.7	−0.9	−20.5
1989*	−14.1	−23.8	1.6	−5.9	−54.2
1991	−1.2	1.5	−1.4	−0.9	−19.7
1995*	−4.4	−4.2	−1.7	−2.5	−36.0
1998*	−12.8	−6.4	−1.4	−1.5	−22.3
1999*	−14.0	0.7	−0.7	−3.5	−16.0
2009*	0.7	−6.1	−1.4	−2.9	−20.3

注:* 表示冷害与其他灾害耦合。

典型全域干旱 2009 年研究站点相对气象产量与抽雄—乳熟阶段的最长连续无雨日数,水分盈亏百分率、降水距平百分率、累积蒸散量、累积有效降水量的相关系数分别为−0.402,0.404,0.341,−0.521,0.352,均通过 0.05 显著性检验。表 2.8 为白城代表站抽雄—乳熟典型干旱危险性指标值与减产率的对照。可见不同干旱年份的危险性指标表现各不相同,1968 年主要表现为最长连续无雨日数偏多 7.1 d,蒸散量偏大 31.2 mm,作物水分亏缺 68%;1995 年主要表现为降水偏少 79%,作物水分亏缺达 92%;2004 年表现为蒸散量偏大 36.4 mm,降水偏少 67%,作物水分亏缺 85%。从气象、作物等角度选取多个指标可以避免单个指标带来的偏差。

表 2.8 白城市玉米抽雄—乳熟典型干旱危险性指标与减产率对照

年份	最长连续无雨日数距平(d)	累积蒸散量距平(mm)	降水距平百分率(%)	水分盈亏百分率(%)	减产率(%)
1968*	7.1	31.2	−24.8	−68.1	−53.6
1972*	6.1	30.7	−76.0	−93.8	−54.1
1975	18.1	50.9	−89.4.	−99.5	−19.1
1979*	4.1	8.2	−68.8	−90.3	−13.1
1989*	3.1	14.5	−76.2	−91.0	−54.2
1995*	2.1	12.9	−79.2	−92.2	−36.0
2004	−0.9	36.4	−66.6	−85.4	−24.4
2005	−1.9	3.8	−46.3	−61.2	−22.6
2007	4.1	45	−77.7	−89.8	−33.8
2009*	2.1	16.9	−56.6	−75.3	−20.3

注:* 表示干旱与其他灾害耦合。

典型全域涝害 1995 年研究站点相对气象产量与抽雄—乳熟阶段的暴雨日数、暴雨累积量、水分盈亏百分率、降水距平百分率、累积有效降水量的相关系数均通过 0.05 显著性检验。表 2.9 为庄河代表站抽雄—乳熟典型涝害年份危险性指标值与减产率的对照。可见典型涝害年的暴雨日数距平为正值，表明暴雨日数与正常年份相比一般偏多 1～4 d；暴雨累积量距平为正值，说明发育阶段暴雨累积量与正常年份相比偏多，7 个涝害年份中有 5 年偏多量值在 100 mm 以上；降水距平百分率均为正值，说明与正常年份相比降水量明显偏多；水分盈亏百分率同样均为正值，说明与正常年份相比作物水分呈盈余状态，且盈余幅度在 45％以上。代表站点抽雄—乳熟典型涝害危险性指标值与减产率的分析表明暴雨是涝害的主要原因。

表 2.9　庄河市玉米抽雄—乳熟典型涝害年份危险性指标与减产率对照

年份	暴雨日数距平 (d)	暴雨累积量距平 (mm)	水分盈亏百分率 (％)	降水距平百分率 (％)	减产率 (％)
1961	1.0	127.1	46.2	26.8	−13.4
1962	1.0	116.5	113.8	44.4	−24.6
1971	1.0	62.6	130.3	45.4	−14.5
1978	1.0	37.6	61.4	9.7	−7.0
1985*	4.0	266.8	287.6	140.0	−55.9
1987*	1.0	138.9	157.2	43.5	−25.3
1994	1.0	177.8	197.4	115.2	−64.2

注：* 表示涝害与其他灾害耦合。

2.3.3.2　发育阶段主要气象灾害暴露性指标

暴露性一般以研究单元承灾体的数量或价值量作为评估指标。对于某县，玉米种植比例越大，意味着该县暴露于气象灾害中的承灾体越多，可能遭受的潜在损失就越大，气象灾害风险也越大。对于耕地面积不同的县(市)，玉米种植面积占耕地面积的比例可以反映其玉米生产在农业中的地位。因此，玉米种植面积占耕地面积之比可以反映不同县(市)面对潜在气象灾害的相对暴露量。

2.3.3.3　发育阶段主要气象灾害脆弱性指标

承灾体脆弱性指标应表示出作物产量受主要气象灾害影响的损失程度和地域性差异，一般利用成灾面积百分率、受灾面积百分率等灾损指标刻画(张继权 等，2007a)。由于缺少完备的历年玉米受灾面积、成灾面积数据，再者这类数据也无法区分到发育阶段。有研究表明减产率与成灾面积百分率呈较强的正相关(张继权 等，2007)，所以利用减产率作为灾损指标刻画脆弱性。

对近 50 年东北地区 48 个县(市)玉米四个发育阶段主要气象灾害识别和相对气象产量分离，图 2.20 为近 50 年 3 个代表站四个发育阶段主要气象灾害与相对气象产量的变化。由图可见灾害年的减产率在 5％～80％之间变化，规律性较差，减产率的大小应该与灾害强度及受灾范围有密切关系，由于缺乏详细的发育阶段受灾面积、成灾面积数据，发育阶段灾害导致的减产情况难以具体分析。为简便起见，对多个发育阶段出现灾害导致的减产，将减产率平均分摊到每个阶段。

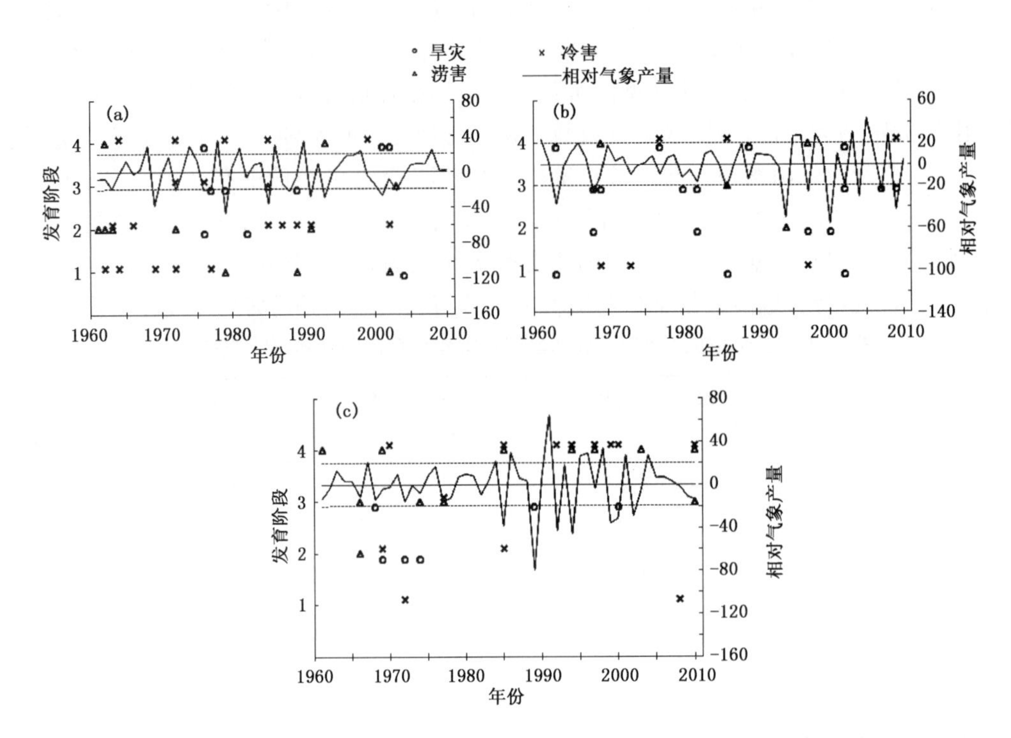

图 2.20　近 50 年代表站海伦(a)、双辽(b)、瓦房店(c)玉米四个发育阶段主要气象灾害及气象产量变化

2.3.3.4　防灾减灾能力指标

决定防灾减灾能力的主要是一系列社会经济要素。要素种类繁多,每一要素又有多种属性,分别可用不同的指标表示。目前尚不清楚哪一要素的哪一属性与防灾减灾能力的关系最为密切,而且承灾体不同、自然灾害不同,与防灾减灾能力相关的社会经济要素就会不同。这就决定了防灾减灾能力的评估是一个十分复杂的过程。

农业是一个系统产业,受多种因素的影响,一些社会、人文因子在防灾减灾中往往起到关键的作用。有研究认为灌溉是缓解旱情的重要因素(Wilhelmi et al, 2002),还有研究认为技术、资金等社会经济因素是影响防灾减灾的主要因子(Simelton et al, 2009;Fraser et al, 2008),但由于社会、经济、人文因子对农业承灾体的影响反馈过程极其复杂,过程很难量化刻画,同时这些因子的统计数据较难获得,且质量不高。东北地区玉米单位面积产量从 1961—2010 年有明显的上升趋势,玉米单产的上升趋势既反映了生产力水平的提高,也反映了防灾减灾能力的不断提高。鉴于此,一些研究选取与作物产量有关的指标来综合反映防灾减灾能力(Zhang J Q, 2004;吴东丽,2009;任义方,2011)。

单位面积产量基本代表了一个区域的农业生产水平,各县(市)产量波动的差异在一定程度上反映了当地防灾减灾能力的高低。产量波动的差异可用变异系数表示,产量的变异系数越小,表明产量越稳定,抗灾能力越强;变异系数越大,产量波动越大,抗灾能力越弱,玉米生产面临的风险越大。选用产量变异系数来综合反映防灾减灾能力。

2.3.3.5　指标量化

利用式(2.11)、(2.12)对指标进行无量纲化处理:

$$X_{ij}^{1} = \frac{x_{ij} - x_{\min j}}{x_{\max j} - x_{\min j}} \tag{2.11}$$

$$X_{ij}^{2} = \frac{x_{\max j} - x_{ij}}{x_{\max j} - x_{\min j}} \tag{2.12}$$

式中，x_{ij} 为第 i 个对象的第 j 项指标值；X_{ij}^{1}，X_{ij}^{2} 为无量纲化处理后第 i 个对象的第 j 项指标值；$X_{\max j}$ 和 $X_{\min j}$ 分别为第 j 项指标的最大值和最小值。式(2.11)适用于与风险成正比的指标，式(2.12)适用于与风险成反比的指标，$X_{ij}^{1} \in [0,1]$，$X_{ij}^{2} \in [0,1]$。

对于一些不能用上式进行无量纲化处理的指标采取分级赋值法。一般来说，纬度越高，越容易发生冷害；海拔越高，也越容易发生冷害。分别对纬度、海拔采用 4 级赋值法。纬度 39～42 °N，42～44 °N，44～46 °N，46～48 °N 分别赋值为 1，2，3，4；海拔 150 m 以下、150～300 m、300～400 m、400 m 以上分别赋值 1，2，3，4。根据土壤质地易旱涝的特点将砂土、砂壤土、壤土、黏土进行赋值，干旱危险性指标中砂土、砂壤土、壤土、黏土的土壤指数分别赋值为 4，3，2，1，涝害危险性指标中则分别赋值为 1，2，3，4。

利用层次分析法确定风险四要素及主要气象灾害危险性各指标的权重系数，发育阶段主要气象灾害风险评估指标体系与权重系数如表 2.10 所示。

表 2.10　东北玉米发育阶段主要气象灾害风险评估指标体系

因子		指标	权重
危险性 H (0.4237)	冷害危险性（三种灾害的频率之比为 $C1:C2:C3$，$WC=C1/(C1+C2+C3)$）	热量指数负距平百分率 X_{HC1}(%)	0.4247
		≥0℃积温负距平 X_{HC2}(℃·d)	0.2420
		≤适宜温度界限天数 X_{HC3}(d)	0.1699
		日照≤3 h 天数 X_{HC4}(d)	0.0737
		品种熟型 X_{HC5}	0.0387
		纬度 X_{HC6}(°N)	0.0301
		海拔 X_{HC7}(m)	0.0208
	干旱危险性 $WD=C2/(C1+C2+C3)$	最长连续无雨日数 X_{HD1}(d)	0.3913
		水分亏缺百分率 X_{HD2}(%)	0.2302
		降水负距平百分率 X_{HD3}(%)	0.1280
		累积蒸散量 X_{HD4}(mm)	0.1273
		累积有效降水量 X_{HD5}(mm)	0.0835
		土壤指数 X_{HD6}	0.0396
	涝害危险性 $WF=C3/(C1+C2+C3)$	暴雨日数(日降水量≥50 mm 的日数) X_{HF1}(d)	0.4587
		暴雨累积量(暴雨日的降水量之和) X_{HF2}(mm)	0.2893
		水分盈余百分率 X_{HF3}(%)	0.1149
		降水正距平百分率 X_{HF4}(%)	0.0556
		累积有效降水量 X_{HF5}(mm)	0.0541
		土壤指数 X_{HF6}	0.0274
暴露性(E) (0.1221)		玉米种植面积占耕地面积之比 X_E(%)	
脆弱性(V) (0.2268)		减产率分配到相应灾害阶段 X_V(%)	
防灾减灾能力(R) (0.2269)		单产变异系数 Y	

2.3.4 主要气象灾害风险评估模型

2.3.4.1 发育阶段主要气象灾害风险评估模型

利用自然灾害风险指数法建立发育阶段主要气象灾害风险评估模型：

$$DRI_j = H_j^{WH} \times E_j^{WE} \times V_j^{WV} \times (1 - R_j)^{WR} \quad (j = 1,2,3,4) \tag{2.13}$$

式中，下标 j 代表四个发育阶段；DRI_j 为发育阶段主要气象灾害风险指数，其值越大，则发育阶段主要气象灾害风险程度越大；H_j，E_j，V_j，R_j 分别为发育阶段主要气象灾害的危险性、暴露性、脆弱性和防灾减灾能力；WH，WE，WV，WR 分别为它们的权重系数，由层次分析法确定分别为 0.4237，0.1221，0.2268，0.2269。

（1）发育阶段主要气象灾害危险性指数

利用加权综合评分法和层次分析法，建立发育阶段单一灾种危险性评估模型：

$$H_j = \sum_{i=1}^{m} X_{Hi,j} \cdot W_{Hi} \tag{2.14}$$

式中，$X_{Hi,j}$ 为第 j 个发育阶段主要气象灾害危险性指标 i 的量化值，m 为危险性指标个数，W_{Hi} 为指标 i 的权重，由层次分析法确定（见表 2.10）。根据评估模型，
冷害危险性指数：

$$HC_j = \sum_{i=1}^{m} X_{HCi,j} \cdot W_{HCi} \tag{2.15}$$

干旱危险性指数：

$$HD_j = \sum_{i=1}^{m} X_{HDi,j} \cdot W_{HDi} \tag{2.16}$$

涝害危险性指数：

$$HF_j = \sum_{i=1}^{m} X_{HFi,j} \cdot W_{HFi} \tag{2.17}$$

利用加权综合评分法构建发育阶段主要气象灾害危险性评估模型：

$$H_j = HC_j \cdot WC_j + HD_j \cdot WD_j + HF_j \cdot WF_j \tag{2.18}$$

式中，WC_j、WD_j、WF_j 分别为第 j 发育阶段冷害、干旱、涝害危险性指数的权重，权重因子应该表示各种灾害发生及对产量影响的差异。发育阶段单一灾种危险性指数表示此种灾害孕灾环境的危险程度，灾害频率则表示灾害发生的可能性。当有多种灾害发生时，频率大的灾害一般就是最主要的灾害，用灾害频率之比作为权重系数可以反映三种主要气象灾害的相对严重程度。根据各发育阶段冷害、干旱、涝害频率之比确定权重系数，具体方法：冷害、干旱、涝害的发生频率分别为 $f1$、$f2$、$f3$，三种灾害的频率之比为 $C1:C2:C3$，权重 WC_j，WD_j，WF_j，分别取 $C1/(C1+C2+C3)$，$C2/(C1+C2+C3)$，$C3/(C1+C2+C3)$。四个发育阶段冷害指数、水分盈亏指数的判别标准不同，权重因子 WC_j，WD_j，WF_j 可以集中反映不同发育阶段主要气象灾害的危性险。

（2）发育阶段暴露性指数

$$E = X_E \tag{2.19}$$

式中，X_E 为暴露性评估指标的量化值。

(3)发育阶段脆弱性指数

$$V_j = X_{V,j} \tag{2.20}$$

式中，$X_{V,j}$为第 j 发育阶段减产率的量化值。

(4)防灾减灾能力指数

玉米产量变异系数的倒数定义为防灾减灾能力指数：

$$R = \frac{1}{\frac{1}{\bar{Y}}\sqrt{\frac{\sum_{i=1}^{n}(Y_i - \bar{Y})^2}{n}}} \tag{2.21}$$

式中，R 为东北地区不同县(市)的防灾减灾能力指数，Y_i 为某县(市)第 i 年单产，$\bar{Y}$ 为 50 年平均单产，n 为总年份。

2.3.4.2　全生育期主要气象灾害风险评估模型

利用发育阶段主要气象灾害风险评估模型式(2.13)计算研究站点四个发育阶段主要气象灾害风险指数 DRI。对 48 个县(市)50 年平均减产率与四个发育阶段主要气象灾害风险指数进行相关分析，减产率与乳熟—成熟风险指数的相关性最好($r=0.515, p<0.01$)，与出苗—七叶风险指数的相关性次之($r=0.457, p<0.01$)，与抽雄—乳熟相关性也比较好($r=0.394, p<0.01$)，与七叶—抽雄的相关系数为 0.256，没有达到 0.05 显著性水平。

抽雄—乳熟、乳熟—成熟是产量形成的关键期，这一时期出现的各种灾害对最终产量的影响很大。冷害是一种延迟型灾害，研究表明，发育前期出现低温，如果后期气温偏高可以一定程度补偿前期低温造成的影响；发育后期出现低温，则无法得到有效补偿(李祎君 等，2007)。玉米在生殖器官分化期、开花期是低温敏感期，这一时期出现低温会影响抽雄、开花、灌浆，延迟玉米成熟。还有研究发现，抽雄后减少土壤中的水分，使植株的叶片水势降至 1.8～2.0 MPa 时，净光合率实际处于停顿状态，其籽粒产量仅达到对照的 47%～69%(杨镇 等，2007)。我国农谚"前旱不算旱，后旱减一半"说的就是这个道理。

利用加权综合评分法构建全生育期主要气象灾害风险评估模型：

$$DRI = \sum_{j=1}^{4} DRI_j \cdot W_j \tag{2.22}$$

式中，DRI 为东北玉米出苗—成熟全生育期主要气象灾害风险指数；DRI_j 为第 j 发育阶段主要气象灾害风险指数($j=1,2,3,4$)；W_j 为第 j 发育阶段的权重系数。利用 50 年平均减产率与各发育阶段主要气象灾害风险指数的相关程度确定 W_j 值的大小。当 W_j 分别取 0.1，0.3，0.4，0.2 时，全生育期风险指数与减产率的相关系数为 0.422($p<0.01$)；增加第 4、第 1 阶段的权重系数，相关性有较明显的增加，当 $W_j(j=1,2,3,4)$分别取 0.3，0.1，0.2，0.4 时，二者相关系数为 0.522；继续增大第 4 阶段的权重，当 W_j 分别取 0.3，0.05，0.15，0.5 时，相关系数为 0.534，没有较明显的变化(见图 2.21)。据此，将四个发育阶段主要气象灾害风险指数的权重取为 0.30，0.05，0.15，0.50。

2.3.5　东北地区玉米综合农业气象灾害风险评估

利用建立的主要气象灾害风险评估指标体系和模型，分别对主要气象灾害的危险性、承灾体的暴露性和脆弱性及防灾减灾能力四要素进行评估，并从气象、自然地理环境、人文等方面

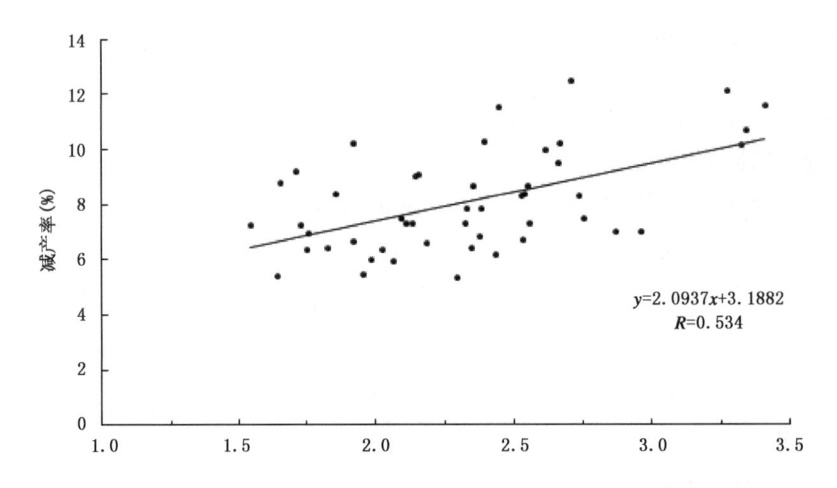

图 2.21　出苗—成熟主要气象灾害风险指数(*DRI*)与 50 年平均减产率的相关性

阐释评估结果。利用聚类分析对东北玉米四个发育阶段及全生育期主要气象灾害风险指数进行区划，为区域农业综合气象灾害的预防和减轻提供科学依据。

2.3.5.1　发育阶段主要气象灾害危险性评估

(1)发育阶段冷害危险性指数空间分布

东北玉米发育阶段冷害危险性大致由西向东递增，基本呈带状分布(见图 2.22)。播种—七叶、七叶—抽雄阶段，冷害危险性指数值由西向东或由西北向东南方向递增，指数值在 3.00 以上的中高值区分布在黑龙江东南部的东宁，吉林东部的长白、和龙、敦化等地，长白山地为冷害危险性中高值区。抽雄—乳熟、乳熟—成熟阶段，冷害危险性指数值从西南到东北方向递增，3.00 以上的高值区主要分布在黑龙江东南部的东宁，吉林东部的长白、和龙等地；乳熟成熟阶段，黑龙江研究区北部的海伦、青冈、集贤等地也为高值区。由此可见，东北玉米生育早期，冷害危险性中高值区主要分布在长白山地区和黑龙江的东南部；生育后期，冷害危险性中高值区主要在长白山地区、黑龙江研究区的东南及北部地区。

东北玉米发育阶段冷害危险性呈带状分布这一特征与气候、地形及太阳辐射有关。东北地区地理纬度较高，由于太阳辐射的作用，气温随纬度增加而显著降低，这一地区年太阳辐射基本有自北向南，从东到西增加的总趋势(周琳，1991)。辽宁省在东北三省中的热量资源最为丰富，且比较稳定，因而辽宁大部分地区的冷害危险性较小。东部的长白山地区海拔较高，气温明显低于同纬度的平原地带，因而冷害危险性较大。春季及夏初，长白山区云雾较多，太阳辐射明显小于西部地区(周琳，1991)，因而播种—七叶、七叶—抽雄阶段冷害危险性指数最大值出现在长白山地。东北地区大部分地区气温偏低，特别是黑龙江省纬度较高，不少年份玉米生长季积温不足，玉米生长发育缓慢，成熟期推迟，导致玉米在秋霜前不能正常成熟，从而使百粒重下降，影响最终产量(马树庆 等，2008)。

目前，东北地区玉米冷害危险性及风险概率研究大都是基于 5—9 月整个生育期，针对不同发育期或发育阶段的冷害危险性研究尚未见到。马树庆等(2003)利用 5—9 月月平均气温之和 T_{5-9} 的变异系数反映冷害危险性。研究发现黑龙江北部、吉林东部等低温地区的变异系数较大，即冷害危险性较大；辽宁大部分地区热量丰富，且较稳定，T_{5-9} 变异系数较小，冷害危险性较小；东北地区的中部、西部热量条件及其变异系数处于中间状态，冷害危险性居中，与本

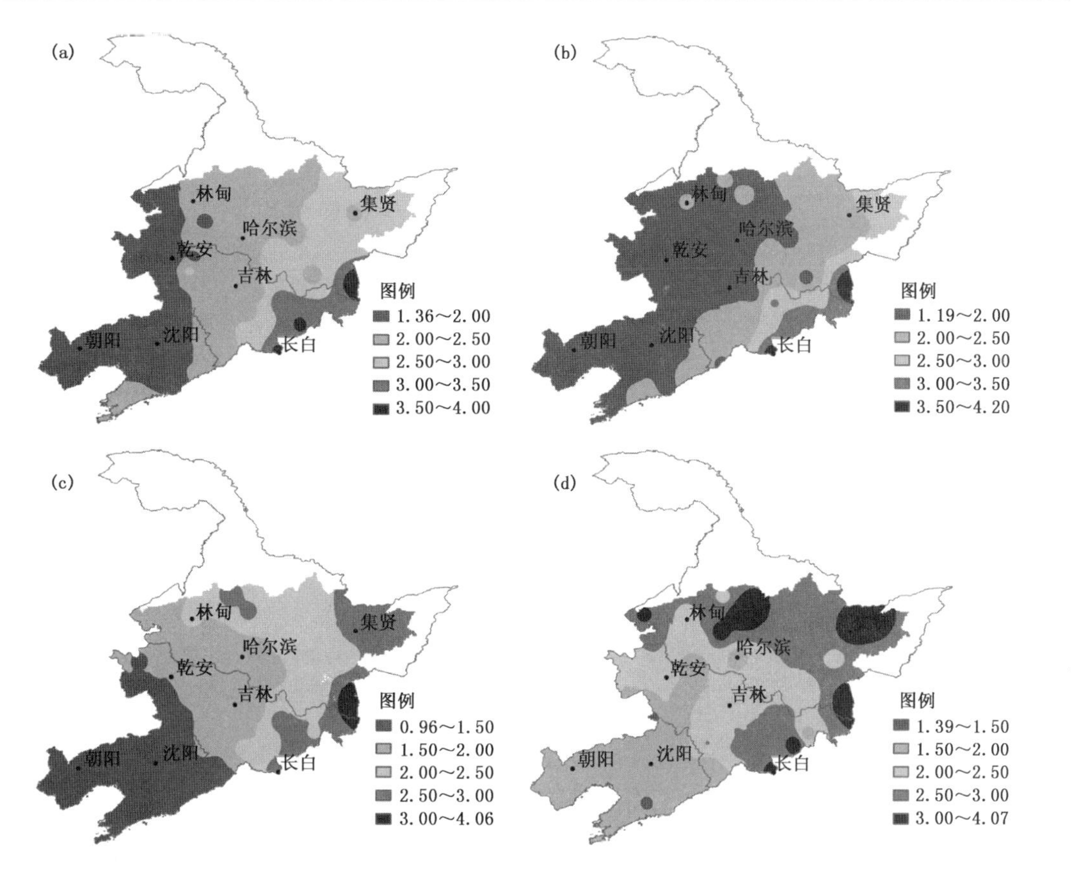

图2.22　东北地区玉米发育阶段冷害危险性分布

(a)播种—七叶;(b)七叶—抽雄;(c)抽雄—乳熟;(d)乳熟—成熟

节的研究结果一致。

(2)发育阶段干旱危险性指数空间分布

东北玉米发育阶段干旱危险性呈由东向西或由东南向西北逐渐增加的变化趋势,基本呈带状分布(见图2.23)。播种—七叶阶段,指数值在4.00～4.62的高值区分布在黑龙江西南部的龙江、林甸、泰来、安达以及吉林西部的白城、乾安、前郭、长岭等地。七叶—抽雄阶段,4.00～4.62的高值区主要分布在黑龙江西南部的泰来、肇源及东北部的绥滨、集贤,勃利,吉林西部的白城、德惠、双辽,辽宁中西部的新民、阜新、绥中、建平等地。抽雄—乳熟阶段,4.80～5.60的高值区主要位于黑龙江西南部的泰来,吉林西北部的白城、前郭、长岭。乳熟—成熟阶段,4.80～6.28的高值区主要分布在黑龙江西南部的泰来、龙江,吉林西北部的白城、乾安、长岭、前郭等地。

四个发育阶段均有这样的特点:东北地区东南部干旱危险性较小,西部危险性较大。东北地区年降水量由东南向西北方向呈较明显的递减趋势,两个1000 mm以上的降水中心分别在长白山东坡的天池和宽甸,年降水量最小的是嫩江流域下游的泰来、肇源一带,全年尚不足400 mm(周琳,1991)。同时,东北地区作物生长季5—9月降水量占年降水量的75%以上,年降水量的空间分布基本决定了玉米旱涝危险性的分布。

黑龙江省素有“东涝西旱”之说,西部干旱农业区春旱、夏旱的发生频率较高(杨镇 等,

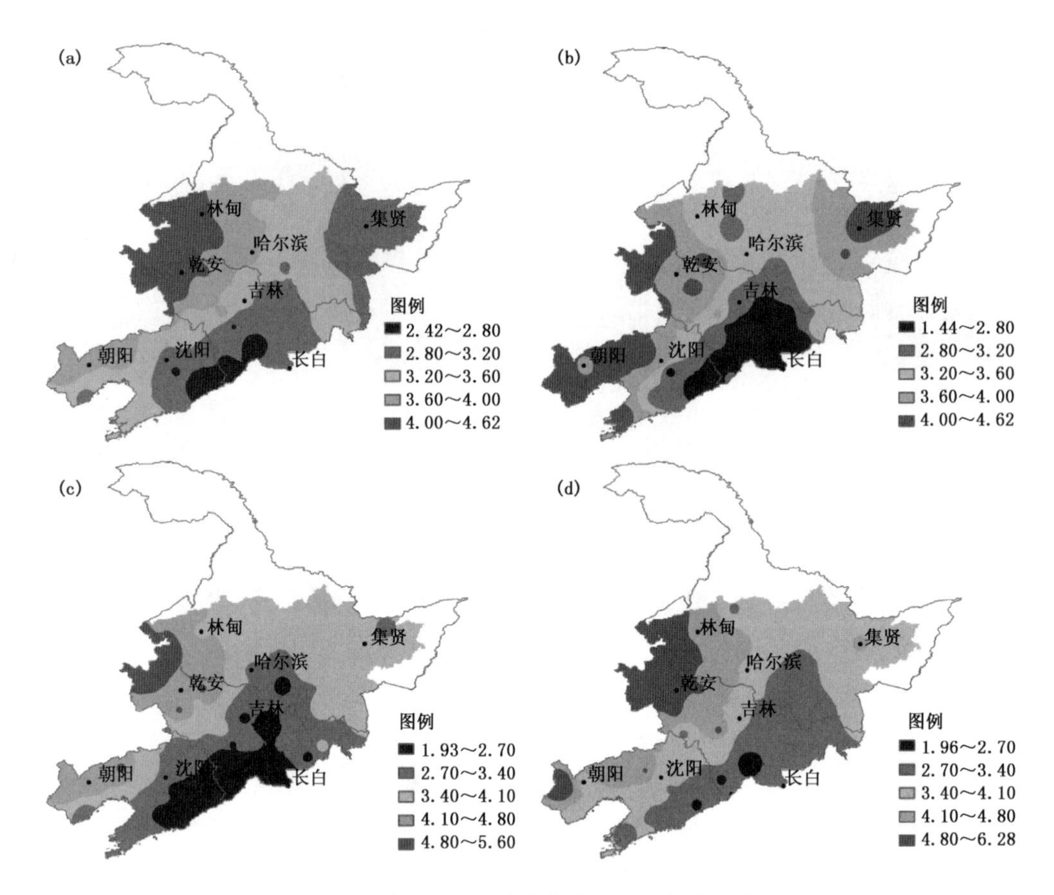

图 2.23　东北地区玉米发育阶段干旱危险性分布

(a)播种—七叶;(b)七叶—抽雄;(c)抽雄—乳熟;(d)乳熟—成熟

2007)。由图 2.23 可见,黑龙江省西部地区四个发育阶段干旱危险性均比较高。吉林省西部的乾安、前郭、长岭、白城等地为半干旱农业区,素有“十年九旱”之说,春季降水量仅占全年降水量的 8%,且春季又是全年风速最大的季节,蒸发量远大于降水量,干旱危险性较大,容易发生春旱;夏季是吉林省的雨季,大多数年份降水量比较充沛,而西部地区夏季降水量远少于东部山区,夏旱危险性也较大。因而七叶—抽雄、抽雄—乳熟阶段吉林省西部地区干旱危险性较大。辽宁省降水量由东南向西北递减,西部降水量最少,正常年仅有 500 mm,是辽宁省干旱发生最频繁、最严重的地区。玉米播种期在 4—5 月,此期间降水量只有全年的 13%～16%,30%～40%的年份不能满足农作物出苗、育苗需要,春旱经常发生。夏、秋季,如果遇上雨量偏少或降雨时空分布不均,就会发生夏旱、秋旱。因此,辽西北地区是辽宁省的重点旱区,从 1999—2006 年,连续 8 年发生了不同程度的干旱,尤其是 2009 年 8 月辽西北地区遭遇了 50 年来最严重伏旱,造成大田农作物大面积绝收(王翠玲 等,2011)。夏旱、秋旱的总趋势是辽西发生频率较大,灾害年份较多,辽东发生频率最小(杨镇 等,2007)。

(3)发育阶段涝害危险性指数空间分布

东北玉米发育阶段涝害危险性分布具有明显的区域差异(如图 2.24 所示)。播种—七叶阶段,涝害危险性指数值较低,发生涝害的可能性较小。后三个发育阶段,涝害危险性指数值高值区主要分布在辽宁东南部。七叶—抽雄阶段，指数值 3.00 以上的高值区分布在辽宁东部的宽甸、岫岩、庄河等地。抽雄—乳熟阶段，3.70 以上的高值区位于辽宁东部的宽甸、岫岩、庄河等地。乳熟—成熟，2.40 以上的高值区位于吉林东南部的集安及辽宁东南部地区。

东北地区年降水量由东南向西北方向呈较明显的递减趋势，高值区在东部的天池、宽甸一带，辽宁中东部河网纵横，因而这一地区极易发生涝灾。涝害与日降水量≥50 mm 日数有密切关系，吉林北部和黑龙江省的暴雨以上降水日数多年平均值不足 1 d，吉林南部在 1 d 以上，向南逐渐增多，辽东山地的丹东一带可达 4.4 d(周琳，1991)。洪水或暴雨之后，常会发生涝害。辽宁省的辽河是东北地区主要水系之一，涝灾频繁发生，绝大部分的暴雨洪涝都发生在夏秋季，辽西沿海诸河流域涝灾发生次数最少，丹东、大连、锦州地区，宽甸、瓦房店市发生次数较多。吉林省涝灾的出现由东南部山区向西北部平原地区递减，山区明显多于平原(杨镇 等，2007)。

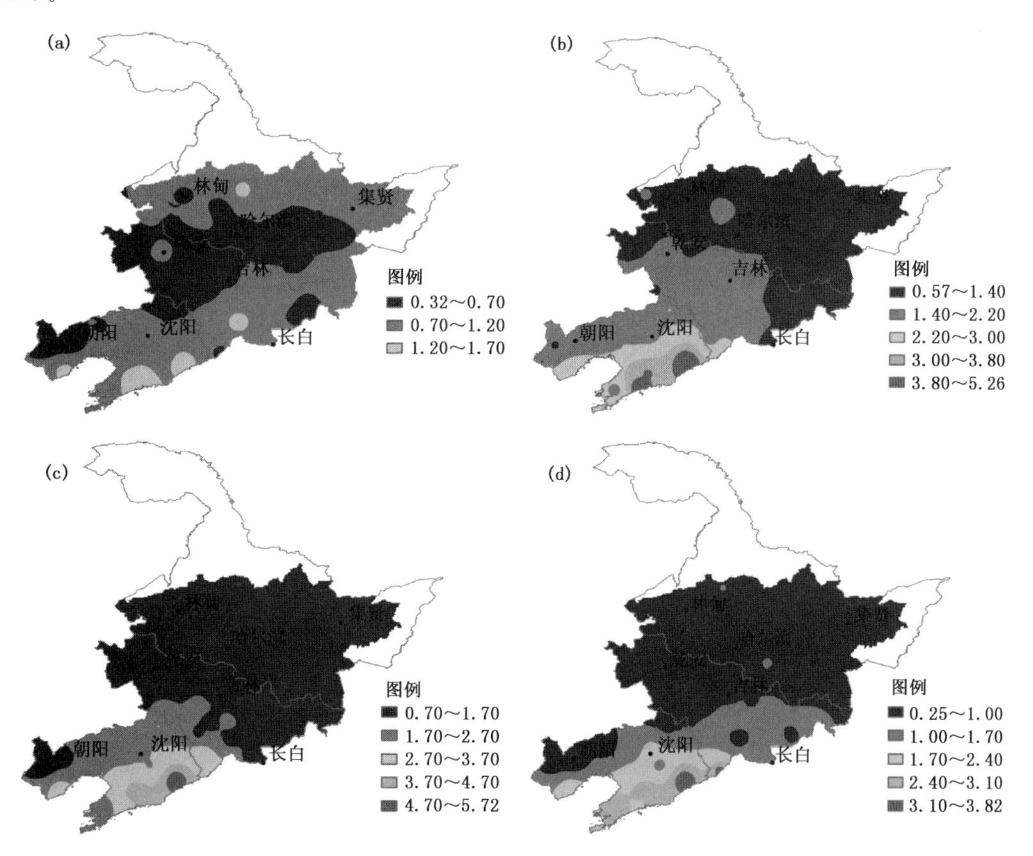

图 2.24　东北地区玉米发育阶段涝害危险性分布

(a)播种—七叶；(b)七叶—抽雄；(c)抽雄—乳熟；(d)乳熟—成熟

(4)发育阶段主要气象灾害危险性指数空间分布

主要气象灾害危险性表示冷害、干旱、涝害主要气象灾害孕灾环境的异常程度及其灾害发生频率的高低，高值区表示冷害、干旱、涝害的危险性较大，灾害发生的可能性较大；低值区表示危险性较小，灾害发生的可能性相对较小。

图 2.25 为发育阶段冷害、干旱、涝害危险性的空间分布。由图可见，播种—七叶阶段，主

要气象灾害危险性的中高值区和低值区范围都比较小，2.70～3.65的高值区主要分布在黑龙江东南部的东宁，吉林东部的长白、和龙等地；1.23～1.70的低值区主要分布在辽宁中偏北地区的本溪、昌图、沈阳，吉林的蛟河、梨树等地。七叶—抽雄阶段，3.00以上的高值区主要分布在辽宁东南部的宽甸、岫岩、庄河等地；2.00以下的低值区主要分布在黑龙江的海伦、泰来、青冈、安达，吉林的长岭、敦化、蛟河等地。抽雄—乳熟阶段，3.70以上的高值区主要分布在黑龙江西南部的龙江、泰来，吉林西北部的前郭、长岭、乾安及辽宁东部的宽甸、岫岩等地；2.30以下的低值区主要在吉林中东部的永吉、蛟河、靖宇及黑龙江的尚志等地。乳熟—成熟，3.70以上的高值区主要分布在黑龙江西南部的龙江、泰来，吉林西北部的白城、乾安、长岭等地及辽宁西部的建平；2.30以下的低值区主要分布在吉林中东部的靖宇、延吉、通化等地。

播种—七叶阶段，长白山地的冷害危险性较高且发生频率在20%～30%，主要气象灾害危险性高值区的分布与冷害危险性高值区的分布基本一致。后三个发育阶段，干旱、涝害的发生频率增大，主要气象灾害危险性的分布是冷害、干旱、涝害三种灾害危险性的综合体现。

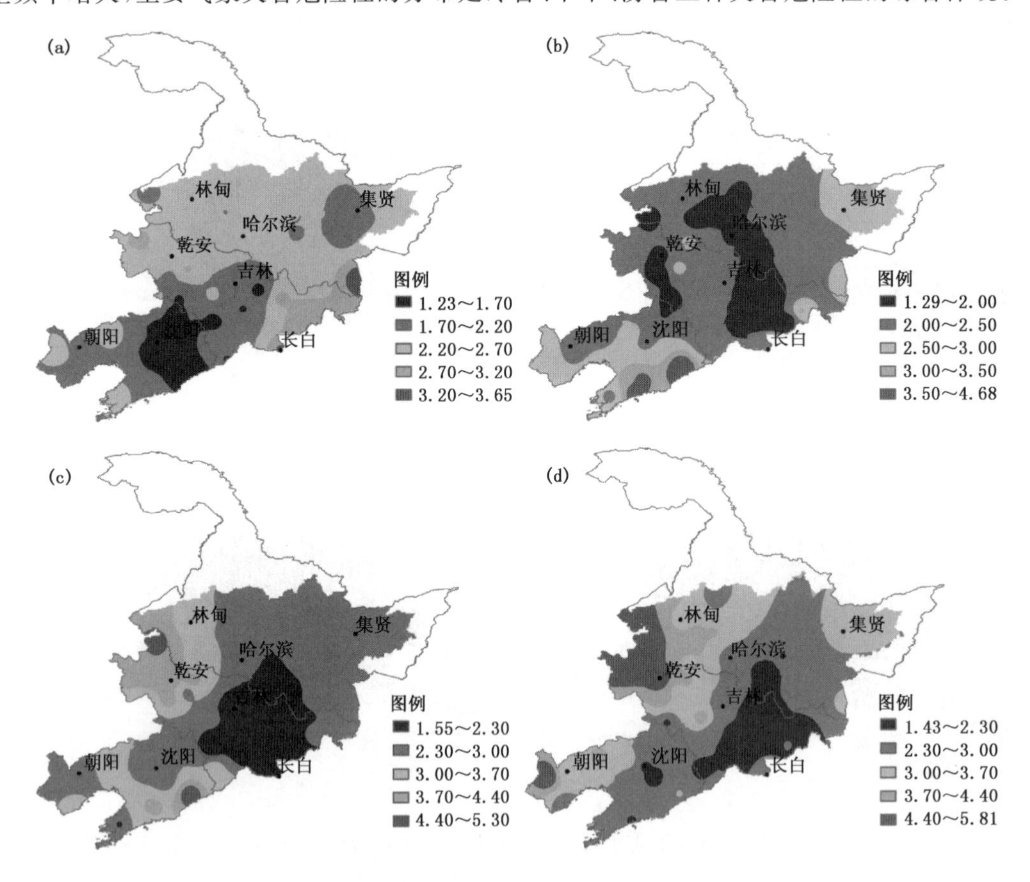

图2.25 东北地区玉米发育阶段主要气象灾害危险性分布

(a)播种—七叶；(b)七叶—抽雄；(c)抽雄—乳熟；(d)乳熟—成熟

2.3.5.2 暴露性评估

1961—2010年48个县(市)的耕地面积、玉米种植面积数据缺测较多，各县(市)1994—2006年13年的种植面积数据比较齐全，考虑到历年耕地面积变化较小，以2004年耕地面积为基准，利用1994—2006年13年的种植面积与2004年耕地面积之比来评估暴露性的平均状况。

暴露性表示玉米在农业生产中所占的比例，高值区表示玉米种植比例高，玉米在农业生产中的地位比较重要，一旦发生气象灾害损失也较大。东北玉米暴露性由东北到西南方向呈递增趋势(见图2.26)。指数值在5.20以上的高值区分布在除辽西以外的辽宁大部分地区，吉林中部大片地区及黑龙江的青冈、安达、龙江等地；2.00～5.20的中值区呈西北—东南走向分布在松嫩平原和吉林东北部；2.00以下的低值区呈片状分布在黑龙江中东部和吉林东北部。由此可见，辽宁大部分地区，吉林中部大片地区及黑龙江的青冈、安达、龙江等地为东北玉米的主要种植区。

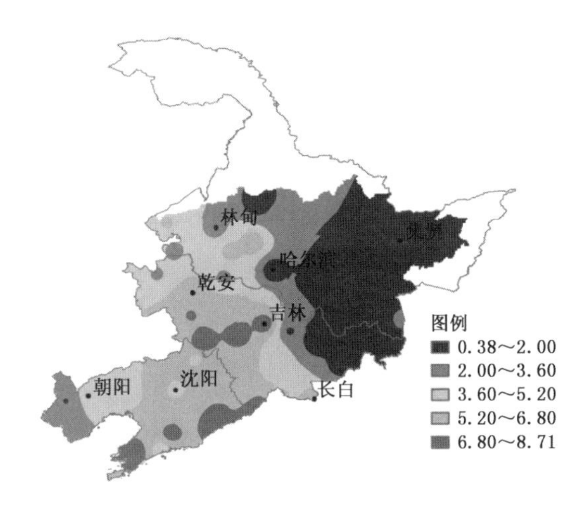

图2.26 东北地区玉米暴露性分布

2.3.5.3 发育阶段脆弱性评估

脆弱性表示玉米受冷害、干旱、涝害影响所造成的产量损失程度，高值区表示受主要气象灾害的影响产量损失较大，低值区表示损失较小。

图2.27为发育阶段脆弱性分布。播种—七叶、七叶—抽雄阶段脆弱性指数分布的连续性较差。播种—七叶阶段，0.40以下的低值区主要分布在哈尔滨、尚志，吉林的梨树、永吉、梅河口、延吉、集安，辽宁的昌图、朝阳、阜新、瓦房店、庄河等地；1.00以上的高值区主要位于黑龙江的勃利、东宁、乾安，吉林的敦化、辽宁的绥中。七叶—抽雄阶段，0.40以下的低值区主要分布在黑龙江的青冈、勃利、东宁，吉林的德惠、双阳、延吉，辽宁的本溪、绥中、新民；1.00以上的高值区主要位于黑龙江的泰来、尚志，吉林的蛟河、梅河口、靖宇，辽宁的昌图、庄河。

后两个发育阶段的脆弱性指数呈较连续分布。抽雄—乳熟阶段，0.70以下的低值区约占研究区面积的2/3，主要分布在研究区的中东部；0.70以上的中高值区主要位于研究区西部及辽宁南部，黑龙江的泰来、尚志，吉林的蛟河、梅河口、靖宇，辽宁的昌图、庄河等地为高值区。乳熟—成熟阶段，研究区中部为0.60以下的大片低值区，0.60以上的中高值区主要分布在研究区东部、东南部、西部边缘，辽宁大部分地区为中高值区。

某地不同发育阶段由于主要气象灾害影响导致的产量损失程度不同，比如，辽东半岛播种—七叶阶段受主要气象灾害影响，作物最终减产程度较小，七叶—抽雄、抽雄—乳熟阶段主

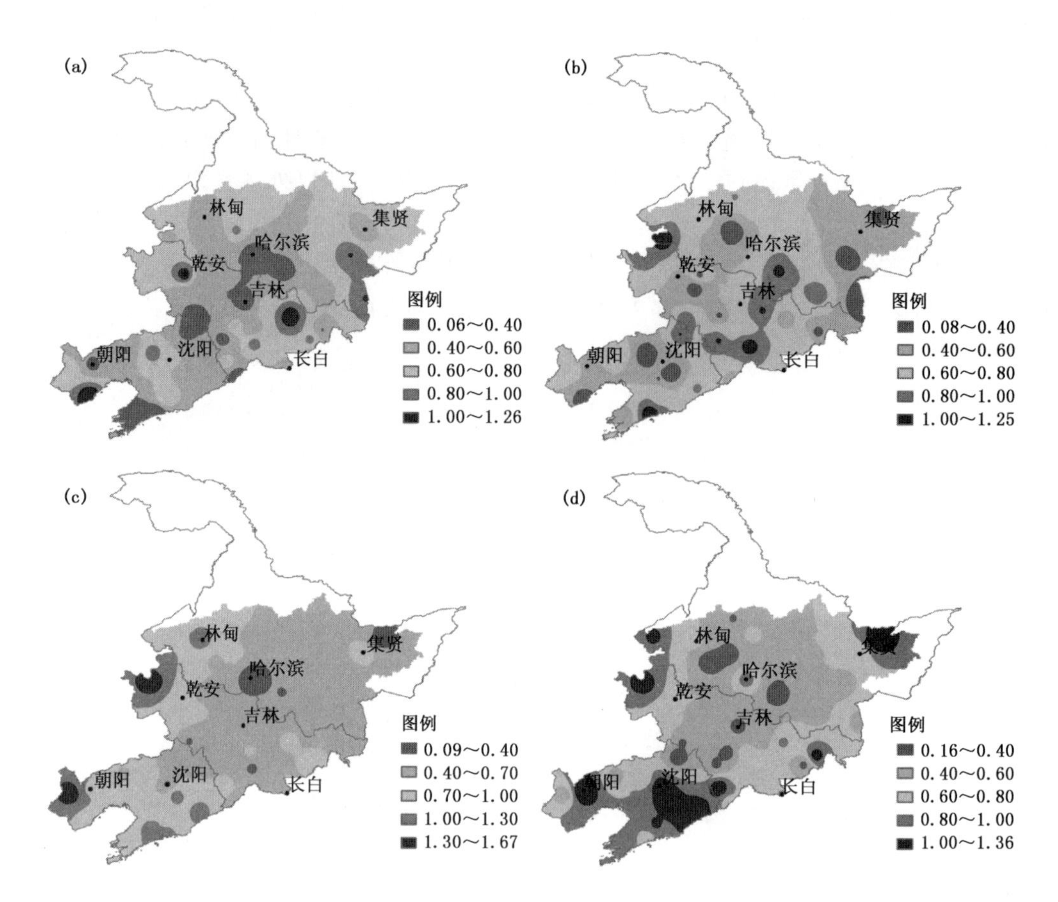

图 2.27　东北玉米发育过程主要气象灾害脆弱性分布

(a)播种—七叶;(b)七叶—抽雄;(c)抽雄—乳熟;(d)乳熟—成熟

要气象灾害导致玉米最终减产幅度明显增大,乳熟—成熟阶段主要气象灾害导致玉米最终减产幅度为四个阶段中最大,表明这一地区乳熟—成熟阶段主要气象灾害造成的产量损失最大,应该加强这一发育阶段的灾害防御。

2.3.5.4　防灾减灾能力评估

防灾减灾能力表示气象灾害发生时防御和抵御灾害的能力。高值区表示防御和抵御气象灾害的能力较强,灾后的恢复能力也比较强;低值区表示防御和抵御灾害的能力比较弱,从灾害中恢复的能力也较弱。

防灾减灾能力 2.00 以下的低值区主要分布在研究区西部、吉林东北部及黑龙江大部分地区;辽宁大部分地区和吉林中南部为 2.00 以上的中高值区(见图 2.28)。

2.3.5.5　主要气象灾害风险评估

在对四个发育阶段冷害、干旱和涝害的危险性、暴露性、脆弱性及防灾减灾能力分别评估的基础上,根据发育阶段主要气象灾害风险评估模型式(2.13)计算发育阶段主要气象灾害风险指数,根据全生育期主要气象灾害风险评估模型式(2.22)计算全生育期主要气象灾害风险指数。

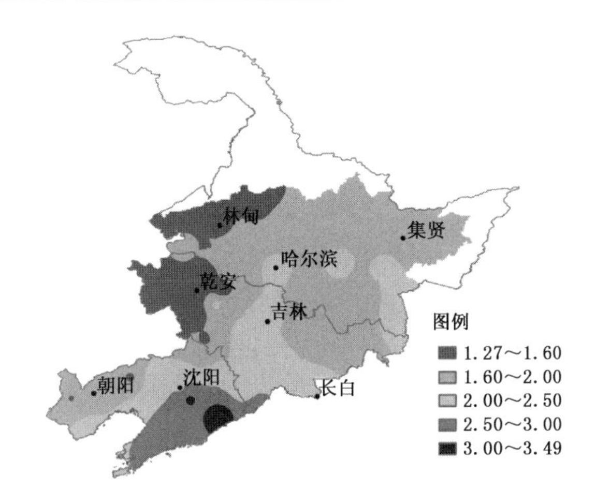

图 2.28　东北地区防灾减灾能力分布

图 2.29 为东北玉米主要气象灾害风险指数的空间分布。播种—七叶阶段，主要气象灾害风险指数基本呈东北—西南走向的带状分布。指数在 2.20 以下的中低值区分布在东北地区中部；2.20 以上的中高值区主要分布在东北地区西部和东部，其中 2.40 以上的高值区主要分布在黑龙江西南部的龙江、泰来、青冈，东南部的东宁，吉林西北部的白城、乾安，东南部的敦化、靖宇、和龙、长白等地。

七叶—抽雄阶段，主要气象灾害风险指数基本由东北向西南方向递增，2.40 以下的中低值区主要分布在黑龙江、吉林中部和东北部；2.40 以上的中高值区主要分布在东北地区西部、吉林东南部、辽宁的东部和南部，其中 2.80 以上的高值区位于辽宁的宽甸、岫岩、庄河等地。

抽雄—乳熟阶段，主要气象灾害风险指数基本由东向西递增，2.50 以上的中高值区主要位于黑龙江研究区、吉林中西部及辽宁省，其中 3.00 以上的高值区主要分布在黑龙江研究区西部、吉林西部及辽宁东部。

乳熟—成熟阶段，主要气象灾害风险指数基本由东向西递增，2.70 以上的中高值区主要分布在东北地区西部和辽宁大部分地区，其中 3.20 以上的高值区主要分布在黑龙江研究区西部和吉林西部。

播种—成熟阶段，主要气象灾害风险指数基本由东向西递增，2.60 以上的中高值区主要位于东北地区西部和辽宁大部分地区，其中 3.00 以上的高值区主要分布在黑龙江研究区西部和吉林西部。

2.4　东北地区玉米综合农业气象灾害风险区划

聚类分析是将一批样品或变量按照它们在性质上的亲疏程度进行分类，它的分类方法很多，其中系统聚类分析(Hierarchical cluster analysis)的应用最为广泛，具有数值特征的变量和样品都可以通过选择不同的距离和聚类方法获得满意的数值分类效果(唐启义，2010)。利用系统聚类分析对主要气象灾害风险指数值进行区划。卡方距离比欧氏距离等常用的距离系数有更强的分辨能力(徐振邦 等，1986)，一般来说，离差平方和法的聚类效果最好。故距离系数的计算方法采用卡方距离，聚类分析方法采用离差平方和法。

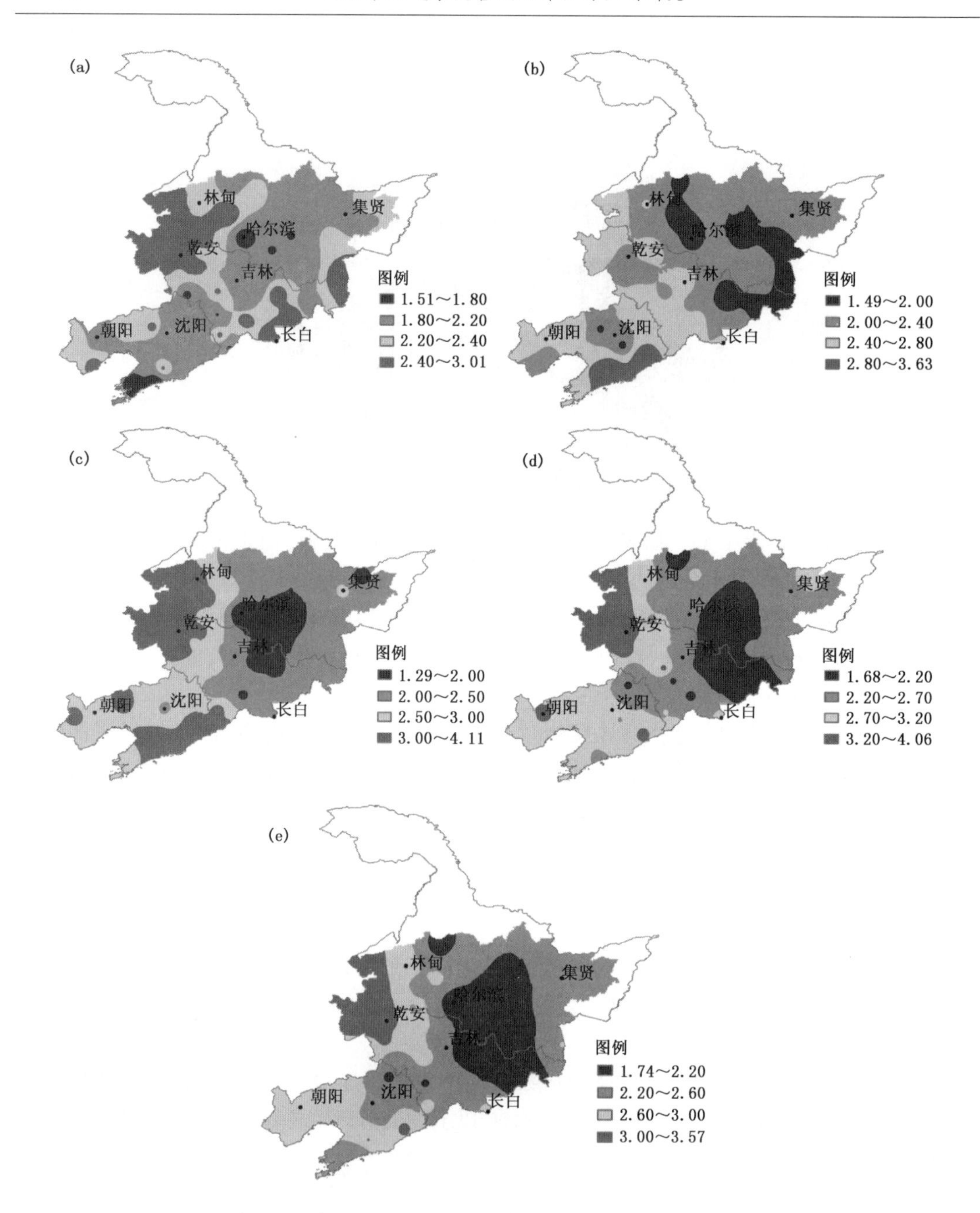

图 2.29　东北地区玉米发育过程主要气象灾害风险指数分布

(a)播种—七叶;(b)七叶—抽雄;(c)抽雄—乳熟;(d)乳熟—成熟;(e)播种—成熟

对主要气象灾害风险指数值进行系统聚类分析,划分轻、低、中、高风险区。图 2.30(彩图 2.30)为东北玉米发育阶段主要气象灾害风险区划,表 2.11 为其风险区划值,根据图 2.30 和表 2.11 可以识别和判断发育阶段及全生育期主要气象灾害风险等级。

播种—七叶阶段,主要气象灾害低风险区大致呈带状分布在东北地区中部,高风险区零星分布在青冈、东宁、白城、乾安、长白,大部分地区为中等风险。七叶—抽雄阶段,低风险区分布在黑龙江研究区和吉林的中西部及东北部,高风险区分布在辽宁东南部的宽甸、岫岩、庄河。

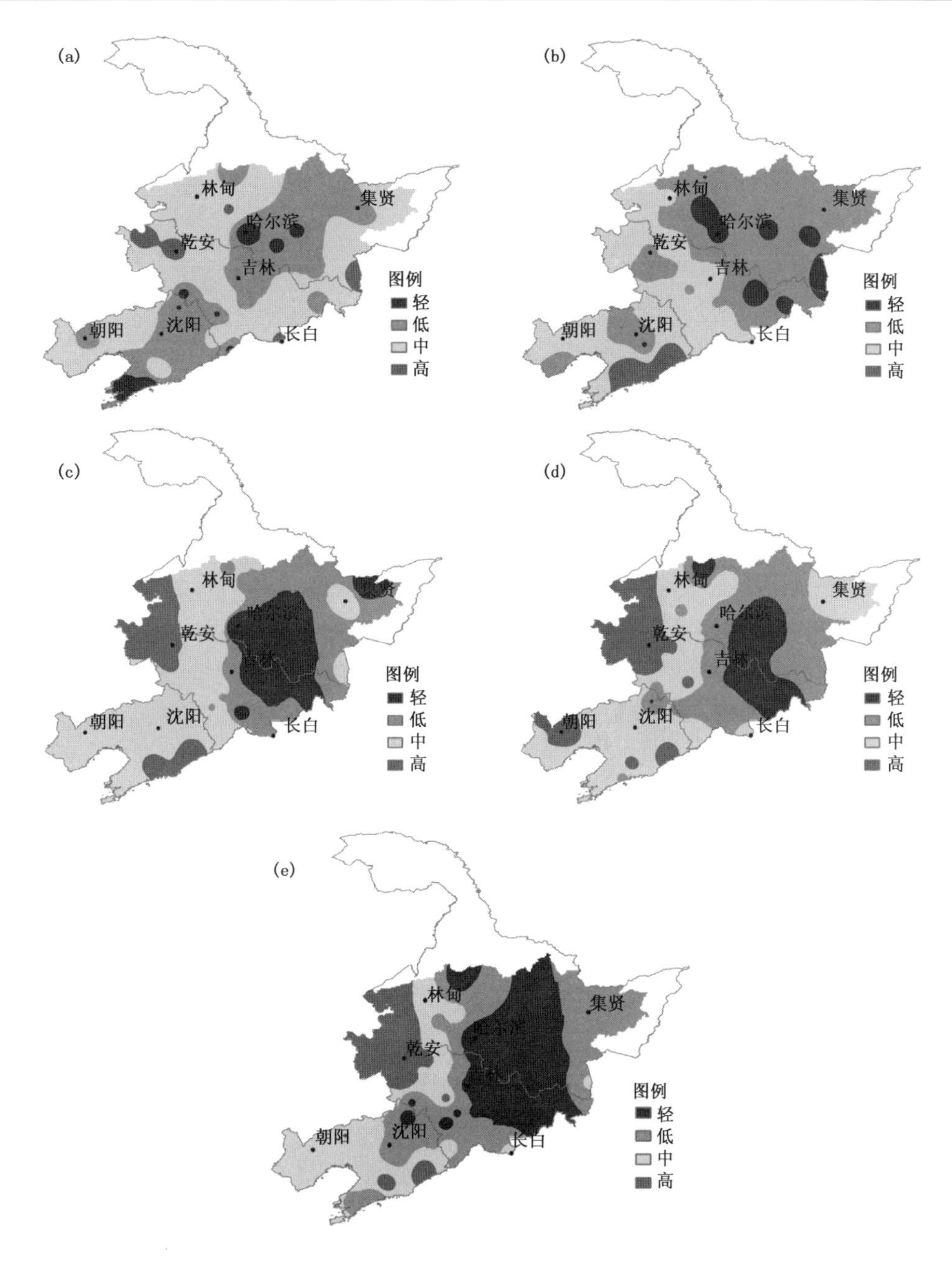

图 2.30　东北地区玉米发育过程主要气象灾害风险区划

(a)播种—七叶；(b)七叶—抽雄；(c)抽雄—乳熟；(d)乳熟—成熟；(e)播种—成熟

抽雄—乳熟、乳熟—成熟阶段，轻、低风险区主要分布在东北地区中东部，高风险区主要分布在黑龙江研究区西部、吉林西部及辽宁的宽甸、岫岩。全生育期，轻、低风险区分布在东北地区中东部，占研究区面积的一半以上，高风险区主要分布在黑龙江研究区西部、吉林西部及辽宁的宽甸、岫岩。

表 2.11　东北玉米发育阶段及全生育期主要气象灾害风险区划值

各生育期灾害等级		地区	主要气象灾害风险指数(*DRI*)值		
			平均	最大	最小
播种—七叶	轻	哈尔滨、方正、尚志、梨树、梅河口、延吉、集安、昌图、瓦房店、庄河	1.717	1.826	1.513
	低	克东、集贤、吉林、蛟河、桦甸、宁安、本溪、朝阳、宽甸、沈阳	1.944	2.131	1.864
	中	龙江、林甸、绥滨、海伦、泰来、安达、勃利、前郭、长岭、双阳、磐石、通化、肇源、德惠、双辽、敦化、靖宇、和龙、绥中、阜新、新民、岫岩、建平	2.433	2.650	2.288
	高	青冈、东宁、白城、乾安、长白	2.878	3.013	2.750
七叶—抽雄	轻	克东、新民、方正、延吉、勃利、本溪、哈尔滨、东宁、青冈、敦化	1.781	1.933	1.485
	低	海伦、安达、绥滨、长岭、德惠、和龙、绥中、集贤、宁安、尚志、双阳、桦甸、乾安、蛟河、沈阳	2.220	2.361	2.046
	中	龙江、集安、瓦房店、建平、林甸、磐石、长白、朝阳、泰来、肇源、双辽、通化、白城、梅河口、梨树、阜新、昌图、吉林、靖宇、前郭	2.552	2.794	2.402
	高	宽甸、庄河、岫岩	3.454	3.630	3.272
抽雄—乳熟	轻	绥滨、靖宇、方正、尚志、蛟河、宁安、吉林、敦化、延吉、哈尔滨	1.867	2.080	1.292
	低	克东、海伦、勃利、和龙、长白、磐石、桦甸、梅河口、沈阳	2.213	2.284	2.155
	中	林甸、集安、建平、青冈、双辽、德惠、安达、阜新、通化、前郭、庄河、集贤、梨树、东宁、昌图、肇源、瓦房店、朝阳、双阳、本溪、绥中、新民	2.902	3.282	2.453
	高	龙江、乾安、长岭、泰来、白城、岫岩、宽甸	3.731	4.107	3.598
乳熟—成熟	轻	克东、尚志、方正、蛟河、延吉、敦化、和龙、磐石、靖宇、昌图	1.926	2.128	1.684
	低	安达、吉林、梨树、庄河、勃利、桦甸、东宁、哈尔滨、宁安、梅河口	2.359	2.504	2.230
	中	林甸、海伦、集安、沈阳、绥滨、双辽、长白、德惠、新民、阜新、建平、瓦房店、青冈、本溪、通化、绥中、集贤、肇源	2.891	3.012	2.597
	高	龙江、白城、乾安、泰来、长岭、前郭、双阳、朝阳、岫岩、宽甸	3.561	4.060	3.154

续表

各生育期灾害等级		地区	主要气象灾害风险指数(*DRI*)值		
			平均	最大	最小
播种—成熟	轻	克东、哈尔滨、方正、尚志、延吉、蛟河、宁安、和龙、梨树、吉林、梅河口、磐石、桦甸、靖宇、敦化、昌图	2.060	2.255	1.743
	低	海伦、绥滨、安达、集贤、肇源、勃利、集安、本溪、沈阳、瓦房店、庄河	2.459	2.563	2.318
	中	林甸、青冈、东宁、德惠、双辽、通化、长白、朝阳、绥中、阜新、新民、建平	2.725	2.807	2.612
	高	龙江、泰来、乾安、白城、前郭、长岭、双阳、宽甸、岫岩	3.210	3.565	2.910

参考文献

陈莉,朱锦红.2004.东北亚冷夏的年代际变化[J].大气科学,**28**(2):241-253.

陈晓艺,马晓群,孙秀邦.2008.安徽省冬小麦发育期农业干旱发生风险分析[J].中国农业气象,**29**(4):472-476.

丁一汇,任国玉,石广玉,等.2006.气候变化国家评估报告(I):中国气候变化的历史和未来趋势[J].气候变化研究进展,**2**(1):3-8.

符淙斌,王强.1992.气候突变的定义和检测方法[J].大气科学,**16**(4):482-493.

高素华.2003.玉米延迟型低温冷害的动态监测[J].自然灾害学报,**12**(2):117-121.

高晓容,王春乙,张继权.2012a.气候变暖对东北玉米低温冷害分布规律的影响[J].生态学报,**32**(7):2110-2118.

高晓容,王春乙,张继权,等.2012b.近50年东北玉米生育阶段需水量及旱涝时空变化[J].农业工程学报,**28**(12):101-109.

龚奕,陆维松,陶丽.2003.东北春夏季降水气温异常的时空分布以及与旱涝的关系[J].南京气象学院学报,**26**(3):349-357.

郭建平,高素华.1999.东北地区农作物热量年型的划分及指标的确定//王春乙,郭建平主编.农作物低温冷害综合防御技术研究[M].北京:气象出版社.158-164.

郭建平,马树庆,等.2009.农作物低温冷害监测预测理论和实践[M].北京:气象出版社.

葛全胜,邹铭,郑景云,等.2008.中国自然灾害风险综合评估初步研究[M].北京:科学出版社.

韩长赋.2012.玉米论略[J].农业技术与装备,(8):4-7.

黄晚华,杨晓光,曲辉辉.2009.基于作物水分亏缺指数的春玉米季节性干旱时空特征分析[J].农业工程学报,**25**(8):28-34.

康绍忠,蔡焕杰.1996.农业水管理学[M].北京:中国农业出版社:101-117.

李彩霞,陈晓飞,韩国松,等.2007.沈阳地区作物需水量的预测研究[J].中国农村水利水电,(5):61-67.

李娜,霍治国,贺楠,等.2010.华南地区香蕉、荔枝寒害的气候风险区划[J].应用生态学报,**21**(5):1244-1251.

李取生,李晓军,李秀军.2004.松嫩平原西部典型农田需水规律研究[J].地理科学,**24**(1):109-114.

李祎君,王春乙.2007.东北地区玉米低温冷害综合指标研究[J].自然灾害学报,**16**(6):15-20.

梁丽乔,闫敏华,邓伟,等.2006.松嫩平原西部参考作物蒸散量变化过程[J].地理科学进展,**25**(3):22-31.

刘布春,王石立,庄立伟,等.2003.基于东北玉米区域动力模型的低温冷害预报应用研究[J].应用气象学报,

14(5):616-625.

刘兰芳,刘盛和,刘沛林,等.2002.湖南省农业旱灾脆弱性综合分析与定量评价[J].自然灾害学报,**11**(4):78-83.

刘晓英,李玉中,郝卫平.2005.华北主要作物需水量近50年变化趋势及原因[J].农业工程学报,**21**(10):155-159.

刘引鸽.2005.气象气候灾害及其防御[M].北京:气象出版社:63-85.

刘钰,L. S. Pereira.2001.气象数据缺测条件下参照腾发量的计算方法[J].水利学报,(3):11-17.

刘钰,Pereira L S.2000.对FAO推荐的作物系数计算方法的验证[J].农业工程学报,**16**(5):26-30.

刘钰,汪林,倪广恒,等.2009.中国主要作物灌溉需水量空间分布特征[J].农业工程学报,**25**(12):6-12.

马树庆.1996.吉林省农业气候研究[M].北京:气象出版社:166-180.

马树庆,袭祝香,王琪.2003.中国东北地区玉米低温冷害风险评估研究[J].自然灾害学报,**12**(3):137-141.

马树庆,刘玉英,王琪.2006.玉米低温冷害动态评估和预测方法[J].应用生态学报,**17**(10):1905-1910.

马树庆,王琪,王春乙,等.2008.东北地区玉米低温冷害气候和经济损失风险分区[J].地理研究,**27**(5):1169-1177.

马晓群,吴文玉,张辉.2008.利用累积湿润指数分析江淮地区农业旱涝时空变化[J].资源科学,**30**(3):371-377.

毛飞,高素华,庄立伟.1999.近40年东北地区低温冷害发生规律的研究[M]//王春乙,郭建平.农作物低温冷害综合防御技术研究.北京:气象出版社:17-26.

倪广恒,李新红,丛振涛,等.2006.中国参考作物腾发量时空变化特性分析[J].农业工程学报,**22**(5):1-4.

任国玉,初子莹,周雅清,等.2005.中国气温变化研究最新进展[J].气候与环境研究,**10**(4):701-716.

任义方.2011.农业气象指数保险方法研究——以河南冬小麦干旱为例.北京:中国气象科学研究院:36-37.

史培军.1996.再论灾害研究的理论与实践[J].自然灾害学报,**5**(4):6-17.

史培军.2002.三论灾害研究的理论与实践[J].自然灾害学报,**11**(3):1-9.

史培军.2005.四论灾害系统研究的理论与实践[J].自然灾害学报,**14**(6):1-7.

孙凤华,杨素英,陈鹏狮.2005.东北地区近44年的气候暖干化趋势分析及可能影响[J].生态学杂志,**24**(7):751-755.

孙凤华,袁健,路爽.2006.东北地区近百年气候变化及突变检测[J].气候与环境研究,**11**(1):101-108.

孙凤华,杨素英,任国玉.2007.东北地区降水日数、强度和持续时间的年代际变化[J].应用气象学报,**18**(5):610-618.

唐启义.2010.DPS数据处理系统——试验设计、统计分析与数据挖掘[M].北京:科学出版社:719-726.

王翠玲,宁方贵,张继权,等.2011.辽西北玉米不同生长阶段干旱灾害风险阈值的确定[J].灾害学,**26**(1):43-47.

王春乙,毛飞.1999.东北地区低温冷害的分布特征[M]//王春乙,郭建平.农作物低温冷害综合防御技术研究.北京:气象出版社:9-15.

王春乙.2008.东北地区农作物低温冷害研究[M].北京:气象出版社.

汪宏宇,龚强.2005.东北地区作物生长季降水异常特征分析[J].气象科技,**33**(4):345-354.

王劲松,郭江勇,周跃武,等.2007.干旱指标研究的进展与展望[J].干旱区地理,**30**(1):60-65.

王绍武,罗勇,唐国利,等.2010.近10年全球变暖停滞了吗[J].气候变化研究进展,**6**(2):95-99.

王述民,李立会,黎裕,等.2011.中国粮食和农业植物遗传资源状况报告(I)[J].植物遗传资源学报,**12**(1):1-12.

魏凤英.2007.现代气候统计诊断与预测技术[M].2版.北京:气象出版社:18-66.

吴东丽.2009.华北地区冬小麦干旱风险评估研究.北京:国家气候中心:20-21.

袭祝香,马树庆,王琪.2003.东北区低温冷害风险评估及区划[J].自然灾害学报,**12**(2):98-102.

徐新良,刘纪远,庄大方.2004.GIS环境下1990—2000年中国东北参考作物蒸散量时空变化特征分析[J].农业工程学报,**20**(2):10-14.

徐振邦,金淳浩,娄元仁,等.1986.χ^2距离系数和φ^2距离系数尺度在聚类分析中的应用[M]//赵旭东,等.中国数学地质(1). 北京:地质出版社.

薛昌颖,霍治国,李世奎,等. 2003. 华北北部冬小麦干旱和产量灾损的风险评估[J]. 自然灾害学报,**12**(1):131-139.

杨镇,才卓,景希强,等. 2007. 东北玉米[M]. 北京:中国农业出版社.

张继权,冈田宪夫,多多纳裕一. 2006. 综合自然灾害风险管理——全面整合的模式与中国的战略选择[J]. 自然灾害学报,**15**(1):29-37.

张继权,李宁. 2007. 主要气象灾害风险评价与管理的数量化方法及其应用[M]. 北京:北京师范大学出版社:32-34,492-505.

张建平. 2010. 基于作物模型的农业气象灾害对东北华北作物产量影响评估[D]. 北京:中国农业大学.

张倩. 2010. 长江中下游地区高温热害对水稻的影响评估. 北京:中国气象科学研究院:47-48.

张强,潘学标,马柱国,等. 2009. 干旱[M]. 北京:气象出版社:187-188.

张艳红,吕厚荃,李森. 2008. 作物水分亏缺指数在农业干旱监测中的适用性[J]. 气象科技,**36**(5):596-600.

赵春雨,任国玉,张运福. 2009. 近50年东北地区的气候变化事实检测分析[J]. 干旱区资源与环境,**23**(7):25-30.

袁文平,周广胜. 2004. 干旱指标的理论分析与研究展望[J]. 地球科学进展,**19**(6):982-990.

中华人民共和国国家标准 GB/T 20481—2006,气象干旱等级[S]. 北京:中国标准出版社.

中华人民共和国国家标准 GB/T 32136—2015,农业干旱等级[S]. 北京:中国标准出版社.

周琳. 1991. 东北气候[M]. 北京:气象出版社.

Allen R G, Pereira L S, Raes D, et al. 1998. Crop evaportranspiration: guidelines for computing crop water requirements. FAO Irrigation and Drainage paper 56, Rome.

Dilley M, Chen R S, Deichmann U, et al. 2005. Natural Disaster Hotspots: A Global Risk Analysis-Synthesis Report. USA: Columbia University: 4-7.

Fraser E D G, Termansen M, Sun N, et al. 2008. Quantifying socioeconomic characteristics of drought-sensitive regions: Evidence from Chinese provincial agricultural data[J]. *Comptes Rendus Geoscience*, **340**: 679-688.

Hao L, Zhang X Y, Liu S D. Risk assessment to China's agricultural drought disaster in county unit[J/OL]. Nat Hazards, 2011/12/24 (Published online).

Ngigi S N, Savenije H H G, Rockstrom J, et al. 2005. Hydro-economic evaluation of rainwater harvesting and management technologies: farmers' investment options and risks in semi-arid Laikipia district of Kenya[J]. *Physics and Chemistry of the Earth*, **30**: 772-782.

Shahid S, Behrawan H. 2008. Drought risk assessment in the western part of Bangladesh[J]. *Natural Hazards*, **46**: 391-413.

Simelton E, Fraser E D G, Termansen M, et al. 2009. Typologies of crop-drought vulnerability: an empirical analysis of the socio-economic factors that influence the sensitivity and resilience to drought of three major food crops in China (1961—2001) [J]. *Environmental Science & Policy*, **12**: 438-452.

United Nations Development Programme. 2004. *Reducing Disaster Risk: a Challenge for Development*[M]. USA:John S Swift Co.: 2-4.

Wilhelmi O V, Wilhite D A. 2002. Assessing vulnerability to agricultural drought: A Nebraska case study[J]. *Natural Hazards*, **25**(1): 37-58.

Zhang J Q. 2004. Risk assessment of drought disaster in the maize-growing region of Songliao Plain, China [J]. *Agriculture, Ecosystems & Environment*, **102**(2): 133-153.

Zhang D, Wang G L, Zhou H C. 2011. Assessment on Agricultural Drought Risk Based on Variable Fuzzy Sets Model[J]. *Chin Geogra Sci*. **21**(2): 167-175.

第3章　华北地区冬小麦综合农业气象灾害风险评估与区划

华北地区是我国冬小麦第一大种植区。该区主要的气象灾害是干旱和干热风。干旱在冬小麦全生育期都有可能发生，且播种前7—9月份降水在土壤中蓄积形成的底墒水也会对产量的形成具有重要作用。干热风发生在冬小麦灌浆成熟期。冬小麦最终表现出的产量水平受到不同发育阶段多种气象灾害的共同影响。本章根据华北地区气象条件及冬小麦的生长发育特点将冬小麦全生育期划分为前期（播种期—起身期）、中期（拔节期—开花期）、后期（灌浆期—成熟期）三个阶段，并充分考虑了底墒形成期（播种当年7—9月）内的降水，探索了不同气象灾害对冬小麦产量形成的动态影响。根据典型灾害年份的减产率将不同发育阶段气象灾害造成的灾损情况进行量化，以权重系数的形式反映不同发育阶段发生气象灾害对于华北地区冬小麦气象灾害危险性的贡献大小，建立了危险性评价模型，这是进行气象灾害动态危险性评价的关键。以冬小麦种植面积比例作为冬小麦暴露性程度指标，利用MODIS数据进行冬小麦种植面积的反演，具有较高的精度水平，使建立起来的暴露性评价模型更加可信。本章参考了大量文献，综合考虑作物对气象灾害的敏感性和适应性以及区域环境的抗灾能力，建立了比较科学的脆弱性评价模型，最后通过加权综合评分法建立起气象灾害的综合风险评价模型，并利用GIS技术绘制了华北地区主要气象灾害风险分区图，使评价结果更加直观、可信，有利于对不同地区有针对性地采取风险管理措施。

3.1　数据处理与研究方法

3.1.1　研究区概况

华北地区位于31°～43°N，110°～123°E，是我国东部大平原的一部分。华北地区北抵燕山南侧，南至淮河，西起太行山、伏牛山，东靠渤海、黄海，包括北京市、天津市、河北省、山东省和河南省五省市。华北平原是由河流冲击而成，地势低平，大多数地区海拔小于50 m。华北地区土壤以棕壤、褐壤为主，且多已熟化为适宜农业耕种的土壤。华北地区属于暖温带大陆性季风气候区，受季风影响，冬季寒冷干燥，夏季高温多雨。全区光照充足，年日照时数为2800 h。温度条件适宜，无霜期190～220 d，≥0 ℃积温为4500～5500 ℃·d。受气候变化影响，全区平均增温率为0.23 ℃/10a，高于全球增温率，且冬春季增温明显。全区年降水量为500～900 mm，降水不够充沛，且存在很大的季节差异。冬小麦生长的冬春季节降水稀少，平均降水量在200～250 mm（刘荣花 等，2008），而需水量为480～550 mm，生长期降水量远小于冬小麦正常生长发育所需的最低水平。华北地区以旱作农业为主，主栽粮食作物为小麦和玉米，热量条件可以满足两年三熟制，是我国冬小麦主产区之一。

3.1.2 研究数据

3.1.2.1 数据资料

本研究选取华北五省(市)48 个资料记载比较齐全的农业气象观测站作为研究站点,其中北京和天津各 1 个站,河北省 9 个站,山东省 18 个站,河南省 19 个站,站点分布见图 3.1。

气象资料:有气象数据记载的站点 1961—2010 年逐日基本地面气象资料(主要包括最高气温、最低气温、14 时相对湿度、降水量、风速、日照时数等)。

作物资料:农业气象观测站 1981—2010 年冬小麦播种、出苗、三叶、分蘖、停止生长、返青、起身、拔节、孕穗、抽穗、开花、乳熟、成熟(普遍期)日期。

农业产量资料:农业气象观测站所在行政县(市)1962—2010 年冬小麦产量资料和产量结构资料。

统计资料:种植面积统计数据来源于中国种植业信息网——农作物县级数据库。社会统计资料来源于《北京统计年鉴》《天津统计年鉴》《河北统计年鉴》《山东统计年鉴》《河南统计年鉴》。典型灾害年份记载来源于《中国气象灾害大典:北京卷》《中国气象灾害大典:天津卷》《中国气象灾害大典:河北卷》《中国气象灾害大典:山东卷》和《中国气象灾害大典:河南卷》(温克刚 等,2005a,2008a,2008b,2006,2005b)。

遥感资料:采用中分辨率成像光谱仪(Moderate-resolution Imaging Spectroradiometer)数据增强型植被指数 *EVI* 产品。

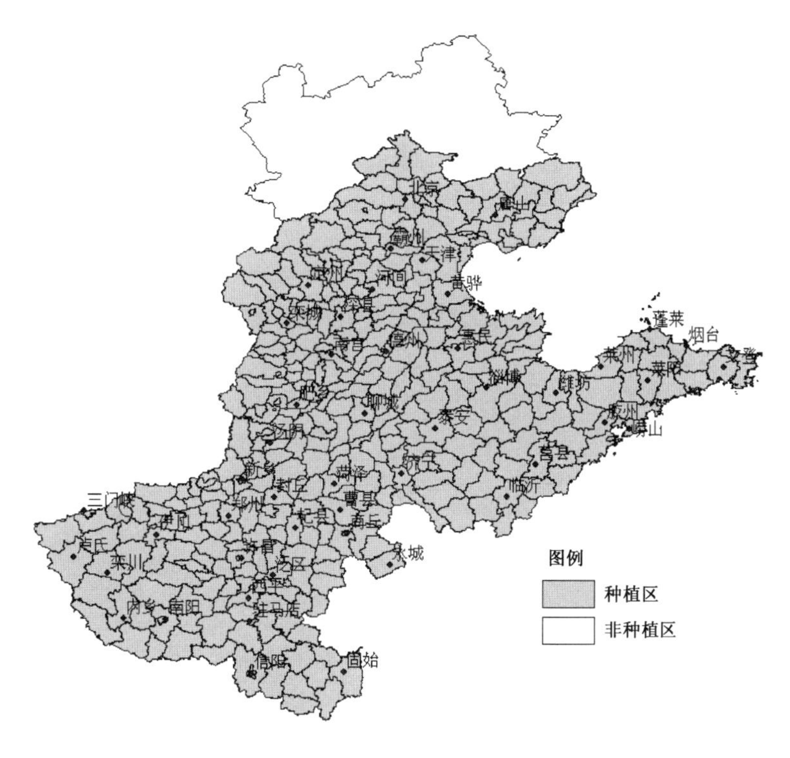

图 3.1　研究区域与研究站点

3.1.2.2　资料预处理

气象数据：对于已有气象观测数据的农业气象观测站点，检查资料的齐整性，对缺失的数据进行线性插补。对于个别缺少气象数据记录的农气观测站，则采用邻近的气象条件最相近的站点代替。

发育期数据：作物生长季内不同发育期出现灾害性天气时，其受害程度也不同。本章根据华北地区气象条件及冬小麦的生长发育特点，将冬小麦全生育期划分成三个阶段，即播种—起身期、拔节—开花期以及灌浆—成熟期，也称为前期、中期和后期。由于气象条件及耕作制度的影响，各地发育期日期稍有变化，因此采用多年同一发育期的平均值来反映当地发育期的一般日期(王春乙 等，2010)。

3.1.3　研究方法

3.1.3.1　产量波动序列的确定

随着社会经济发展，生产力水平提高，人为因素对风险的影响日益增加，因此在实际研究中，需要将由人为因素造成的影响剔除。目前已有的研究表明，同一地区相邻两年的耕作管理制度基本一致，可以认为粮食单产的变化主要是由气象条件差异引起的(王建林 等，2007)。据此，对单位面积冬小麦产量做如下处理：

$$\Delta y_i = (y_i - y_{i-1})/y_{i-1} \times 100\% \tag{3.1}$$

式中 y_i 和 y_{i-1} 分别表示第 i 年及其前一年的冬小麦单产，Δy_i 即为由气象条件引起的冬小麦的单产变化。

3.1.3.2　M-K 检验

曼-肯德尔(M-K)法(魏凤英，2007)是一种非参数统计检验方法，其优点是不需要样本遵从一定的分布，也不受少数异常值的干扰，因此可以用作气温和降水的变化趋势检验。计算方法如下：

(1)对于具有 n 个样本量的时间序列 x，构造一秩序列：

$$S_k = \sum_{i=1}^{k} r_i \quad (k = 2,3\cdots,n) \tag{3.2}$$

式中，

$$r_i = \begin{cases} +1 & \text{当 } x_i \geqslant x_j \\ 0 & \text{当 } x_i < x_j \end{cases} \quad (j = 1,2,\cdots,i)$$

秩序列 S_k 是第 i 时刻数值大于 j 时刻数值个数的累计值。

(2)假设时间序列随机独立，定义统计量

$$UF_k = \frac{[S_k - E(S_k)]}{\sqrt{var(S_k)}} \quad (k = 1,2,\cdots,n) \tag{3.3}$$

式中，$UF_1=0$，$E(S_k)$ 和 $var(S_k)$ 是累计数 S_k 的均值和方差。

$$\begin{cases} E(S_k) = \dfrac{k(k-1)}{4} \\ var(S_k) = \dfrac{k(k-1)(2k+5)}{72} \end{cases} \quad (k = 2,3,\cdots,n) \tag{3.4}$$

(3)判断时间序列趋势及突变点。UF_i 为标准正态分布，给定显著性水平，若 $|UF_i|>U_\alpha$，则表明序列存在明显的趋势变化。$UB_k=-UF_k(k=n,n-1,\cdots,1)$，如果 UF_k 和 UB_k 两条曲线出现交点，且交点在临界线之间，那么交点对应的时刻便是突变开始的时间。

3.1.3.3　EOF 分析方法

经验正交函数(EOF)(魏凤英，2007)在气象资料分析中应用广泛。它没有固定的函数，并且能在有限区域对不规则分布的站点执行快速的展开与收敛，将变量场的信息集中在少数几个模态上，分离出具有一定物理意义的空间结构。对于一个由 m 个台站 n 次观测组成的变量场，通过 EOF 分解，把原变量场 X_{mn} 分解为相互正交的空间函数 V_{mi} 与时间函数 T_{in} 的乘积之和：$X_{mn}=V_{mi}\cdot T_{in}$。主成分是按照方差贡献率的大小排列的，代表了要素场几种最基本的分布形式，因此可以用前几个空间函数和对应时间函数的线性组合对原始场做出估计和解释。

3.1.3.4　灾害发生等级划分

根据干旱指标划分干旱灾害发生程度等级采用聚类分析方法。分类的方法很多，本文采用 K-means 聚类算法，具体工作原理可参见《SPSS 统计分析》(卢纹岱 等，2010)。

3.1.3.5　指标值的标准化

为了消除各个指标不同量纲对评价指标的影响，对所有的评价指标进行极差标准化处理，计算方法如下：

对于正向指标：

$$X_{ij}=\frac{x_{ij}-x_{\min j}}{x_{\max j}-x_{\min j}} \tag{3.5}$$

对于负向指标：

$$X_{ij}=\frac{x_{\max j}-x_{ij}}{x_{\max j}-x_{\min j}} \tag{3.6}$$

式中，x_{ij} 为第 i 个对象的第 j 项指标值；X_{ij} 为无量纲化处理后第 i 个对象的第 j 项指标值；$x_{\max j}$ 和 $x_{\min j}$ 分别为第 j 项指标的最大值和最小值。

3.1.3.6　熵权法

信息熵可以用来度量信息的无序化程度，熵值越大，说明信息的无序化程度越高，该信息所占有的效用也就越低(李俊，2012)。信息熵权重的计算步骤如下：

假设有 n 个方案，m 个影响因素。X_{ij} 为第 i 种方案的第 j 个因素对结果的影响。

(1)对 X_{ij} 进行标准化处理，具体参见 3.1.3.5 节，得到 P_{ij}。

(2)熵值计算：

$$e_j=-k\sum_{i=1}^{n}P_{ij}\ln P_{ij,k}\quad \left(k=\frac{1}{\ln n}\right) \tag{3.7}$$

(3)计算偏差度：

$$g_j=1-e_j \tag{3.8}$$

(4)计算权重：

$$w_j=\frac{g_j}{\sum_{j=1}^{m}g_i} \tag{3.9}$$

3.1.3.7　综合评价法

评价指标及模型的构建采用加权综合评价法(WCA)(张继权 等，2007)。依据评价指标对评价总目标影响的重要程度不同，合理确定相应的权重系数，乘以指标的量化值，然后进行累加。其表达公式为：

$$P = \sum_{i=1}^{n} A_i W_i \tag{3.10}$$

式中，P 为待评价因子总的量化值；A_i 为第 i 项指标的量化值（$0 \leqslant A_i \leqslant 1$）；$W_i$ 为第 i 项指标对应的权重系数（$W_i > 0$）；n 为参与评价的指标个数。

3.1.4 华北地区冬小麦干旱、干热风指标的确定

对于区域农业气象灾害的时空动态分析采用气象指数法具有计算简便、反应灵敏、时间序列长、时间尺度灵活等优点（赵林 等，2011）。建立科学的灾害指标，有利于准确把握灾害发生情况，并且将灾害程度进行量化，进一步从时间和空间场对气象灾害进行分析。

3.1.4.1 *SPEI* 指数构建方法及干旱等级划分

标准化降水蒸散指数（*SPEI*）是 Vicente-Serrano 等（2010）提出的气候干旱指数。该指数融合了降水和气温对区域干旱情况的影响，可以反映气候变化背景下某一个地区干湿状况偏离常年的程度。干旱的形成和发展是地表水分亏缺缓慢累积的过程，*SPEI* 指数正是从水分亏缺量和持续时间两因素入手来描述干旱的（熊光洁 等，2013）。*SPEI* 具有多时间尺度和多空间尺度的特性，因此可以清晰地反映干旱发生的起止时间和程度，并且可以对不同地区的干旱发生情况进行对比。*SPEI* 指数计算比较简便，要求的输入资料少。计算步骤如下（Vicente-Serrano et al，2010）。

第一步，计算逐月潜在蒸散量 PET。采用 Thornthwaite（1948）方法：

$$PET = 16K\left(\frac{10T_i}{H}\right)^a \tag{3.11}$$

式中，T_i 为月平均气温；H 为年总加热指数，由 12 个月的月平均加热指数 h 累加得到，

$$H = \sum_{n=1}^{12} h \tag{3.12}$$

$$h = \left(\frac{T}{5}\right)^{1.514} \tag{3.13}$$

a 是一个由 H 决定的系数，

$$a = 6.75 \times 10^{-7} - 7.71 \times 10^{-5} H^2 + 1.79 \times 10^{-2} H + 0.492 \tag{3.14}$$

K 由纬度和月份序数决定，

$$K = \left(\frac{N}{12}\right)\left(\frac{NDM}{30}\right) \tag{3.15}$$

N 为最大日照时数，NDM 为每月的天数。

第二步，计算逐月降水量与蒸散量的差额：

$$D_i = P_i - PET_i \tag{3.16}$$

式中，D_i 是计算的时间尺度内降水量 P_i 与蒸散量 PET_i 的差额。$D_{i,j}^k$ 为第 i 年第 j 个月开始，k 个月内的累积降水蒸散差额。

$$\begin{cases} D_{i,j}^k = \sum\limits_{l=13-k+j}^{12} D_{i-1,l} + \sum\limits_{l=1}^{j} D_{i,j} & \text{当 } j < k \\ D_{i,j}^k = \sum\limits_{l=j-k+1}^{j} D_{i,j} & \text{当 } j \geqslant k \end{cases} \tag{3.17}$$

第三步，对 D_i 数据序列进行拟合。研究发现，三个参数的 log-logistic 概率分布函数的拟合效果最好。

$$f(x)=\frac{\beta}{\alpha}\left(\frac{x-\gamma}{\alpha}\right)^{\beta-1}\left[1+\left(\frac{x-\gamma}{\alpha}\right)^{\beta}\right]^{-2} \tag{3.18}$$

参数 α，β，γ 可以采用线性矩(L-moment)方法拟合获得：

$$\alpha=\frac{(w_0-2w_1)\beta}{\Gamma(1+1/\beta)\Gamma(1-1/\beta)}$$

$$\beta=\frac{2w_1-w_0}{6w_1-w_0-6w_2}$$

$$\gamma=w_1-\alpha\Gamma(1+1/\beta)\Gamma(1-1/\beta)$$

式中 $\Gamma(\beta)$ 是关于 β 的 Gamma 函数。由此可以得到 D_i 的概率密度的累积概率密度函数：

$$F(x)=\left[1+\left(\frac{\alpha}{x-\gamma}\right)^{\beta}\right]^{-1} \tag{3.19}$$

第四步，对累积概率密度进行正态标准化。超过某个 D_i 值的概率为 $P=1-F(x)$，概率加权矩 $w=\sqrt{-2\ln(P)}$。

当 $P\leqslant 0.5$ 时，

$$SPEI=w-\frac{c_0+c_1w+c_2w^2}{1+d_1w+d_2w^2+d_3w^3} \tag{3.20}$$

当 $P>0.5$ 时，变为

$$SPEI=-(w-\frac{c_0+c_1w+c_2w^2}{1+d_1w+d_2w^2+d_3w^3}) \tag{3.21}$$

式中，常数 $c_0=2.515517$，$c_1=0.802853$，$c_2=0.010328$，$d_1=1.432788$，$d_2=0.189269$，$d_3=0.00131$。$SPEI$ 是一个标准化的变量，其平均值为 0，标准差为 1，$SPEI$ 等于 0 的点对应 D 序列 log-Logistic 概率分布累积概率达到 50%。

表 3.1 给出了国际上通用的基于 $SPEI$ 指数干旱的干旱等级划分标准，利用该标准，即可以确定站点在某一年发生干旱的程度。

表 3.1　标准化降水蒸散指数(*SPEI*)对应的干旱等级划分

干旱等级	*SPEI* 值
无旱	(−0.5,0]
轻微干旱	(−1.0,−0.5]
中等干旱	(−1.5,−1.0]
严重干旱	(−2.0,−1.5]
极端干旱	(−∞,−2.0]

3.1.4.2　降水距平百分率构建方法

冬小麦底墒水含量与播种前 7—9 月降水量具有较好的相关性(刘荣花 等，2008)，因此将这一时段定义为冬小麦底墒的形成期。7—9 月降水距平百分率 R_f 可以反映某站点底墒形成期降水量与多年平均值的偏离程度(荣艳淑，2013)，因此采用底墒形成期的降水距平百分率 R_f 来表征当年底墒水的盈亏状况。

$$R_f = \frac{R_i - \bar{R}}{\bar{R}} \times 100\% \tag{3.22}$$

式中，R_i 表示年降水量，$\bar{R}$表示多年平均降水量。

3.1.4.3 *CWDI* 指数构建方法及干旱等级划分

作物水分亏缺指数(*CWDI*)是我国气候上常用的湿润度指数。*CWDI* 指数能够准确地反映冬小麦不同发育阶段的供需水状况及水分亏缺程度。分别以冬小麦发育阶段内的降水量和潜在蒸散量作为供需水指标，建立不同发育阶段的水分亏缺指数，以反映不同发育阶段的作物缺水状况。

作物水分亏缺指数 *CWDI*(Crop Water Deficiency Index)的计算公式为：

$$CWDI_i = \begin{cases} \left(1 - \dfrac{P_i}{ET_{mi}}\right) \times 100\% & \text{当 } ET_m \geqslant P_i \\ 0 & \text{当 } ET_{mi} < P_i \end{cases} \tag{3.23}$$

式中，$CWDI_i$ 为第 i 个发育阶段的水分亏缺指数，P_i 为第 i 个发育阶段内的累积降水量，ET_{mi} 为第 i 个发育阶段冬小麦累积潜在蒸散量。

$$ET_{mi} = k_c \times ET_0 \tag{3.24}$$

式中，k_c 为发育阶段内的作物系数，ET_0 为参考作物逐日蒸散量。根据 FAO 推荐的作物需水量计算方法(*Allen R G* et al，1998)，参考杨艺等(2008)的研究工作，并结合本研究发育阶段的划分，确定播种—起身期的 k_c=0.75，拔节—开花期 k_c=1.10，灌浆—成熟期 k_c=0.90。参考作物逐日蒸散量 ET_0 的计算方法采用 FAO 推荐的 Penman-Monteith 公式：

$$ET_0 = \frac{0.408\Delta(R_n - G) + \gamma \dfrac{900}{T_{mean} + 273} U_2 (e_s - e_a)}{\Delta + \gamma(1 + 0.34U_2)} \tag{3.25}$$

式中，ET_0 表示逐日参考作物蒸散量(mm)；R_n 和 G 分别表示净辐射和土壤热通量(MJ/(m^2 · d))；e_s 和 e_a 分别表示饱和水汽压和实际水汽压(kPa)；T_{mean} 表示日平均气温(℃)；U_2 表示 2 m高处风速(m/s)；Δ 表示饱和水汽压曲线斜率(kPa/℃)；γ 表示干湿表常数(kPa/℃)。

华北地区冬小麦生育期间水分亏缺程度普遍较重。中华人民共和国气象行业标准 QX/T81—2007 中并没有特定针对华北地区冬小麦的 *CWDI* 指数的干旱等级标准。本章根据计算出的水分亏缺指数值，对干旱等级进行如下划分(见表 3.2)，以保证对于研究区域具有较好的适用性。

表 3.2 华北地区冬小麦发育阶段水分亏缺指数的干旱等级

发育阶段	水分亏缺指数(%)			
	无旱	轻旱	中旱	重旱
拔节—开花期	(0,25]	(25,55]	(55,80]	(80,100]
其他发育阶段	(0,35]	(35,65]	(65,85]	(85,100]

对于底墒形成期降水距平百分率，同样利用聚类分析的方法，确定 R_f < −45% 为底墒水不足的阈值。

为了证明干旱等级标准划分的可行性，本章选择了资料记载比较完备的天津市进行对比验证。表 3.3 是天津市冬小麦各生育期间发生干旱的程度，其中 0 代表无干旱发生，1 代表轻旱,2 代表中旱,3 代表重旱,通过与《中国气象灾害大典:天津卷》(温克刚 等,2005c)中所记载的干旱灾害年份进行对比,干旱年份基本相符。如 1968 年的冬春夏连旱,1982 年的天津特大干旱以及 1992 年的春夏连旱。天津市每年冬小麦生育期都会发生干旱,受旱影响严重。

表 3.3　根据干旱指标判别的天津市冬小麦各发育期干旱程度

年份	底墒形成期	生育前期	生育中期	生育后期	年份	底墒形成期	生育前期	生育中期	生育后期
1961	0	3	3	3	1986	0	2	3	3
1962	0	1	3	3	1987	0	2	2	0
1963	0	3	3	2	1988	0	2	3	3
1964	0	2	0	2	1989	1	3	3	2
1965	1	2	3	3	1990	0	1	1	3
1966	0	2	3	1	1991	0	2	2	1
1967	0	2	3	3	1992	0	3	3	3
1968	0	3	3	3	1993	0	2	3	3
1969	0	2	1	2	1994	0	2	2	3
1970	1	2	2	2	1995	1	2	3	1
1971	0	2	3	3	1996	0	3	3	3
1972	0	3	3	2	1997	0	2	3	2
1973	0	2	2	2	1998	0	2	0	1
1974	1	2	3	2	1999	0	2	3	2
1975	0	3	2	3	2000	0	2	3	1
1976	1	3	3	3	2001	0	2	3	3
1977	0	2	3	1	2002	0	2	3	3
1978	1	1	3	2	2003	0	3	3	1
1979	1	1	2	2	2004	0	0	3	2
1980	0	2	2	2	2005	0	2	3	2
1981	0	2	3	3	2006	0	3	3	1
1982	0	3	3	3	2007	0	2	3	2
1983	0	2	1	3	2008	0	2	2	3
1984	0	3	1	2	2009	0	2	2	3
1985	0	2	3	2	2010	0	3	3	3

3.1.4.4　干热风日等级标准

我国华北地区干热风多发类型为高温低湿型,因此采用中华人民共和国气象行业标准 QX/T82—2007 有关小麦干热风灾害等级标准中规定的气温、湿度及风速组合作为冬小麦干热风日等级指标(见表 3.4)。

表 3.4　华北地区冬小麦干热风日等级指标

气象指标	干热风日	
	轻	重
日最高气温(℃)	≥32	≥35
14 时相对湿度(%)	≤30	≤25
14 时风速(m/s)	≥2	≥3

3.2　华北地区冬小麦综合农业气象灾害风险识别与分析

3.2.1　华北地区冬小麦干旱气候特征分析

3.2.1.1　近50年华北地区平均降水量和平均气温的变化趋势

华北地区平均气温对全球增温有明显响应，其线性增温率明显高于北半球平均线性增温率（荣艳淑，2013）。华北地区降水格局分布不均，降水变率大，容易导致某些地区旱涝灾害加剧。

对华北地区近50年平均降水和温度进行M-K检验（见图3.2），可以清楚地看到二者随时间的变化趋势。华北地区年平均降水量自1964年以来基本呈现减少趋势，但是这种趋势没有通过95%的置信度检验，即降水量的减少不显著。而华北地区年平均气温自1972年以来有一明显的增暖趋势。1998年开始这种增暖趋势通过了95%的置信度检验，后期甚至超过了99%的置信度检验，表明华北地区年平均气温的上升趋势十分显著。平均气温的UF曲线与UB曲线相交于1992年，可以认为是气温突变开始的时间点。气温的升高将会增大地表蒸散量，而降水的减少会造成降水与蒸散的差额进一步增大，两者综合作用的结果加剧了华北地区的水分亏缺程度。

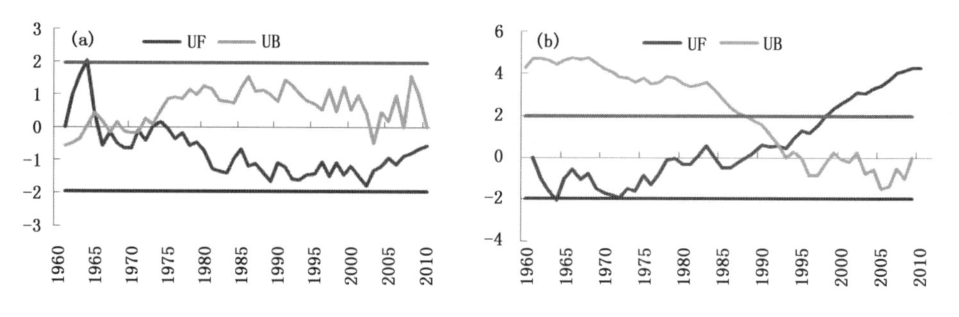

图3.2　华北地区平均降水量(a)和平均气温(b)的M-K检验曲线

从华北地区近50年*SPEI*指数的变化情况（见图3.3）来看，研究区整体呈现干旱化趋势。20世纪60年代初期，*SPEI*以正指数为主，华北平原处于近50年最湿润的时期。60年代后期主要以干旱为主。70年代除个别年份外，华北地区多数年份气候比较湿润。80年代

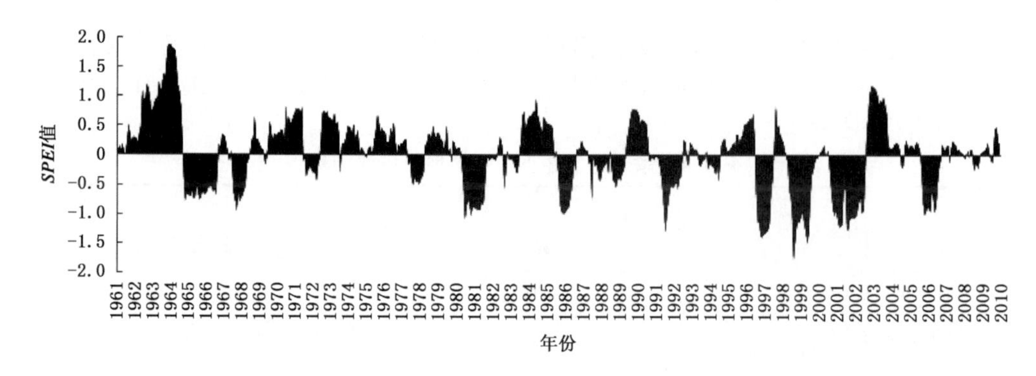

图3.3　华北地区1961—2010年*SPEI*指数时间序列

SPEI 指数呈正负交替出现。90年代，尤其是1992年华北地区平均气温发生突变以来，由于气温上升趋势非常明显，*SPEI* 指数为负值的年份显著增多，表明华北地区旱象趋于频发。荣艳淑等的研究结果指出的典型干旱年份如1965年、1972年、1986年、1997年、2001年，以及几个典型干旱时期如1965—1967年、1980—1981年、1991—1992年、1999—2002年、2006—2007年在 *SPEI* 指数时间序列中均得到较好的体现(荣艳淑，2013)，这反映了 *SPEI* 指数在华北地区旱涝趋势分析中具有较好的适用性。

3.2.1.2　华北地区增温率与干旱化趋势

IPCC第四次评估报告中给出近100年全球平均气温约上升0.74 ℃(IPCC，2007)，我国近50年来平均气温升高1.1 ℃，增温率为0.22 ℃/10a。我国华北地区明显变暖，且平均增温率超过全国的增温率。如图3.4所示，华北平原的增温率在区域内部存在较大的差异，整体呈现由南向北逐渐升高的趋势。升温率最大的地区位于北京及河北北部地区，在0.4 ℃/10a以上。另外河北大部分地区，山东东部升温率也较大，超过全国平均水平。河南西部地区虽然也有一定程度的变暖，但是升温率很低，在0.10 ℃/10a以下。研究表明，气候变化造成的温度升高对我国华北地区冬小麦的需水量影响很大(刘晓英 等，2004)，因此华北地区气温升高会加剧华北地区冬小麦干旱。

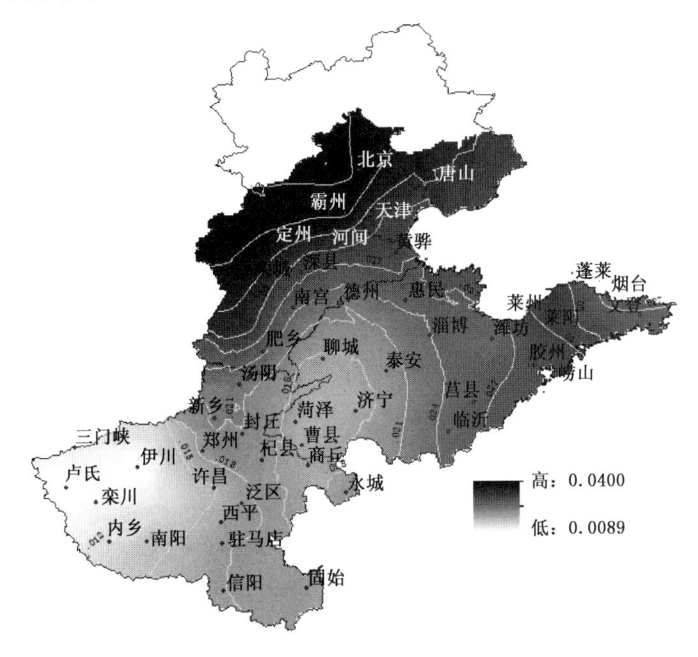

图3.4　华北地区增温率(℃/a)空间分布

根据不同地区增温率的差异，分别选取北京、保定、临沂、许昌的12个月尺度的 *SPEI* 指数1961—2010年时间序列值进行比较(见图3.5)。可以明显看出，增温率越大的地区，近50年干旱化趋势越明显。增温率较高的北京及保定地区有明显的干旱化趋势，尤其是2000年以来持续干旱。临沂增温率在保定和许昌之间，也表现出了一定的干旱化趋势，但是不如保定明显。许昌的增温率较低，在图中并无明显的干旱化趋势。

降水减少和气温升高是导致华北地区干旱化程度加剧的主要原因(马柱国 等，2006)。选

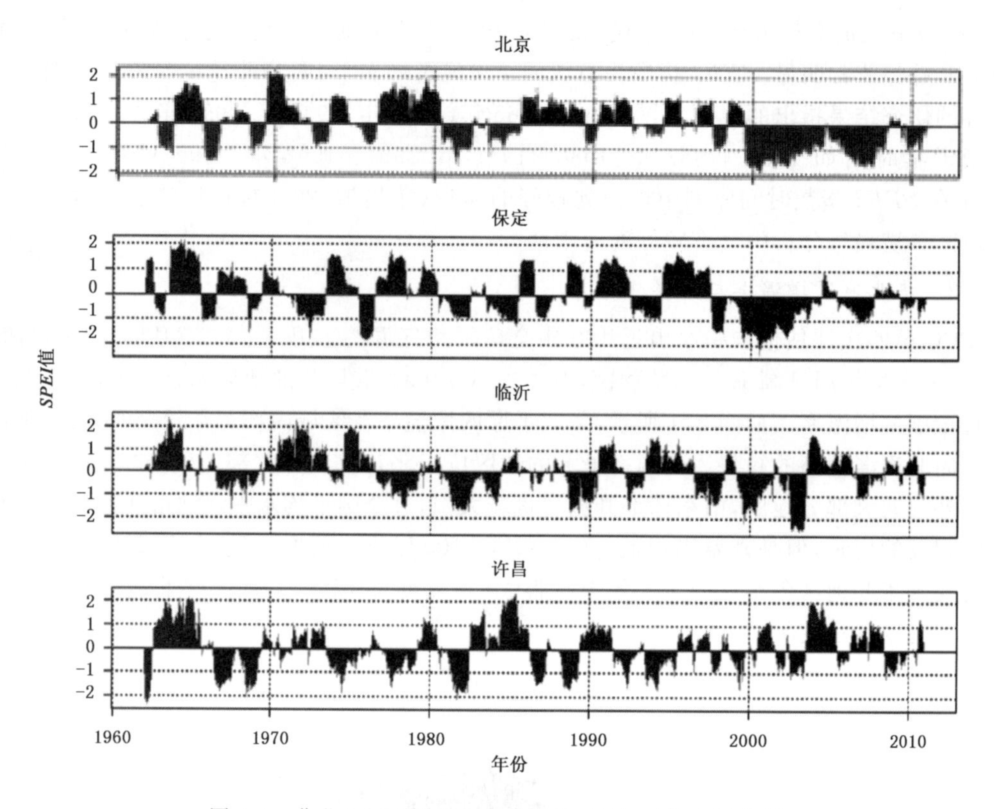

图 3.5 华北地区不同增温率代表站 *SPEI* 指数时间序列

取增温率较大的石家庄作为典型站点进行标准化降水蒸散指数(*SPEI*)与标准化降水指数(*SPI*)的比较。*SPI* 只考虑了降水因素,而 *SPEI* 综合考虑了气温和降水两方面的影响。由图 3.6 可以看出,在考虑了气温因子以后,大多数年份的干旱程度加重,湿润程度减轻。尤其是 2000 年前后,根据 *SPEI* 指数判断出的干旱程度明显高于 *SPI*,由此可见,在华北区域整体增暖且增温率不一致的情况下,华北地区的干旱形势和空间分布会发生新的变化。

3.2.1.3 基于 *SPEI* 指数的华北地区干旱气候特征分析

将华北地区 1962—2010 年各站点的 *SPEI* 值按照表 3.1 中列出的干旱等级标准进行干旱等级划分,将每一年不同等级干旱发生的站点数在一张图上表示出来(见图 3.7),可以清晰地展示不同年型干旱的发生特点。1964 年是历史上干旱程度最轻的一年,只有 7%的站点发生干旱,且程度均在中等以下。此外,1971 年、1985 年和 2004 年干旱程度均较轻,发生各等级干旱的累积站点数在 50%以下,且均未达到中等干旱等级。其余年份发生干旱的站点比例均达到全部站点的 50%以上,1997 年、1999 年及 2002 年全部站点均发生了不同等级的干旱,而且重度以上等级干旱的比例在 60%以上。除此以外 1966 年、1968 年、1981 年、1992 年以及 1997—2002 年也发生了非常严重的全域性干旱。其中 1997—2002 年是干旱程度最严重的时期,每年都有 93%以上的站点发生不同程度的干旱,而且发生极端干旱和严重干旱的站点数占全部站点数的比例均在 40%以上。

SPEI 指数同时具有多空间尺度特性,因此可以对不同地区之间的旱涝状况进行比较。将计算得到的 45 个气象站 1961—2010 年的 12 个月尺度的 *SPEI* 值组成的矩阵进行经验正

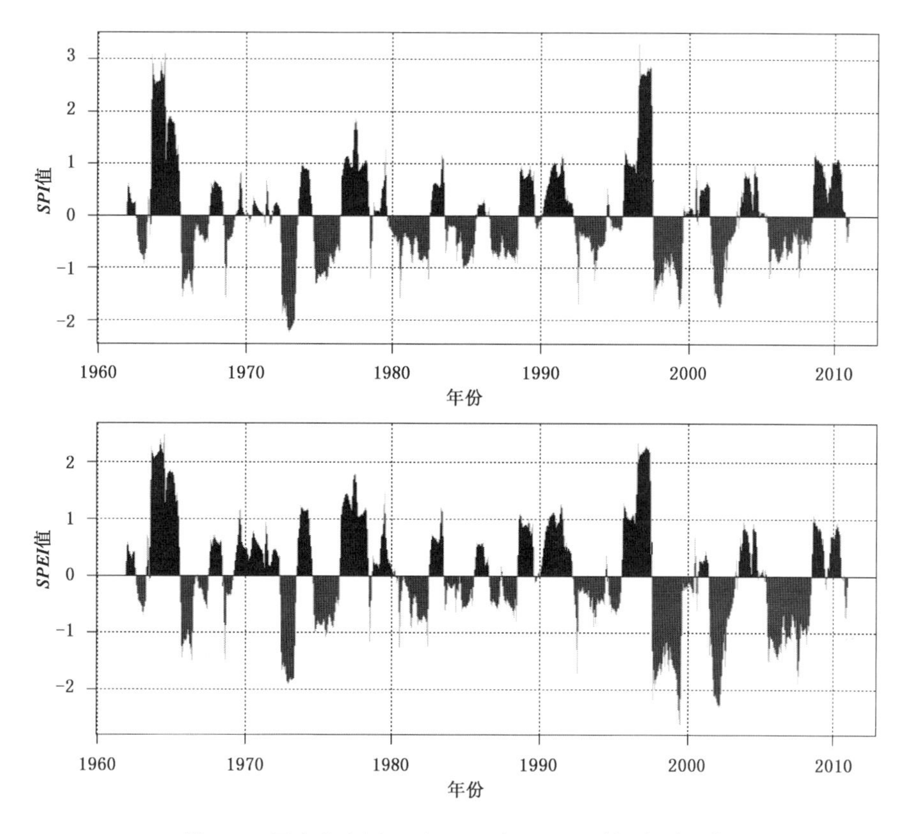

图 3.6　石家庄市近 50 年 *SPI* 与 *SPEI* 时间序列比较

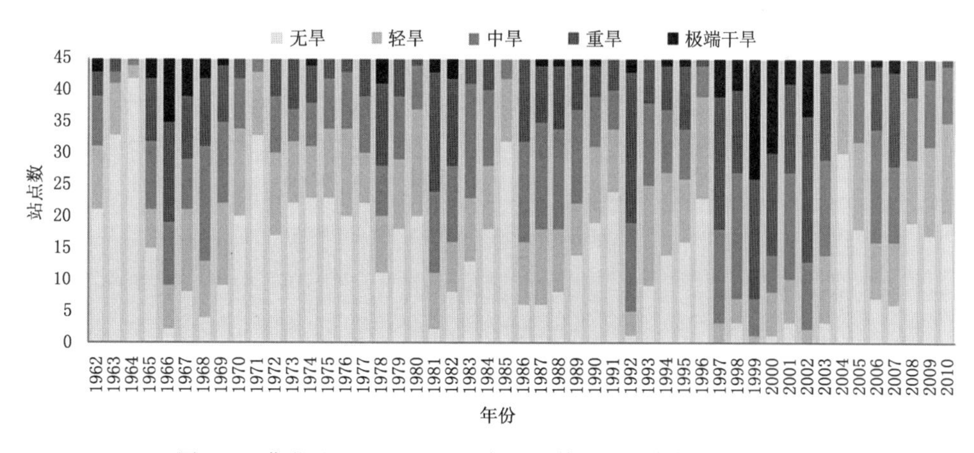

图 3.7　华北地区 1962—2010 年不同等级干旱事件发生站点数

交分解，得到华北地区旱涝分布的时空特征。EOF 分析将 *SPEI* 矩阵值分解为相互正交的特征向量，并给出各特征向量对应的时间系数和空间系数。方差贡献率按照从大到小的顺序排列，方差贡献率越大的特征向量，其模态对应的分布形式越典型。每一模态的极大值中心就是旱涝变化的敏感中心。表 3.5 列出了前 3 个特征向量对应的方差贡献率。

表 3.5　华北地区基于 *SPEI* 指数的 EOF 分析前 3 个模态方差贡献率

模态	1	2	3
方差贡献率(%)	40.34	14.06	8.93
累积方差贡献率(%)	40.34	54.41	63.34

EOF 分析的前 3 个特征向量方差累积贡献率达到 63.34%,已经可以反映华北地区干旱发生的主要空间分布特征。其中第 1 特征向量的方差贡献率达到 40.34%,是华北地区干旱分布的最重要形式。第 1 模态对应的空间系数(见图 3.8a)均为正值,说明华北地区干旱分布特征具有全区一致性,即全区偏湿或全区偏干。第 1 模态空间系数的高值中心位于莘县、菏泽、德州、郑州等地,高值区包括山东西部、河南北部、河北南部地区,表示这些地区干旱发生的变率最大,对干旱的反应最为敏感。第 1 模态对应的时间系数(见图 3.8b)显示了这种分布特征随时间的变化情况。时间系数可以作为空间系数的权重,来反映某一年对该空间分布的贡献率大小。时间系数的绝对值越大,表示这一年该分布形式越典型。由于第一模态的空间系数均为正值,那么时间系数为正值的年份两系数的乘积也为正,表示这一年属于全区偏湿型,典型年份有 1964 年、2003 年,其中 1964 年为全区偏湿最典型的一年。时间系数为负值的年

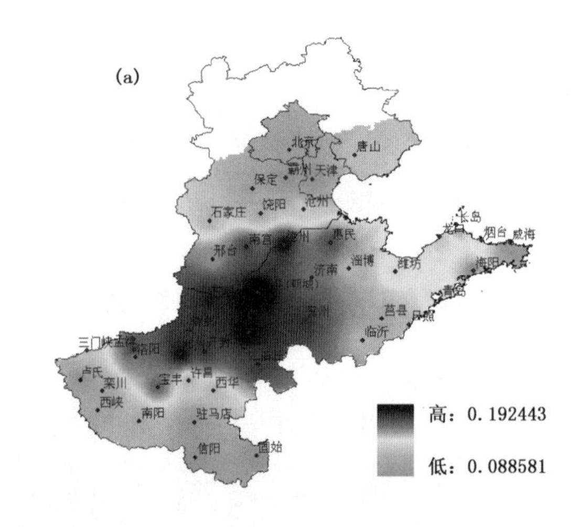

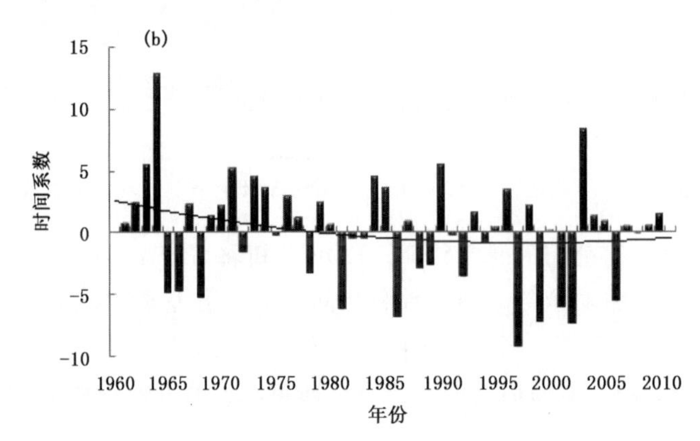

图 3.8　华北冬小麦干旱第 1 模态空间分布(a)及时间系数(b)

份表示这一年属于全区偏干型，严重的干旱年份主要出现在 1980 年以后，其典型年份有 1981 年、1986 年、1997 年、1999 年、2001 年、2002 年、2006 年。从时间系数的变化趋势来看，表征全区偏干的年份增多，说明整个研究区干旱有普遍加重的趋势。

第 2 特征向量的方差贡献率为 14.06%，也是华北地区干旱空间分布一个比较重要的形式。第 2 模态的空间分布（见图 3.9a）呈现南北相反的格局，空间系数的数值北高南低，主要呈现纬向的分布特征。北部的高值中心在天津、霸州、保定等地，河北及山东的大部分地区空间系数均为正值。而以驻马店、卢氏、南阳等地为低值中心的河南大部分地区空间系数为负值。在这种分布形式下，华北北部偏干，那么南部就会偏湿，反之亦然。近 50 年里比较典型的北湿南干的年份（见图 3.9b）有 1966 年、1978 年。北干南湿的年份主要是 1983 年、1989 年、2000 年。由时间系数趋势线可以看到，20 世纪 80 年代以后，时间系数为负值的年份增多，且时间系数绝对值变大，表现出华北地区北部变干而南部变湿的趋势。

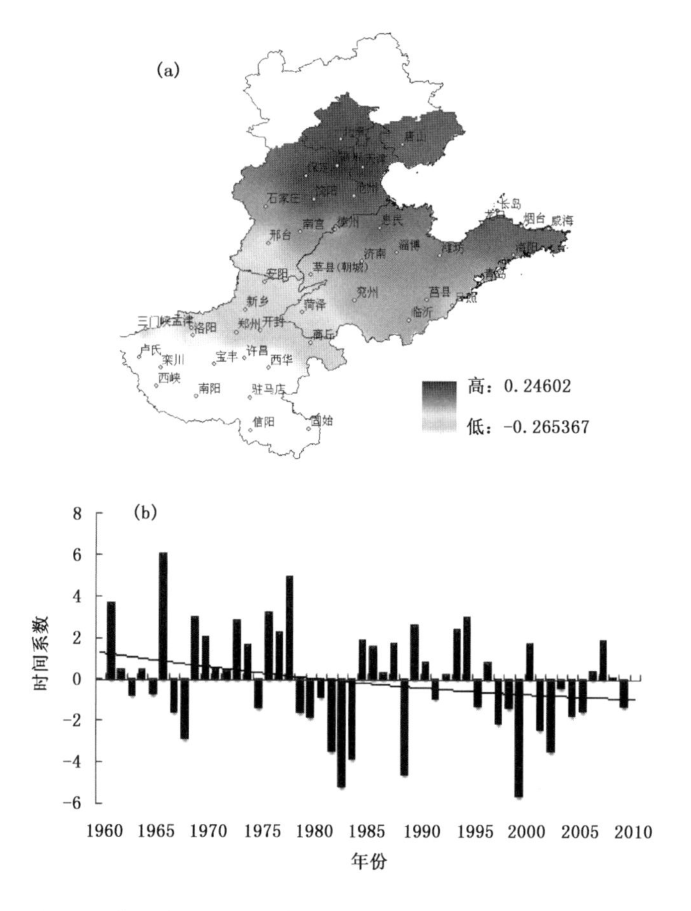

图 3.9　华北冬小麦干旱第 2 模态空间分布(a)及时间系数(b)

除了前两个贡献率较大的特征向量以外，第 3 特征向量对应的空间模态也能对华北地区干旱的空间分布做出一定的解释。从空间分布（见图 3.10a）上来看，第 3 模态呈现东南沿海地区高而西北地区低的形式，主要呈现经向的分布特征，二者具有相反的变化趋势。也就是说，东南地区比较湿润的年份，西北地区相对会比较干燥。第 3 模态空间分布的高值中心位于威海、青岛、日照、莒县等山东沿海地区，而低值中心位于石家庄、保定等河北北部地区。第三模态对应的时间系数(见图 3.10b)绝对值普遍比较小,其中典型的东南偏湿而西北偏干的年份为 1965、2007 年,而 1977、1988 年是东南偏干西北偏湿的代表年份。其时间系数先减小后增大,1976—1996 年主要是以东南偏干西北偏湿为主,其余年份多以东南偏湿而西北偏干为主,这种分布形式的变化趋势不明显。

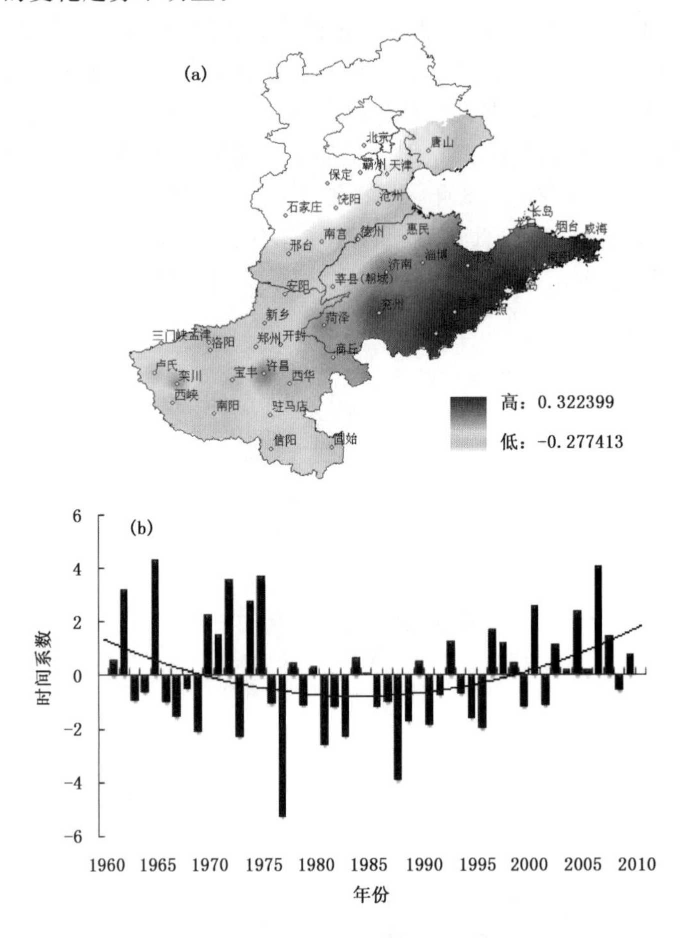

图 3.10　华北冬小麦干旱第 3 模态空间分布(a)及时间系数(b)

3.2.2　华北地区冬小麦干旱分析

3.2.2.1　近 50 年冬小麦播种前底墒形成期内降水变化

冬小麦生长季内降水不足,但是播种前土壤中蓄积的底墒水可以为冬小麦生长发育和产量形成提供重要水源。华北地区春季干旱发生频繁,充足的底墒水不仅能够为冬小麦安全越冬提供充足的水源,而且能够促进根系下扎,吸收深层的水分和养分,弥补春季供水不足。研究表明,底墒水对冬小麦叶面积系数、穗数、穗粒数、千粒重有着明显的影响(刘庚山 等,2003)。

华北地区冬小麦底墒水主要由播种当年 7—9 月降水在土壤中蓄积形成。夏季蓄墒期多年平均降水量的空间分布(见图 3.11a)呈现由东南向西北递减的趋势。这主要是由纬度及海陆位置决定的。河南南部地区信阳和驻马店为一个高值中心,平均降水量在 460 mm 以上。

山东南部也存在一个高值中心，主要包括临沂、日照等地区，平均降水量达到500 mm以上。这些地区夏季降水量大，土壤蓄墒充足，但是降水变率相对也较大，同样需要关注底墒状况。而在河南西北部的三门峡市以及河北南部的南宫等地夏季蓄墒期降水量不足320 mm，经常导致土壤蓄墒不足。近50年华北地区7—9月份降水的距平值的时间序列(见图3.11b)呈现轻微的下降趋势，说明华北地区夏季蓄墒期降水量有所减少。降水距平值呈现准10年的周期变化。由图中可以发现，1965年、1975年、1985年、1995年、2005年前后降水距平多会出现连续2～3年的正值，这些年份的底墒状况相应较好。20世纪90年代初期，夏季降水持续偏少。21世纪以来，降水变率明显加大。

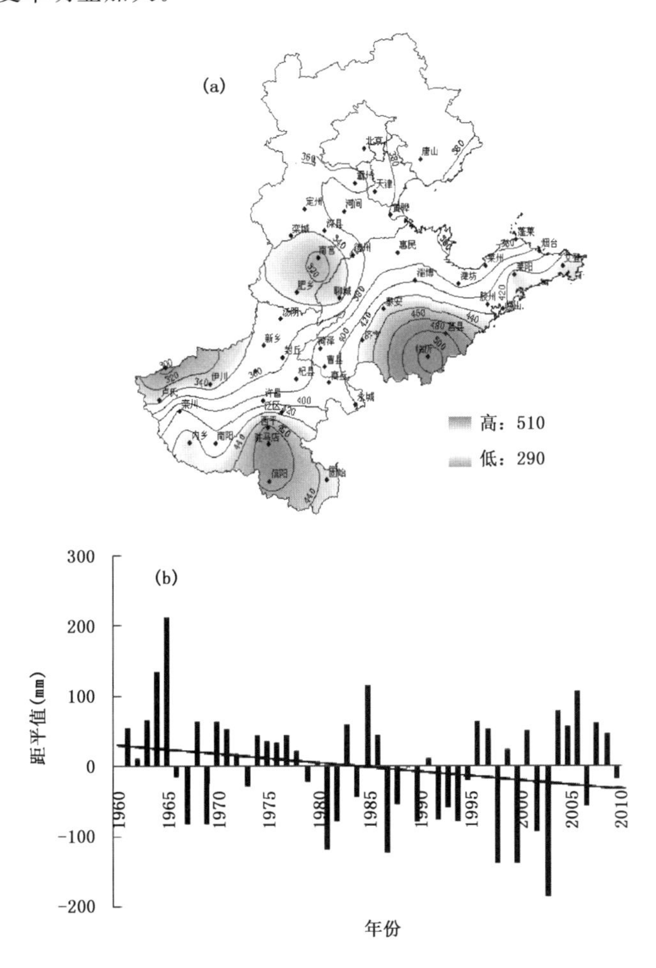

图3.11　华北地区冬小麦近50年播种当年7—9月平均降水量(mm)空间分布(a)及降水距平时间序列(b)

3.2.2.2　冬小麦各发育时期干旱空间分布

根据前文介绍的冬小麦不同发育时期的干旱指标构建方法，分别计算得到1961—2010年逐年冬小麦发育前期、中期、后期的干旱指数，并对48个研究站点分别求得不同发育阶段干旱指数的50年平均值(见表3.6)。干旱指数均值不仅可以反映同一地区冬小麦不同发育时期水分亏缺程度的差异，而且可以反映出华北不同地区水分亏缺程度的空间分布特征。

表 3.6　1961—2010 年华北地区冬小麦不同发育时期平均干旱指数

站名	前期平均干旱指数	中期平均干旱指数	后期平均干旱指数	站名	前期平均干旱指数	中期平均干旱指数	后期平均干旱指数
北京	80.02	82.05	72.77	曹县	61.10	71.70	64.75
天津	79.17	80.86	74.65	莒县	56.05	63.24	54.42
定州	76.96	83.47	73.96	临沂	52.97	62.96	51.55
栾城	70.10	79.93	71.38	惠民	69.62	77.21	73.21
肥乡	71.92	80.17	75.10	济宁	58.60	71.10	64.66
霸州	80.54	83.04	72.46	三门峡	61.72	71.75	58.72
唐山	75.62	77.97	53.98	卢氏	49.04	55.50	49.17
深县	78.27	82.07	75.97	伊川	58.37	70.96	63.43
河间	80.93	81.29	75.47	栾川	41.69	41.82	34.14
黄骅	77.79	81.61	73.88	郑州	59.81	70.83	62.59
南宫	75.64	83.26	76.73	许昌	46.97	64.14	51.30
德州	72.87	79.56	73.90	杞县	63.44	71.07	65.22
莱州	61.42	72.54	65.67	内乡	46.70	50.40	39.89
蓬莱	68.98	69.95	66.38	南阳	41.80	54.97	39.61
烟台	58.77	72.93	62.48	西平	26.08	47.63	33.63
文登	54.90	66.50	60.06	泛区	38.97	60.32	51.64
聊城	72.53	73.78	71.12	驻马店	27.33	48.35	35.25
泰安	70.49	79.45	70.45	信阳	11.33	18.12	18.12
淄博	63.75	76.00	66.06	商丘	49.32	62.89	59.58
潍坊	65.62	76.23	70.75	永城	43.08	61.28	58.58
崂山	55.33	58.95	58.95	固始	10.44	32.65	30.59
胶州	54.44	62.45	50.27	封丘	61.27	71.72	66.02
莱阳	53.40	53.97	46.24	新乡	67.18	75.95	66.21
菏泽	59.04	72.74	62.57	汤阴	63.68	78.27	71.92

对于同一站点的不同发育时期来说，华北地区全部站点均存中期干旱指数最高，缺水最严重的情况。由于旺盛的营养生长与生殖生长同时进行，因此拔节—开花期的冬小麦对水分的需求量最大。如果这个时期发生水分亏缺，会使穗粒数和千粒重显著减少（王俊儒 等，2000）。

对于不同站点同一发育时期来说，华北地区冬小麦三个发育阶段近 50 年平均干旱指数在空间上都呈现明显的条带状分布（见图 3.12），水分亏缺指标值由南向北逐渐增大。冬小麦发育前期（见图 3.12a）和后期（见图 3.12c）的干旱指数空间分布格局非常相似。河南南部的信阳、固始、驻马店等地降水较多，因此水分亏缺程度很轻。河南中部地区及山东东南沿海地区生育期内水分发生较轻程度的亏缺，不会造成严重的减产。河南北部、山东中部及西北部、河北、北京、天津的全部地区缺水程度普遍较重。这些地区距海较远，气候干燥，发生干旱的频率很高。虽然冬小麦生育前期与后期的干旱指标空间分布近似，但是两者的影响机理有所不同。小麦生育前期主要进行营养生长，分蘖与成穗数会因干旱缺水而减少。同时，这一时期气温较

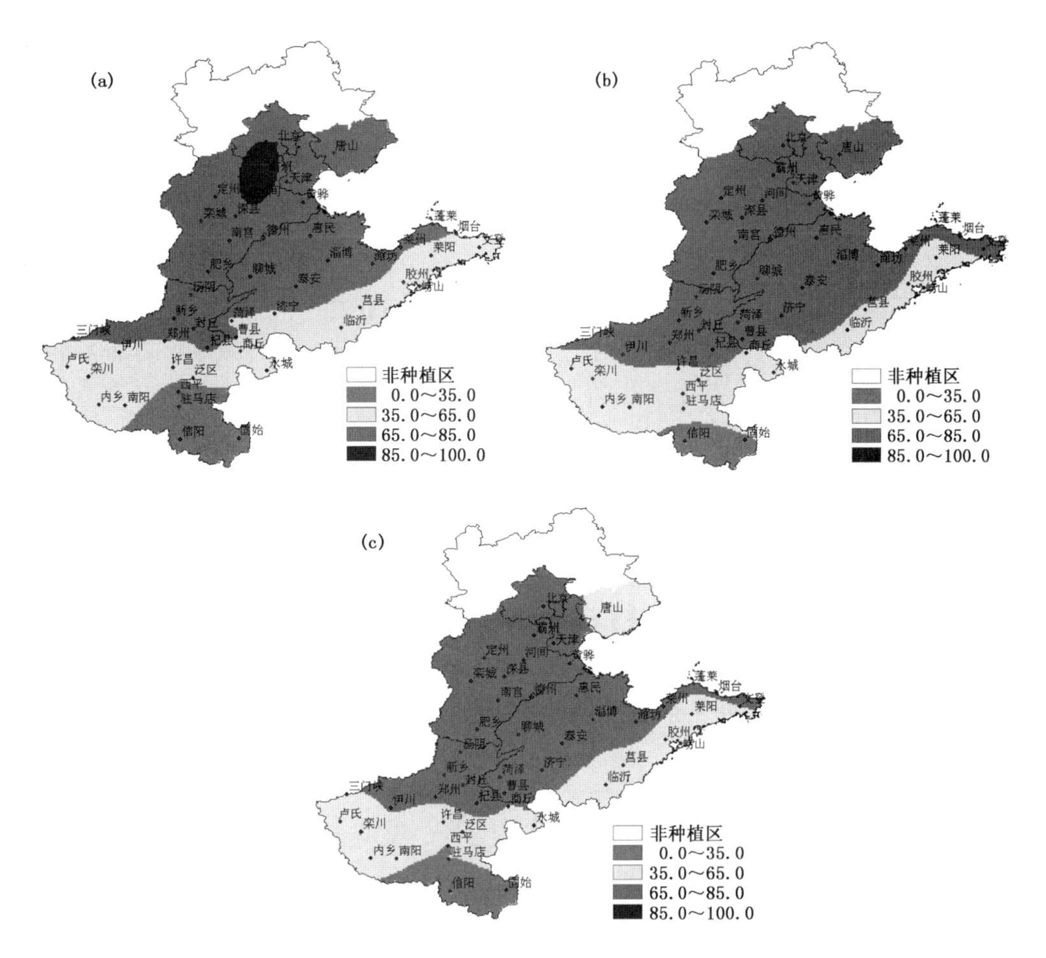

图 3.12　华北地区冬小麦不同发育期干旱指数空间分布

(a)播种—起身期;(b)拔节—开花期;(c)灌浆—成熟期

低,小麦耗水量较少,尤其是土壤封冻后耗水量达到最小,而且小麦可以利用土壤中蓄积的底墒水满足正常生长发育需求,因此冬小麦生育前期对水分亏缺不敏感。冬小麦生育后期是籽粒灌浆的关键时期,虽然对水分的需求较中期有所减少。但这一时期发生干旱,会使籽粒灌浆受抑制,干物质向籽粒的运输与积累受阻,进而导致千粒重下降。

冬小麦生育中期(见图 3.12b)是发生水分亏缺最严重的时期。该时期冬小麦处于旺盛生长期,叶面积达到最大值,对水分的需求量最大,也最为敏感(吕厚荃，2011)。而华北地区春季降水很少,春旱严重,无法满足冬小麦正常生理需求,往往会造成比较严重的干旱灾害。这一时期如果发生干旱,将会使穗器官的发育受阻,穗粒数明显减少,从而造成严重的减产。图 3.12 反映出冬小麦生长发育中期缺水程度明显高于前期和后期。低值区范围缩小,中高值区界线明显向南推进。河南中部和北部、山东全部及河北、北京、天津干旱程度普遍较重。其中河北大部分地区、北京、天津出现极端严重干旱。因此这一阶段有必要进行适当的灌溉措施,以减少干旱对粮食产量的威胁。

3.2.3 华北地区冬小麦干热风气候特征分析

3.2.3.1 华北地区冬小麦干热风发生频率及发生日数

华北地区干热风的发生频率很高。轻干热风基本每年都有发生，但是发生站点数的年际差异较大。由图 3.13 可见，发生干热风的站点数占总站点数一半以上的年份累积达 32 年，占全部统计年份的 64%。重干热风与轻干热风的发生趋势具有很好的一致性，即轻干热风大面积发生的年份相应的重干热风发生的范围也较大。1965 年是干热风灾害最严重的年份，发生轻干热风和重干热风的分别有 40 和 30 个站点，基本全区都有发生。据《中国气象灾害大典：山东卷》与《中国气象灾害大典：河北卷》的记载，1965 年的干热风灾害造成了严重的冬小麦减产，其中山东省因灾平均减产 15%～20%。

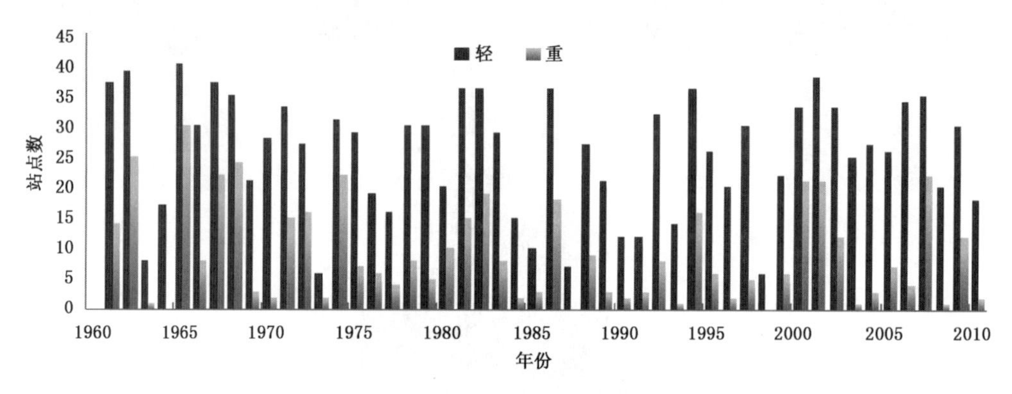

图 3.13 近 50 年华北地区冬小麦轻、重干热风发生的站点数

华北地区冬小麦干热风的发生存在明显的地区差异。由于一个地区同一年可能会同时出现轻、重干热风日，难以定量表述干热风的发生程度。因此，根据中华人民共和国气象行业标准《小麦干热风灾害等级》中的确定方法，一个重干热风日的影响大致相当于两个轻干热风日的影响程度，因此本文采用轻重干热风日的灾害贡献权重计算得出干热风加权日数 $DHWI_i$，以期将干热风日数对冬小麦的危害程度进行量化。

$$DHWI_i = a_i + 2b_i \tag{3.26}$$

式中，a_i 为轻干热风日数(d)，b_i 为重干热风日数(d)。

由表 3.7 可见，各站点轻、重干热风的发生日数具有较高的一致性，两者相关系数为 0.90，达到极显著水平。干热风的发生日数呈现由南向北，由沿海向内陆逐渐增加的趋势。河北中南部的南宫、饶阳，以及山东西北部的济南等地，干热风发生的加权日数达到 4.8 d 以上，为干热风的多发和重发区。山东沿海的青岛、威海、日照以及河南南部的信阳、固始等地干热风发生日数很少，发生程度很轻，对小麦的灌浆影响不大。

3.2.3.2 基于干热风发生日数的干热风气候特征分析

将华北地区冬小麦干热风加权日数直接进行 EOF 分解，这样得到的空间分布形式即为干热风发生的平均状态(见表 3.8)。前 2 个模态的方差贡献率达到了 56.65%，已经能够反映华北地区冬小麦干热风发生的主要分布情况。

表 3.7　1961—2010 年华北地区各站点不同程度干热风年平均发生日数　单位:d

站名	轻日数	重日数	加权日数	站名	轻日数	重日数	加权日数
石家庄	3.0	0.7	4.4	海阳	0.1	0.0	0.1
邢台	2.8	0.7	4.2	曹县	1.5	0.3	2.1
汤阴	2.4	0.7	3.8	济宁	1.9	0.3	2.5
新乡	1.2	0.2	1.6	莒县	1.0	0.1	1.2
北京	1.9	0.5	2.9	临沂	1.5	0.2	1.9
霸州	2.6	0.7	4.0	日照	0.3	0.0	0.3
天津	1.4	0.4	2.2	三门峡	1.5	0.2	1.9
唐山	1.7	0.5	2.7	卢氏	1.1	0.1	1.3
保定	2.5	0.9	4.3	洛阳	1.4	0.2	1.8
饶阳	2.9	1.1	5.1	栾川	1.3	0.1	1.5
沧州	2.0	0.5	3.0	郑州	1.9	0.4	2.7
黄骅	2.1	0.8	3.7	许昌	1.5	0.3	2.1
南宫	3.2	1.5	6.2	开封	1.8	0.3	2.4
德州	1.9	0.6	3.1	西峡	1.0	0.1	1.2
烟台	0.7	0.1	0.9	南阳	0.7	0.0	0.7
威海	0.2	0.0	0.2	宝丰	1.8	0.4	2.6
聊城	1.8	0.5	2.8	西华	1.4	0.2	1.8
济南	3.2	0.8	4.8	驻马店	0.8	0.1	1.0
淄博	1.6	0.2	2.0	信阳	0.4	0.0	0.4
潍坊	2.2	0.6	3.4	商丘	1.2	0.2	1.6
莱阳	1.3	0.2	1.7	固始	0.5	0.0	0.5
青岛	0.0	0.0	0.0				

表 3.8　华北地区干热风发生日数的 EOF 分析前 2 个模态方差贡献率(%)

模态	1	2
方差贡献率	44.96	11.69
累积方差贡献率	44.96	56.65

第 1 模态的方差贡献率达 44.96%,是干热风加权日数最主要的分布形式。第 1 模态全区空间系数均为正值,表明华北地区干热风的发生具有较好的一致性。从图 3.14a 可以看出,河北省除唐山外的大部分地区,向南延伸至河南省北部的新乡、郑州、许昌等地,向西延伸至山东省西北部的德州、济南以及潍坊等地,均为干热风的多发区域。其正值中心位于河北南宫,该地为华北受干热风影响最严重的地区。第 1 模态对应的空间系数反映了这种分布形式的典型程度。近 50 年来干热风的发生呈现两头高、中间低的变化形式(见图 3.14b),其中 1965 年、2001 年是华北地区干热风发生程度最严重的两个年份,这与历史资料记载一致。

EOF 分析的第 2 模态的方差贡献率为 11.69%,也是干热风加权日数分布的重要形式。由图 3.15a 可以看到,第 2 模态全区空间系数呈现中部与四周相反的空间变化态势,即南宫、

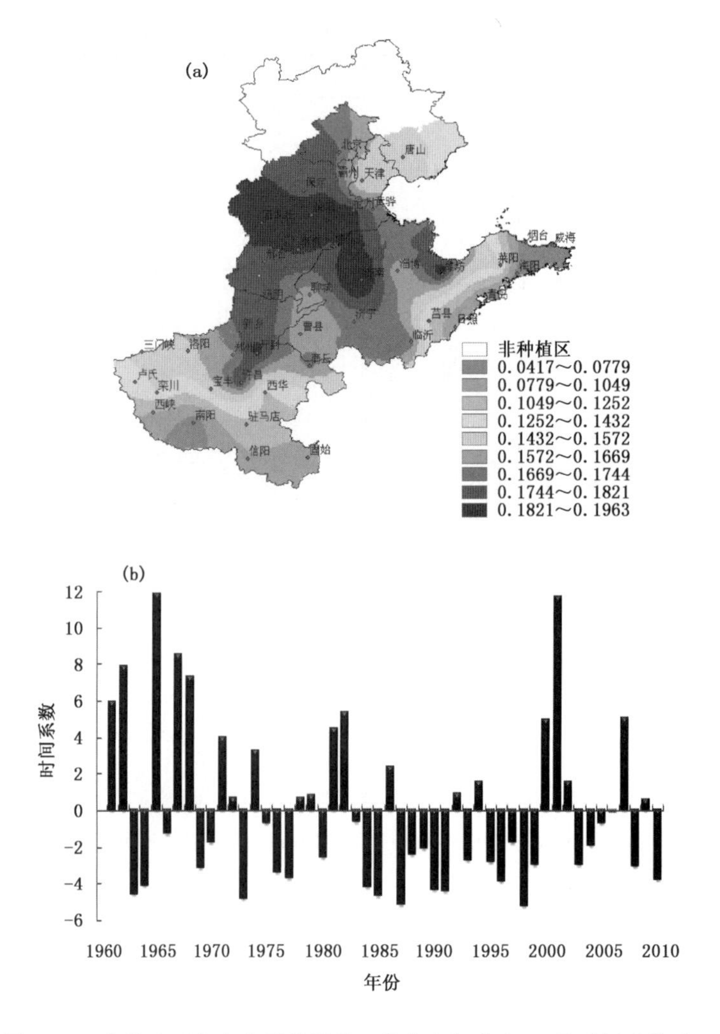

图 3.14　华北地区冬小麦干热风第 1 模态空间分布(a)及时间系数(b)

邢台、聊城、曹县、汤阴等地出现较严重的干热风天气时,其他地区受干热风影响较轻。由第 2 模态的时间系数图(见图 3.15b)可以看出,1995 年以前大多数年份均为华北冬小麦干热风中间重四周轻的形式,1995 年以后,中间轻四周重的年份显著增多,河南中部和南部的干热风危害加重。并且在 2000 年,这种分布形式最为典型。这与历史情况相一致,据统计,2000 年南宫仅有 2 d 出现轻干热风,邢台、聊城等地均没有出现干热风日,而河南中南部的驻马店、宝丰等地干热风加权日数分别为 10 d 和 13 d。

3.2.3.3　华北地区冬小麦干热风 *DHWI* 指数年代际空间分布

干热风日数分布具有由南向北逐渐增加的趋势,并且同纬度地区内陆发生程度明显重于沿海。从年代际尺度来看(见图 3.16),20 世纪 60 年代是发生干热风最严重的时期,此后 70 年代、80 年代及 90 年代干热风的发生程度逐渐减弱,其中 90 年代干热风发生程度最轻,全区 *DHWI* 值均在 4 以下。然而,2000 年以来,干热风又有加重的趋势,因此仍然需要警惕干热风对冬小麦生产的威胁。河北省中部及南部地区是干热风发生最严重的地区,这与其特殊的地理位置有关。河北省位于华北地区北部,受积温条件的限制,冬小麦发育期较南部地区推迟

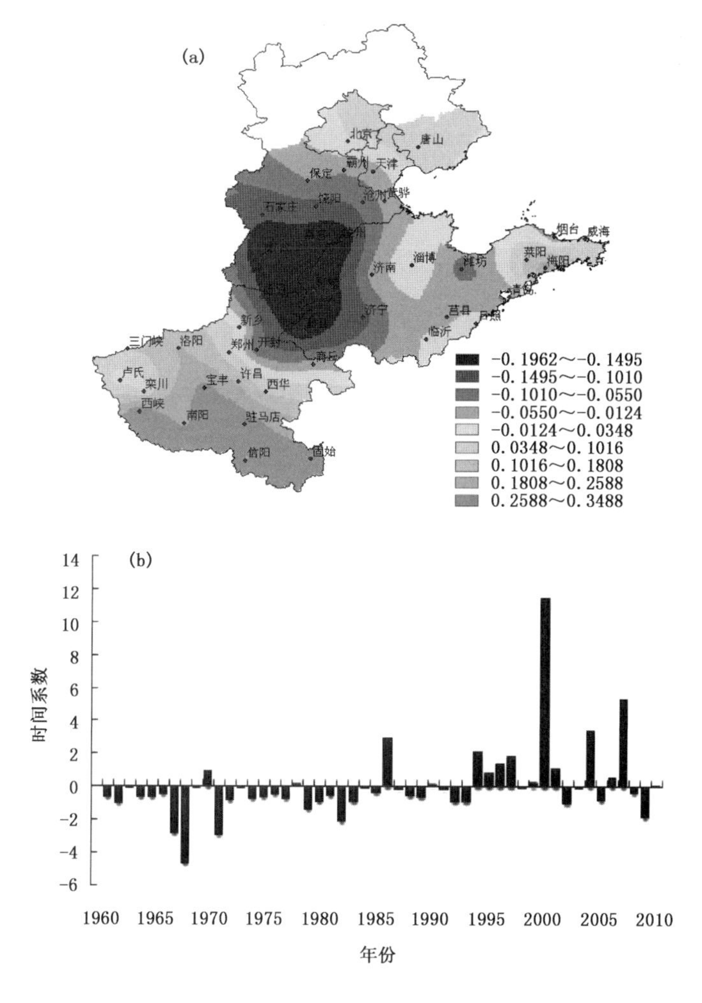

图 3.15　华北地区冬小麦干热风第 2 模态空间分布(a)及时间系数(b)

半个月左右,因此冬小麦生育后期气温较高,而雨季还未来临,空气湿度较小,容易达到干热风危害的条件。同时该区受太行山脉的阻挡作用,气流过山后下沉增温,焚风效应显著,因此成为华北地区受干热风影响最大的区域。

3.3　华北地区冬小麦综合农业气象灾害风险评估

农业气象灾害的发生具有长期性、多发性、突发性、巨灾性和复杂性等特点(霍治国 等,2009)。人们在与农业气象灾害的长期斗争中认识到风险是无法彻底避免的,因此应当建立起“与风险并存”的社会经济系统(张继权 等,2007)。本章从华北地区冬小麦农业气象灾害风险的危险性、脆弱性和暴露性三个方面进行评价分析,从灾害系统的不同角度选取能够真实地反映灾害过程和影响的指标,并通过一定的数学模型聚合成一个合成指标,把大量信息整合成易于理解的形式,进而对农业气象灾害风险进行科学管理。

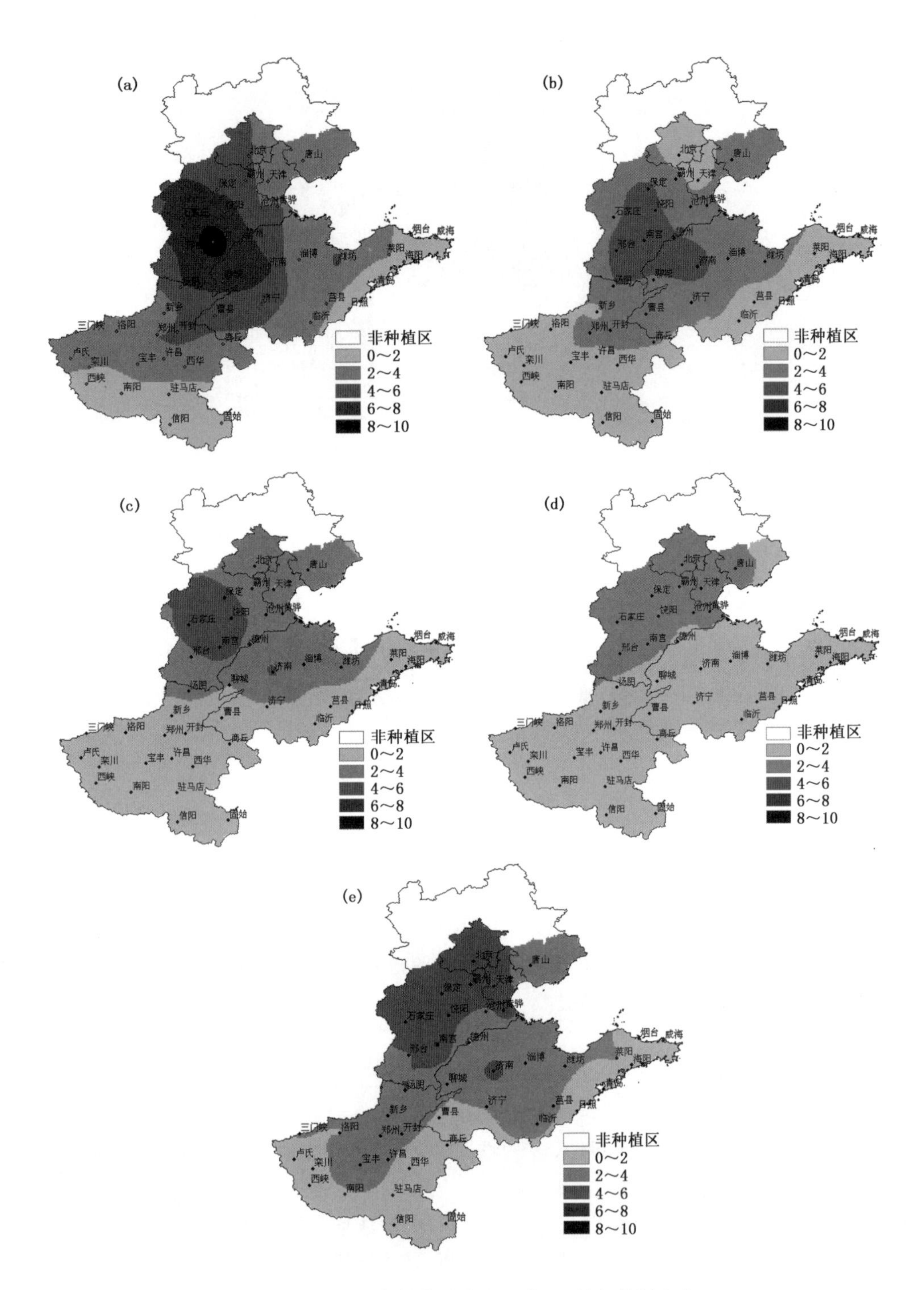

图 3.16　近 50 年干热风发生日数(d)的年代际变化

(a)1961—1970 年；(b)1971—1980 年；(c)1981—1990 年；(d)1991—2000 年；(e)2001—2010 年

3.3.1 风险评价模型建立与评价

自然灾害是致灾因子、孕灾环境和承灾体相互作用的结果，三者具有同等重要性（史培军，2005）。本章根据华北地区冬小麦主要气象灾害风险形成机制，全面分析华北地区冬小麦发育阶段主要气象致灾因子的危险性、承灾体的脆弱性及暴露性三个因子，构建具体化、定量化的物理模型。

根据自然灾害风险计算公式，建立主要气象灾害风险评估模型：

$$RI = H \cdot W_H + V \cdot W_V + E \cdot W_E \tag{3.27}$$

分别建立各发育阶段的危险性、脆弱性、暴露性和防灾减灾能力模型 H, V, E，并确定它们的权重系数 W_H, W_V, W_E。

气象灾害危险性是指造成气象灾害的自然变异因素、程度及其导致气象灾害发生的可能性，主要是由孕灾环境和致灾因子发生频率决定（杨秋珍 等，2010）。一般灾害强度越大，频次越高，灾害所造成的破坏损失越严重，灾害的风险也越大。危险性主要包括灾害强度及发生频率两类指标（吴东丽 等，2011）。作物在整个发育期会受到多种气象致灾因子的威胁，作物在不同生长发育阶段对灾害的耐受能力存在显著差异。而且由于一个发育阶段内可能发生多种气象灾害，不同气象灾害对作物的危害机理有所不同。因此，对不同发育阶段不同等级致灾因子造成的产量损失进行量化是动态危险性评价的关键。以权重系数的形式反映致灾因子危险性能够突出主导因子的作用，有利于针对不同地区不同发育阶段进行风险的定量评价。危险性的大小用下式表示。

$$H = \sum_{j=0}^{3} X_{i,j} \cdot W_{i,j} \tag{3.28}$$

据此方法分别建立起干旱、干热风危险性评价模型。其中 H 为危险性指数，$X_{i,j}$ 表示第 j 个发育阶段第 i 种致灾因子的指标值，$W_{i,j}$ 为第 i 种致灾因子在第 j 阶段危险性中所占的权重。其中 $j=0$ 表示底墒形成期，$j=1$ 表示生长前期，$j=2$ 表示生长中期，$j=3$ 表示生长后期。

脆弱性表示承灾体由于潜在危险因素造成的损失或伤害程度，是承灾体本身应对灾害的承受能力以及人们能动地采取防灾减灾措施后体现出的综合脆弱性大小，两者是密不可分的。承灾体的脆弱性越低，对不利气象条件的抵抗能力越强，灾害可能造成的损失越小，灾害风险也越小；反之亦然。脆弱性指标应表示出作物产量受主要气象灾害影响的损失程度和地域性差异。

暴露性是指暴露于致灾条件下的经济、社会和自然环境系统，以承灾体的数量或价值量作为评估指标。承灾体的数量越多，价值密度越大，受到威胁的程度也就越大，暴露性程度越高。暴露性的大小用各县冬小麦种植面积比例表示。

防灾减灾能力指的是承灾体能够从灾害中恢复的程度。即使发生比较严重的灾害，作物也并不一定造成严重减产（张文宗 等，2009），而且可以通过采取一定的措施规避风险。给定的灾害强度下，防灾减灾能力越强，农业生产水平越高，作物产量受不利自然条件的影响越小。因此根据华北地区冬小麦种植特点，选取恰当的指标对冬小麦的脆弱性进行评价。

3.3.2 危险性评价模型构建与评价

3.3.2.1 危险性评价模型的构建

冬小麦不同发育阶段可能受到不同气象致灾因子的威胁，而且同一致灾因子的不同发生强度也会带来产量损失的差异。因此将各发育阶段可能受到的各种农业气象灾害造成的产量损失进行定量化的表达是危险性评价最重要的一步。

首先，确定冬小麦各发育阶段可能发生的农业气象灾害类型。底墒形成期的危险性用降水距平百分率表示，生育前期、中期、后期的干旱程度用 *CWDI* 指数表示，生育后期干热风危险性用干热风发生日数表示。按照前文给出的各危险性指标等级标准划分灾害等级，如底墒期(充足、不足)，冬小麦发育期(前期、中期、后期)干旱发生程度(无旱、轻旱、中旱、重旱)及灌浆成熟期(后期)干热风的发生程度(无干热风、轻度干热风、重度干热风)。

然后，提取单一生育阶段发生单一气象灾害(各等级)，而其他生育阶段没有发生灾害时的频率及减产率 f_{ji} 及 Δy_{ji}，其中 j 表示发育阶段(0 代表底墒形成期，1 代表播种—起身期，2 代表拔节—开花期，3 代表灌浆—成熟期)，i 表示灾害等级(0 代表无旱，1 代表轻旱，2 代表中旱，3 代表重旱)。这样，底墒形成期只受蓄墒不足的影响，冬小麦发育前期和中期只受到干旱的威胁，而发育后期的减产率是干旱与干热风所造成的综合减产率。再将发育后期单独发生干旱和干热风造成的减产提取出来，按照两者造成的减产之比确定权重系数。由此可以计算各发育阶段及底墒形成期的危险度指数：

$$\Delta Y_0 = \Delta y_0 \cdot f_0 \tag{3.29}$$

发育前期与发育中期危险度类似：

$$\Delta Y_1 = \sum_{i=1}^{3} \Delta y_{1i} \cdot f_{1i} \tag{3.30}$$

$$\Delta Y_2 = \sum_{i=1}^{3} \Delta_{y2i} \cdot f_{2i} \tag{3.31}$$

发育后期的危险度比较复杂：

$$\Delta Y_3 = \sum_{i=1}^{3} \Delta y_3 \cdot w_a \cdot f_{3ai} + \sum_{i=1}^{2} \Delta y_3 \cdot w_b \cdot v_{3bi}$$

$$w_a = \frac{\sum_{i=1}^{3} \Delta y_{3ai} \cdot f_{3ai}}{\sum_{i=1}^{3} \Delta y_{3ai} \cdot f_{3ai} + \sum_{i=1}^{2} \Delta y_{3bi} \cdot f_{3bi}} \tag{3.32}$$

$$w_b = \frac{\sum_{i=1}^{2} \Delta y_{3bi} \cdot f_{3bi}}{\sum_{i=1}^{3} \Delta y_{3ai} \cdot f_{3ai} + \sum_{i=1}^{2} \Delta y_{3bi} \cdot f_{3bi}}$$

式中，w_a 表示冬小麦发育后期由于干旱所造成的减产在综合减产率中所占的比例，w_b 表示干热风造成的减产在综合减产率中所占的比例。

最后，确定各发育阶段的危险度权重：

$$w_j = \frac{\Delta Y_j}{\sum_{j=0}^{3} \Delta Y_j} \tag{3.33}$$

根据以上的计算方法，可得到底墒形成期及冬小麦各发育阶段不同气象灾害危险性在总危险性中所占的权重系数(见表 3.9)。

表 3.9 华北地区各站不同时期不同灾害对应的危险性权重系数

站点	底墒形成期	生育前期	生育中期	生育后期	
				干旱	干热风
北京	0.0684	0.3718	0.3112	0.1185	0.1300
天津	0.0766	0.3568	0.3052	0.1342	0.1271
定州	0.0954	0.3236	0.3246	0.1286	0.1279
栾城	0.0748	0.3008	0.3483	0.1522	0.1238
肥乡	0.0878	0.2908	0.3498	0.1469	0.1246
霸州	0.0682	0.3626	0.3173	0.1228	0.1292
唐山	0.0554	0.3763	0.3614	0.0648	0.1421
深县	0.0303	0.3675	0.3362	0.1397	0.1263
河间	0.0562	0.3643	0.3256	0.1251	0.1288
黄骅	0.0567	0.3597	0.3284	0.1268	0.1284
南宫	0.0506	0.3432	0.3442	0.1351	0.1269
德州	0.0695	0.3368	0.3306	0.1364	0.1266
莱州	0.0923	0.2182	0.4105	0.1564	0.1227
蓬莱	0.0590	0.3323	0.3335	0.1509	0.1242
烟台	0.0952	0.2252	0.4237	0.1286	0.1273
文登	0.1058	0.2127	0.3941	0.1662	0.1212
聊城	0.0350	0.3672	0.3297	0.1423	0.1258
泰安	0.0631	0.3134	0.3504	0.1487	0.1245
淄博	0.0522	0.2808	0.4064	0.1338	0.1267
潍坊	0.0475	0.2848	0.3867	0.1583	0.1228
崂山	0.1244	0.2316	0.3716	0.1484	0.1240
胶州	0.1420	0.2220	0.3999	0.1043	0.1318
莱阳	0.1054	0.2617	0.3817	0.1225	0.1286
菏泽	0.0939	0.2443	0.4080	0.1259	0.1279
曹县	0.0951	0.2698	0.3737	0.1350	0.1265
莒县	0.1315	0.2040	0.4166	0.1190	0.1289
临沂	0.0706	0.2484	0.4219	0.1323	0.1268
惠民	0.0760	0.2963	0.3536	0.1500	0.1242
济宁	0.0698	0.2541	0.4042	0.1477	0.1243
三门峡	0.0768	0.2859	0.3799	0.1299	0.1274
卢氏	0.1117	0.1848	0.3881	0.1988	0.1166
伊川	0.0860	0.2490	0.3943	0.1462	0.1245
栾川	0.1539	0.1274	0.4680	0.1231	0.1277
郑州	0.0437	0.2654	0.3906	0.1808	0.1195
许昌	0.1076	0.1484	0.4674	0.1541	0.1226

续表

站点	底墒形成期	生育前期	生育中期	生育后期	
				干旱	干热风
杞县	0.0554	0.2866	0.3812	0.1532	0.1236
内乡	0.1038	0.1934	0.4324	0.1462	0.1241
南阳	0.1499	0.1447	0.4523	0.1257	0.1273
西平	0.1882	0.1039	0.4544	0.1267	0.1269
泛区	0.1233	0.0851	0.4763	0.1993	0.1159
驻马店	0.1691	0.1166	0.4285	0.1650	0.1208
信阳	0.5196	0.0538	0.2352	0.0456	0.1458
商丘	0.1044	0.1727	0.4283	0.1749	0.1197
永城	0.1087	0.1500	0.4461	0.1758	0.1195
固始	0.3349	0.0000	0.3941	0.1484	0.1226
封丘	0.0557	0.2767	0.3834	0.1619	0.1222
新乡	0.0474	0.3234	0.3688	0.1333	0.1271
汤阴	0.0483	0.2897	0.3934	0.1434	0.1252

计算得到的权重系数具有较强的针对性，即某一地区冬小麦的某个发育阶段出现致灾气象条件的可能性及对产量造成潜在威胁的大小。具体地给出各阶段各种灾害对应的危险性权重，对于合理分配资源及采取恰当的栽培技术措施具有重要的指导意义。从表 3.9 中可以看出，受冬小麦生长发育特点及华北地区气候特征的影响，生育前期和中期危险性权重系数较高，而且大部分地区中期的危险性权重大于前期权重系数值。这是由于研究区冬春季降水稀少所致。华北地区素有“十年九春旱”之称，而春季冬小麦处于拔节—开花期，为水分关键期，这一阶段水分亏缺对产量的形成影响最大。华北地区冬小麦生育中期的危险性权重系数普遍在 0.30 以上，数值最大的地区出现在河南中部的栾川、许昌等地，达到 0.46 以上，对最终的产量形成威胁非常大。底墒形成期危险性权重系数普遍较低，只有在河南南部的信阳、固始两地较高，这可能是由于这一地区蓄熵期内降水量较充足，冬小麦产量形成对底墒的依赖性较大。一旦蓄熵不足，产量会受到较严重的影响。冬小麦生育后期对水分的需求量减少，因此干旱危险性权重相应减小。此外，各地生育后期的干热风灾害普遍占到 0.10 以上的危险性权重，对产量构成一定威胁。

3.3.2.2　危险性评价

根据计算得到的各站点冬小麦不同发育阶段及底墒形成期所占的危险性权重，结合各种农业气象灾害危险性评价指标，进行研究区各阶段的危险性评价。

冬小麦播种前，底墒形成期（见图 3.17a）的危险性评价指标为多年 7—9 月降水负距平绝对值的平均值，危险性指标值越大，即底墒形成期内由于降水不足对冬小麦产量的威胁越大。研究区内大部分地区底墒形成期的危险性系数均较小，只有河南南部的信阳、固始、驻马店地区危险性较大。河南中部、山东东南沿海地区底墒形成期内降水对作物产量也有一定影响。

研究区冬小麦播种—起身期的危险性从南向北逐渐增大（见图 3.17b）。低值区主要集中

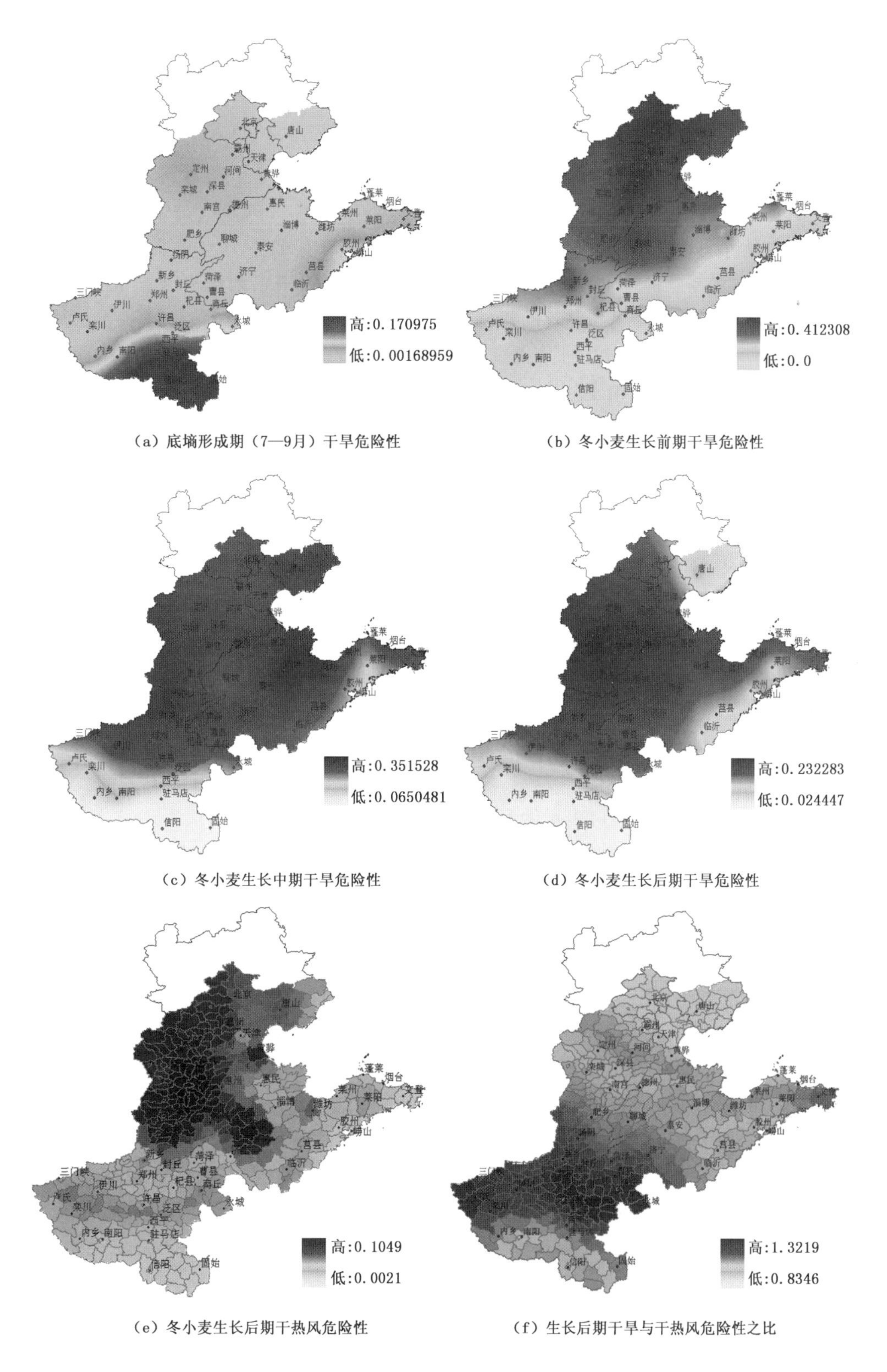

(a) 底墒形成期（7—9月）干旱危险性　　(b) 冬小麦生长前期干旱危险性

(c) 冬小麦生长中期干旱危险性　　(d) 冬小麦生长后期干旱危险性

(e) 冬小麦生长后期干热风危险性　　(f) 生长后期干旱与干热风危险性之比

图 3.17　冬小麦各生长阶段主要气象灾害危险性分布

在河南中部、南部和山东沿海地区，这些地区生育前期基本不会受到不利气象条件(干旱)的胁迫。河北大部分地区、北京、天津及山东西北部是高危险区，干燥少雨的北方地区冬春季水分条件不足会对产量造成较大威胁。

冬小麦生育中期是对水分最为敏感的时期，从图 3.17c 可以看出冬小麦发育中期华北大部分地区都有较高的危险性，河北西部、山东西北部和河南北部是危险性最高的地区，农业气象灾害对冬小麦种植的影响最大。

冬小麦生育后期，对水分的需求逐渐较少，体现在图 3.17d 上，干旱危险性高值区缩小到河北南部、山东西北部及河南北部地区。河南中部及南部、山东东南沿海及河北唐山地区、北京等地干旱危险性值明显降低。图 3.17e 表示冬小麦生育后期干热风危险性。干热风危险性较高的地区集中在太行山东侧的河北省中南部，山东省济南、泰安地区，与干热风气候特征分析中的分布形式非常相似。由于华北地区冬小麦生育后期可能两种气象灾害并发，因此各研究站点两种灾害危险性权重系数的比例可以反映出后期危险性的主要来源。定义干旱与干热风的危险性比为:干旱危险性权重系数∶干热风危险性权重系数。这个比值越大，表示干旱造成的影响越大，比值越小，表示干热风的影响越大。统计表明，大多数站点冬小麦生长后期仍然以干旱灾害的影响为主，48 个研究站点中只有 13 个站点后期干热风对冬小麦产量的影响超过了干旱的影响。由图 3.17f 可以看出，后期受干旱影响最大的地区位于河南西部的泛区、永城、商丘等地，以此为中心向南向北，干旱的影响逐渐减轻，干热风的影响逐渐加重。泛区、永城和商丘的干旱频率远高于干热风的频率，因此干旱是该地区的主导气象灾害，河南大部分地区均以干旱的影响为主。华北北部的唐山和华北南部的信阳受干旱的影响比干热风轻，因为两地后期的水分条件较好，因持续水分亏缺造成干旱的频率都很低，但是干热风是由于短时气象要素骤变引起的，发生的频率相对较高，所以干热风是该地区主要的影响因素，河北北部和山东沿海地区多以干热风的影响为主。河北南部、山东中西部地区两种灾害的发生频率均较高，两者的危险性比值接近 1，表示两种灾害的影响程度相当。

对于各发育阶段及底墒形成期的危险性指标及其危险性权重系数，利用加权综合评分法计算得到华北地区冬小麦主要气象灾害综合危险性分布。由图 3.18(彩图 3.18)可见，冬小麦全发育期气象灾害危险性分布呈现较好的带状分布，由南向北逐渐增大。河南省南部综合气象灾害危险性最低，说明该地区气象条件较适合冬小麦种植，由气象灾害造成的粮食损失小。河南省中部及山东省东南沿海地区危险性也较低，气象灾害致灾强度较小。河南省北部、山东省中西部及河北省唐山地区危险性较高，气象灾害可能会对作物产量造成比较大的影响。危险性最高的地区位于河北省中南部、北京、天津地区，气象灾害多且重，严重威胁冬小麦产量的形成。

3.3.3 脆弱性评价模型构建与评价

3.3.3.1 脆弱性评价模型构建

脆弱性是系统在灾害事件发生时所产生的不利响应的程度(李鹤 等，2008)。在本书中，脆弱性是农业作物受到不利气象条件影响，从而导致产量损失的程度。区域农业作物的脆弱性包括对外部压力的敏感性和系统应对压力的适应性(IPCC，2001)，而适应性既包括作物自身的恢复能力，又包括区域对灾害的抵抗能力(阎莉 等，2012)。综合考虑敏感性、自身恢复能力与抗灾能力，将华北冬小麦的脆弱性定义为：

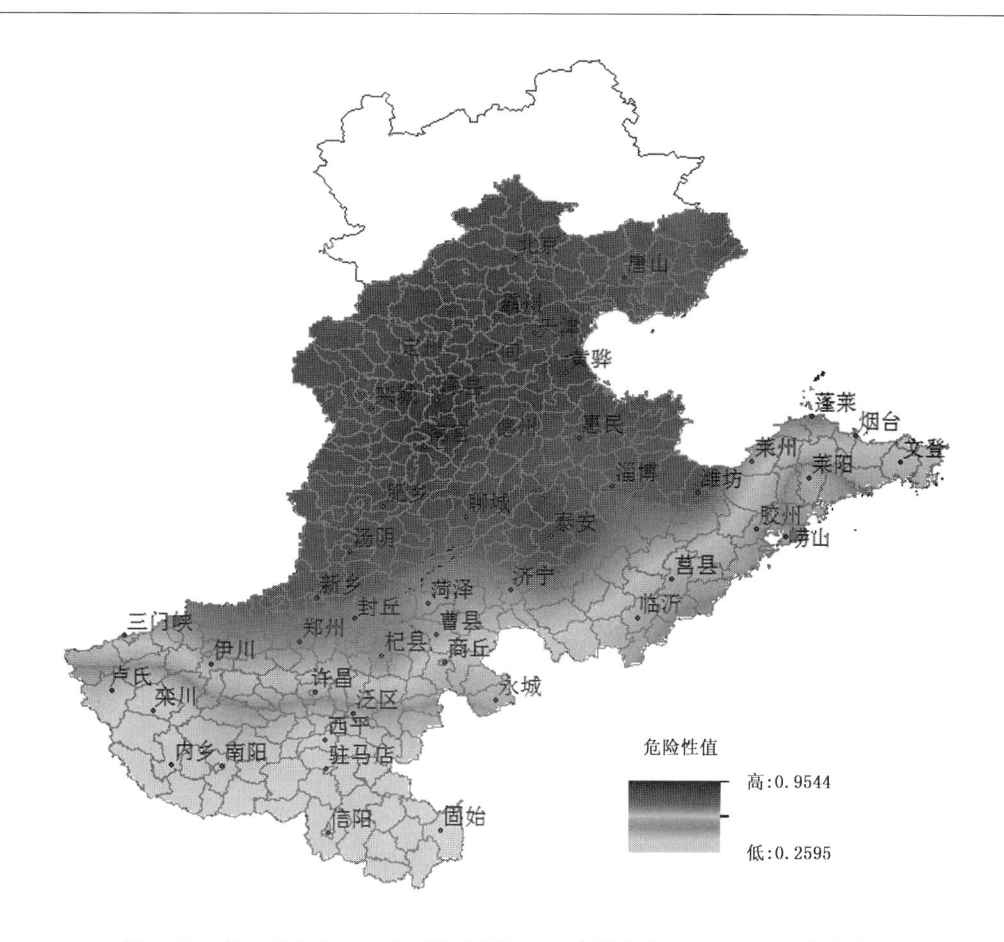

图 3.18　华北地区冬小麦底墒形成期及全生育期主要气象灾害危险性分布

$$VI = \frac{S}{R_s \cdot R_a} \tag{3.34}$$

式中,VI 指数即为系统的脆弱性指数,其值越大,对灾害的脆弱程度也就越高,越容易受到灾害威胁;S 表示冬小麦对灾害的敏感程度;R_s 表示区域农业应对灾害的恢复能力;R_a 表示区域抗灾能力大小。

S 用灾年产量变异系数表示:

$$S = \frac{\sqrt{\dfrac{\sum_{i=1}^{n}(Y_i - \bar{Y})^2}{(n-1)}}}{\bar{Y}} \tag{3.35}$$

式中,Y_i 表示某县第 i 年的粮食单产,$\bar{Y}$ 表示该县 n 年平均粮食单产。S 值越大,表示该县受灾害影响造成的粮食产量波动越大,对农业气象灾害更加敏感,相应的脆弱性程度越大。反之,如果粮食变异系数小,说明该地区粮食生产稳定,不容易受外界气象因素的影响。

R_s 用区域农业经济发展水平表示:

$$R_s = \frac{1}{n}\sum_{i=1}^{n}\left(\frac{Y_i}{SY_i}\right) \tag{3.36}$$

式中,Y_i 表示某县第 i 年的粮食单产,SY_i 表示第 i 年华北平均粮食单产。冬小麦单产的多少，标志着一个区域农业生产水平的高低（张继权 等，2007）。生产水平越高，对灾害的抵抗能力越高，灾后恢复能力越强，冬小麦的脆弱性越小。

R_a 用区域耕地灌溉比例表示：

$$R_a = \frac{\overline{S}_{IR}}{\overline{S}} \tag{3.37}$$

式中，$\overline{S}_{IR}$ 表示某县多年平均灌溉面积，$\overline{S}$ 表示该县平均耕地面积。灌溉是抵抗和缓解多种农业气象灾害最有效的方法，是区域农业防灾减灾能力的一个至关重要的因素，华北冬麦区大部分为灌溉农业。灌溉比例越大，冬小麦抵抗灾害的能力越强，脆弱性也就越小。

3.3.3.2　脆弱性评价

图 3.19 是产量变异系数的空间分布，反映了区域农业对农业气象灾害的敏感性程度。由图中可以看出，产量变异系数呈现较好的连片性，但也存在区域差异。产量变异系数的高值区集中在环渤海的天津市和河北省西部地区，以及河北省南部的大部分地区。滨海的黄骅、泊头、天津等地产量变异性非常大，受气象条件的影响非常明显。以黄骅为例，参照《中国气象灾害大典：河北卷》（温克刚 等，2008b）的记录，发生严重干旱时，当地粮食产量大幅度下降，如 1984 年、1993 年等，粮食单产仅为 500 kg/hm^2；2002 年，华北地区干旱，黄骅冬小麦近于绝收。而在水分条件较好的 1991 和 1995 年，黄骅冬小麦获得丰收。由上述可知，黄骅等地区对

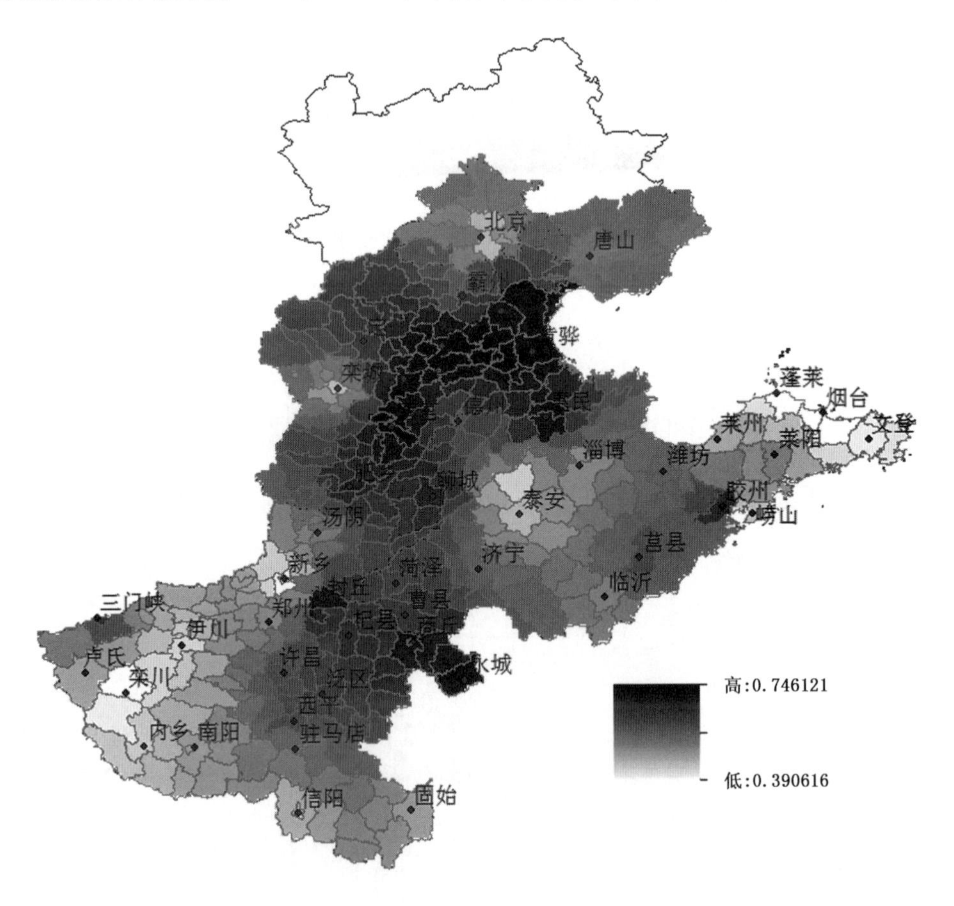

图 3.19　华北地区冬小麦产量变异系数分布

灾害的抵御能力非常差，一旦遭受气象灾害的影响，就会引起比较严重的减产。此外，河北省大部、山东西北部及河南东北部地区也是产量变异系数比较大的地区，对灾害反应也比较敏感。北京市、山东省中部及东部沿海地区、河南省西部及南部地区灾年产量变异系数较小。这些地区虽然也会有气象灾害发生，但是产量的起伏程度不大，能够在面对气象灾害时保持相对稳定的产量，相对来说对灾害的反应不敏感。

图 3.20 展示了区域农业经济发展水平系数的空间分布状况。低值区集中在环渤海地区，河北省东部的黄骅、泊头等地，河南省西部的卢氏和南部的固始等地。从土壤条件来看，由于滨海地区土壤盐碱化严重，而河南的山区土壤比较贫瘠，因而冬小麦产量一直较低，导致这些地区农业经济发展水平较低，农业系统从灾害中的恢复能力较差。北京市，河北省的石家庄，山东省的淄博、兖州、青岛等地以及河南省北部的新乡地区是冬小麦的高产区，这主要得益于其特殊的地理位置，这些地区多位于山前平原地区，由河流冲击而成，土层深厚、土壤质地适宜农耕，光照资源丰富，水分条件适宜，所以农业经济发展水平较高，具有较好的恢复能力，有效地减轻了农业气象灾害造成的产量损失。

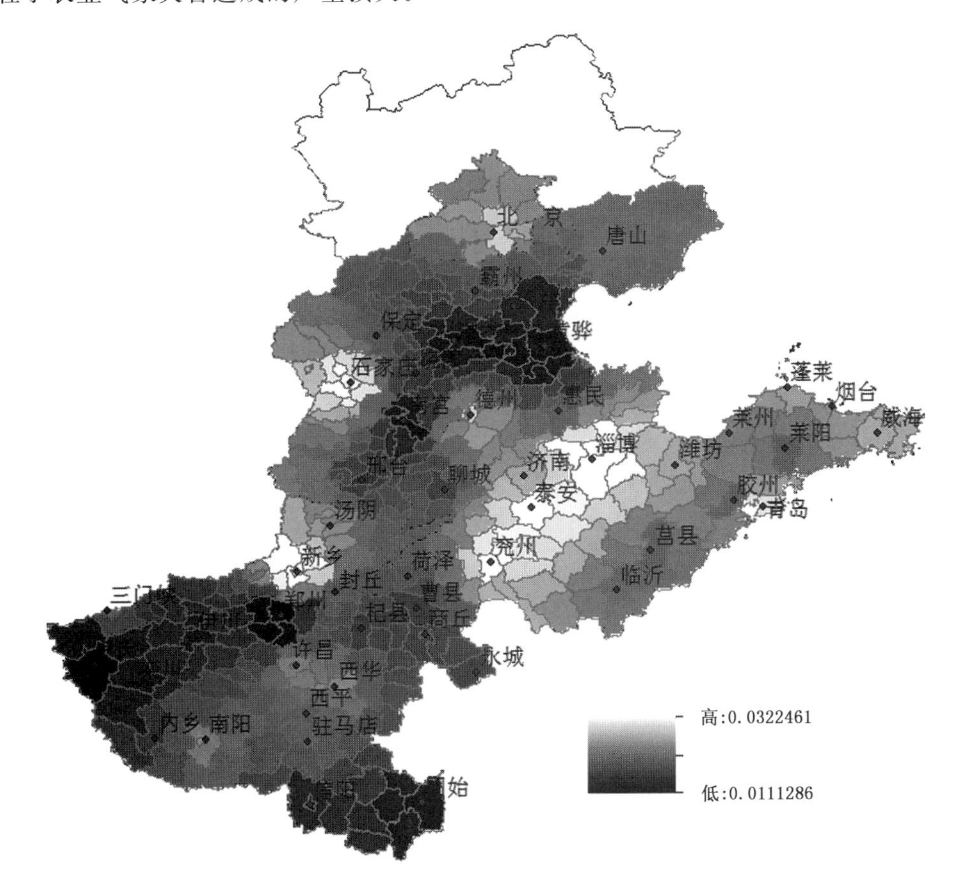

图 3.20　华北地区各县农业经济发展水平系数分布

华北地区冬小麦生育期间，自然降水较少，无法满足冬小麦正常生长所需的最低水量，因此灌溉现象是普遍存在的。一般地，如果干旱不是发生于水分关键期内，通过灌溉补充水分可以进行有效地补偿，从而增强作物的适应性。在干热风发生的中后期适时浇水也可以减轻干热风对小麦的危害，延长灌浆时间(郑大玮 等，2013)。图 3.21 展示了华北地区耕地灌溉面积比例的空间分布。山东省南部的临沂、莒县是灌溉比例最低的地区，灌溉面积占耕地面积的比例仅为 50%左右，一旦发生严重的气象灾害，由于灌溉能力不足，区域农业抵御不良气象条件的能力差，会造成较大的灾害损失。山东省中部及东部、河南省中部及西部的灌溉面积比例也较低，因此防灾减灾能力较差。天津、河北、山东西北部、河南东北部灌溉比例较高，因此可以在发生灾害时及时进行补救，提高作物对环境胁迫的抵抗能力。灌溉比例越高的地区，防灾减灾能力越强，能够及时通过灌溉补水来调节农业小气候条件，缓解农业气象灾害对作物的胁迫，使冬小麦的脆弱性降低。

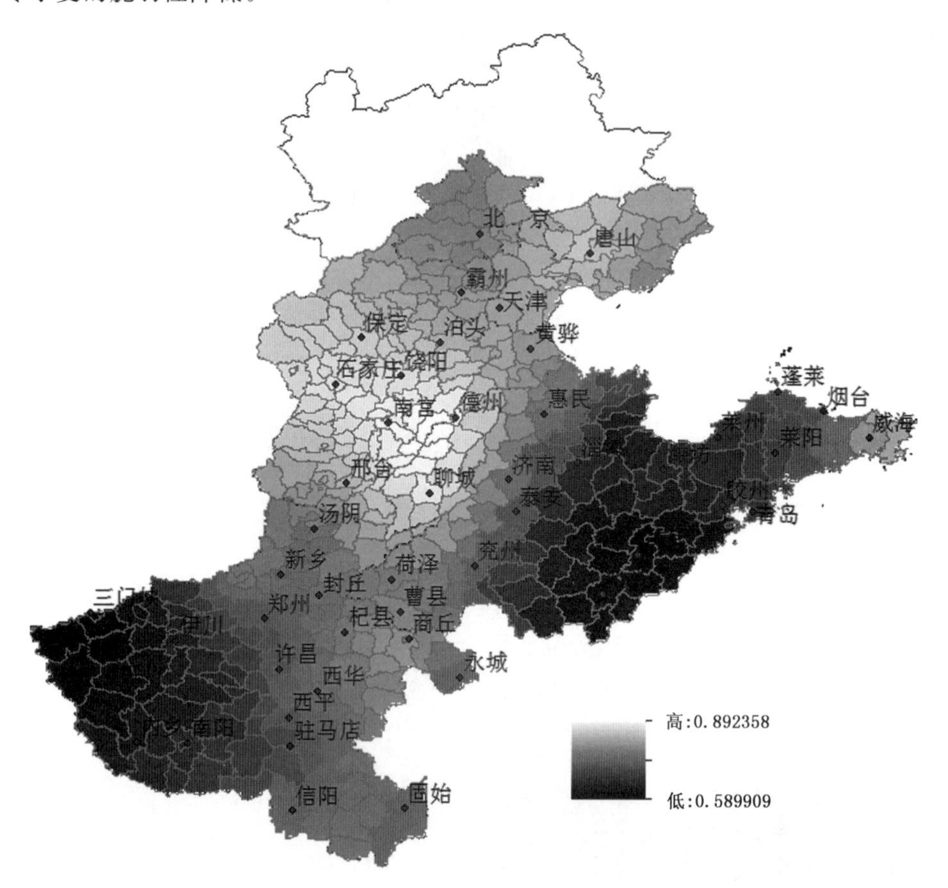

图 3.21 华北地区各县耕地灌溉面积比例

将冬小麦应对气象灾害的敏感性、适应性及区域防灾减灾能力聚合在一起，形成全面、综合的脆弱性评价模型。模型输出的指标大小即反映了区域脆弱性程度的高低(见图 3.22，彩图 3.22)。冬小麦脆弱性的连片性较好，天津市、河北省中部和东部地区、山东省南部、河南省西部地区脆弱性较高，而山东西部和南部沿海地区、河南省西南部地区脆弱性程度较低。这是因为邻近地区种植的冬小麦品种以及耕作管理制度比较相似，冬小麦种植业在长期生产实践中形成了对气象条件的适应性。同时，在脆弱性较高的地区，零星分布着一些脆弱性极高的区域，如：河北省的黄骅、泊头，主要是受当地农业经济发展状况的影响，种植业水平较低，导致脆弱性程度高；山东省的临沂、莒县，由于耕地灌溉比例低，因此抵抗灾害的能力较差，脆弱性程度高；而河南省西部的三门峡、卢氏，既受当地农业经济发展水平限制，又得不到充足的灌溉，导致该地区的脆弱性程度也很高。

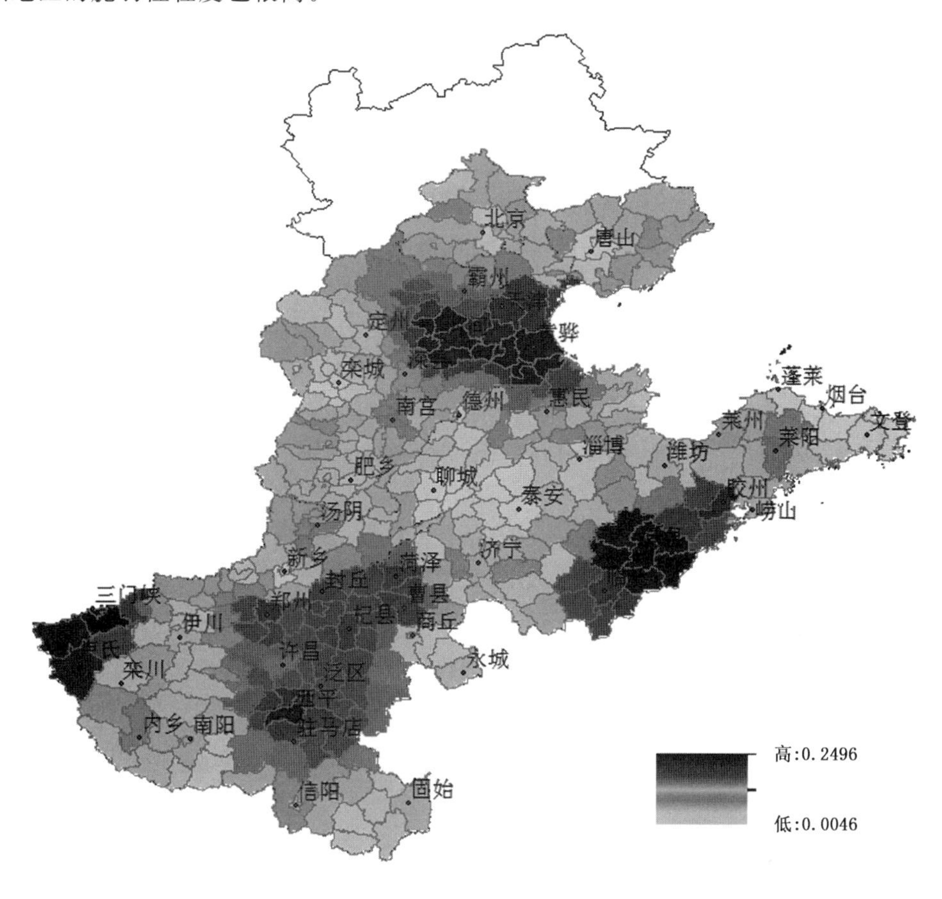

图 3.22　华北地区冬小麦脆弱性分布

3.3.4　暴露性评价模型构建与评价

3.3.4.1　暴露性评价模型构建

华北地区冬小麦是农业气象灾害的直接承灾体，种植业生产对灾害性天气的高度暴露性仍然无法得到改善。冬小麦的种植比例能够较好地反映农业承灾体价值密度大小。本章选用中等分辨率卫星影像数据 MODIS（Moderate-Resolution Imaging Spectroradiometer）进行华北地区各县市区冬小麦种植面积的反演（John C Price，2003）。遥感数据来源于 MODIS 数据增强型植被指数 *EVI* 产品。MODIS 数据具有较高的光谱分辨率，共有 36 个波段，从 0.4～14 μm 覆盖全部光谱，光谱范围较宽。同时 MODIS 也具有很高的时间分辨率，卫星可每日过境，便于冬小麦生育期内的动态观测（林文鹏 等，2008）。MODIS 的空间分辨率可以达到 250 m，基本能够满足冬小麦、玉米、棉花等大范围种植的作物面积及长势反演的精度需求。据统计，各县冬小麦种植面积的年际差异不大，因此本章利用 2009 年 9 月—2010 年 7 月冬小麦生育期内每日覆盖华北地区全部冬小麦区的 MODIS 数据计算 *EVI* 值。增强型植被指数 *EVI*（Enhanced Vegetation Index）能够同时校正大气和土壤背景对植被信息的影响（王长耀 等，

2005)。EVI 的计算公式为：

$$EVI = G \times (\rho_{Nir} - \rho_{Red})/(\rho_{Nir} + C_1 \times \rho_{Red} - C_2 \times \rho_{Blue} + L) \tag{3.38}$$

式中，G 为常数，取值 2.5；$L=1$，为土壤调节参数；$C_1=6$，为大气修正红光校正参数；$C_2=7.5$ 为大气修正蓝光校正参数；ρ_{Nir} 为近红外波段反射率；ρ_{Red} 为红色波段反射率；ρ_{Blue} 为蓝色波段反射率。

将 EVI 值进行 8 d 合成，将其与冬小麦主要发育期相对照，基于冬小麦不同发育期 EVI 值的差异，针对不同地区选择不同的模型进行冬小麦种植面积的提取。然后将 MODIS 影像数据反演所得的各区县种植面积与统计数据进行精度检验(赵庚星 等，2001)，以保证结果的可靠性。统计数据来源于中国种植业信息网——农作物县级数据库。

但是，冬小麦生育期间同时有其他作物及林木生长，遥感影像存在大量混合像元，在利用地物光谱性质进行遥感提取时会出现“同物异谱”或“异物同谱”的现象(闫峰 等，2009)，影响提取精度，因此需要尽量利用冬小麦生长过程中光谱曲线的变化特点将其与其他地物区分开来。华北地区冬小麦一般在当年 9 月下旬—10 月上旬播种，次年 5 月下旬—6 月上旬收获，发育期主要受纬度影响，南北差异较大。冬小麦从播种到苗期覆盖率低，EVI 值也很小；分蘖后，EVI 值增大，此时与背景地物的季相差异较大；进入返青期以后，由于地面其他作物还未播种或刚播种，植被指数很低，因此冬小麦有较强的影像特征；拔节期冬小麦植被指数随时间迅速增大；到抽穗开花期，叶面积达到最大，此时 EVI 也达到最大值；此后随着冬小麦的生长，叶面积指数逐渐减小，至冬小麦成熟收获后，遥感影像主要反映土壤背景信息，EVI 指数值很低。因此，可以利用冬小麦物候期内 EVI 植被指数的变化特征将它与其他地物相区分，得到比较精确的面积提取模型。鉴于华北地区南北纬度跨度较大，采用分区提取的方法能够得到更为准确的结果(黄青 等，2012)，所以将华北地区分为两个区域分别进行提取。南部区域主要是河南省种植区，北部区域包括山东省、河北省、北京、天津四省市。由于各地区物候、作物品种、长势存在差异，各物候期 EVI 的阈值很难选择，但是冬小麦生长发育过程中 EVI 的变化很明显，因此构建作物种植面积提取模型如表 3.10 所示：

表 3.10　华北地区冬小麦种植面积空间分布提取模型

区域	提取模型
北部	$EVI_{5上} > EVI_{4中}$ 且 $EVI_{5上} > EVI_{5下}$
南部	$EVI_{4下} > EVI_{4上}$ 且 $EVI_{4下} > EVI_{5下}$

注：$EVI_{5上}$ 代表 5 月上旬的像元 EVI 值，$EVI_{4中}$ 代表 4 月中旬的 EVI 值，其他以此类推。

基于以上提取模型获得的冬小麦种植面积分布图，按照行政区县范围进行面积统计，即用区县范围内的像元个数乘以像元面积(250 m×250 m)。将冬小麦种植面积的模型提取数据与统计数据进行线性相关分析(见图 3.23)，直线斜率为 1.011，相关系数达到 0.824，且通过了 0.01 的显著性水平检验，二者的平均相对误差为 8%，说明利用 MODIS 的 EVI 数据提取的冬小麦种植面积信息精度比较理想。

将华北各区县冬小麦种植面积的空间分布用 ArcMap 展示出来，即可以得到对种植区域的直观认识(见图 3.24)。华北地区冬小麦种植面积最大的区域位于华北中部，主要包括河南省西南部、中部及东北部，山东省中部、南部及西北部地区。这些地区地势平坦、土壤肥沃、距海较近，气候条件比较适宜冬小麦生长，因此冬小麦得以大面积种植。河南省西部是山地，海

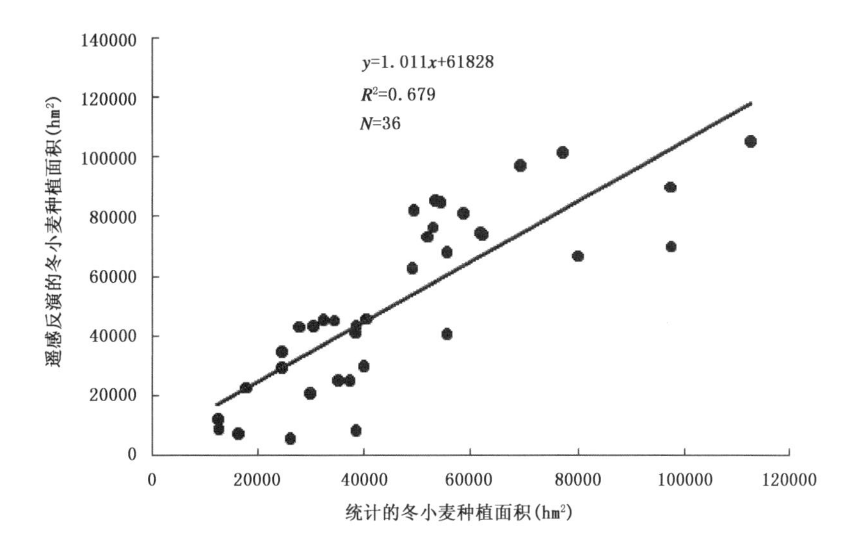

图 3.23　冬小麦遥感反演面积与实际种植面积相关性

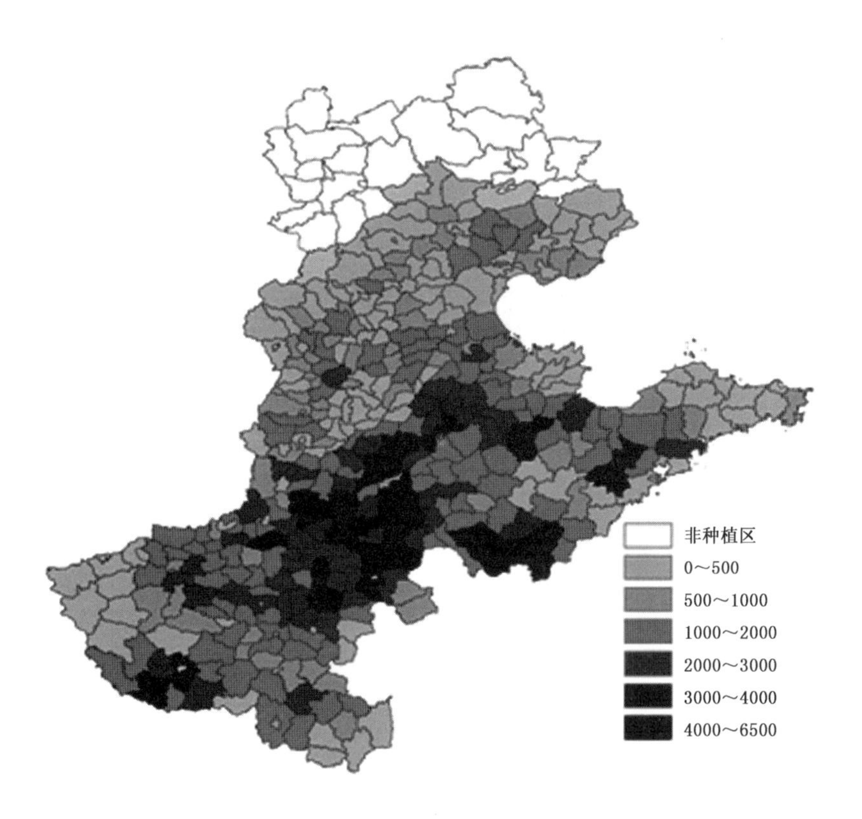

图 3.24　基于 MODIS 的冬小麦遥感反演面积(hm^2)

拔较高,气候条件不适宜冬小麦种植;山东省中部及东部多丘陵山地,由于地形原因导致无法大面积种植冬小麦;河北西部为太行山脉,海拔较高,有效积温不足,河北北部地区由于纬度较高,也不利于冬小麦的种植。河北省冬小麦种植区多分布在中部的保定、石家庄、邯郸、沧州等市。天津市有较大面积的冬小麦种植区,而北京市种植面积较小。

3.3.4.2　暴露性评价

承灾体的价值密度越高，灾害发生时造成的产量损失越大，灾害风险也就越大。采用华北地区各县冬小麦种植面积与行政面积之比作为暴露性的评价指标，比值越大，说明该县的承灾体暴露性越大。由图 3.25(彩图 3.25)看出，河南东北部、山东南部和西北部以及河北南部太行山东侧地区冬小麦的种植比例较高，河南与山东交界处部分县种植比例达到 80%以上，因此这些县面对相当高的农业气象灾害风险。北京市、天津市、河北省北部和西部、山东省中部和东部以及河南省西部和南部冬小麦种植比例较低，暴露于气象灾害条件下的冬小麦较少，即使出现不利气象条件，也不会造成重大减产。

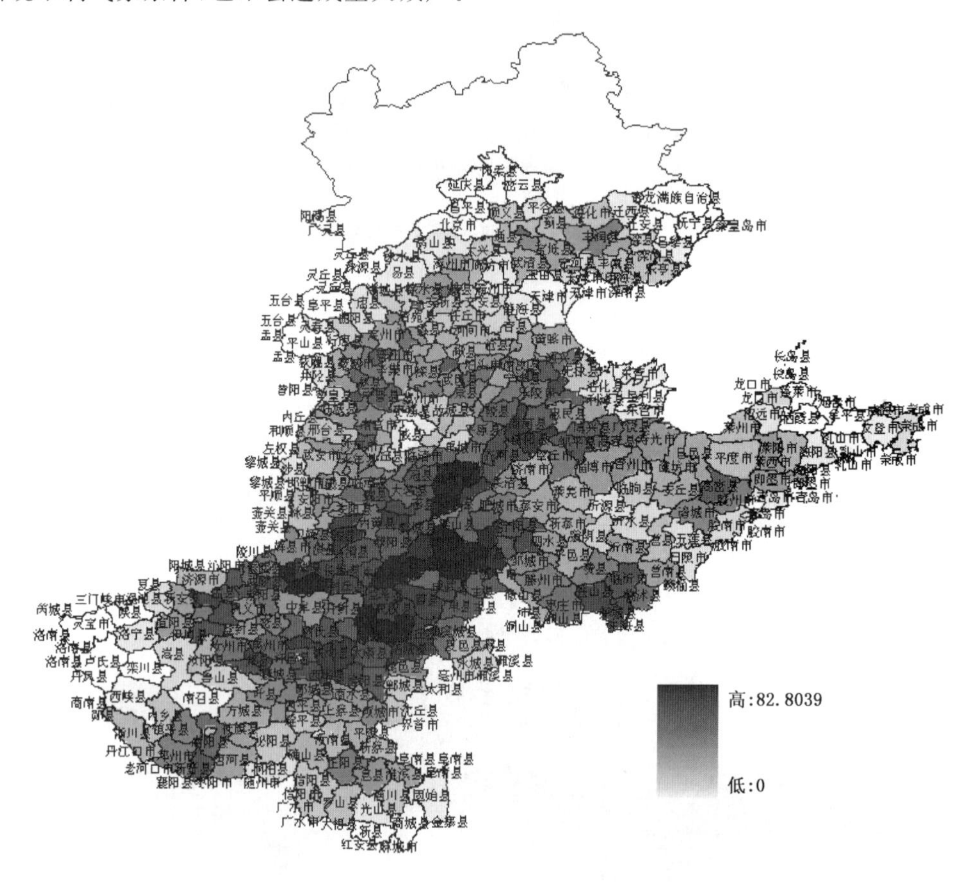

图 3.25　华北地区各县冬小麦暴露性分布(%)

3.4　华北地区冬小麦主要气象灾害风险区划

3.4.1　华北地区冬小麦主要气象灾害风险评价

根据华北地区冬小麦主要气象灾害风险形成机制，在综合分析风险的危险性、脆弱性和暴露性的基础上，建立起冬小麦全生育期的风险评价模型。各评价因子的权重通过熵权法确定，列于表 3.11。

表 3.11 各风险评价因子权重值

评价因子	危险性	脆弱性	暴露性
权重	0.3272	0.3612	0.3116

由此可见，脆弱性指数权重达 0.3612，是对华北地区冬小麦气象灾害风险贡献最大的评价因子。我国农业的特点是精耕细作，因此人为的干预和管理对冬小麦单产的形成具有重要影响，如在灾害多发区选择抗逆性强的品种，或者采取适当的耕作管理措施以改善农田小气候等方式对于降低作物脆弱性，提高作物对逆境的适应能力具有重要作用。适时适量地灌溉对于防御干旱和干热风有很好的效果，区域防灾减灾能力的高低直接影响着作物的产量水平。农业气象致灾因子的危险性权重为 0.3272，对风险的贡献也比较大。致灾因子的强度越高，频率越强，冬小麦面临的风险也就越大。承灾体暴露性权重为 0.3116，对风险的贡献不可轻视。冬小麦种植比例越大的县面临的灾害风险也会越大。

图 3.26 清晰地反映了华北地区冬小麦生育期的气象灾害综合风险指数分布情况。风险指数的空间分布有两个高值中心。其中一个中心位于冀、鲁、豫交汇处，包括菏泽、杞县、封丘等地，风险值达到 0.60 以上，气象灾害风险非常高。由以上的分析来看，虽然这个地区的危险性不是最高值区，但是该地区冬小麦种植比例非常高，均达到 80％以上，而且灌溉水平较低，灌溉面积比例在 75％左右，导致该地区的风险指数最高。另一个高值中心位于河北省泊头、

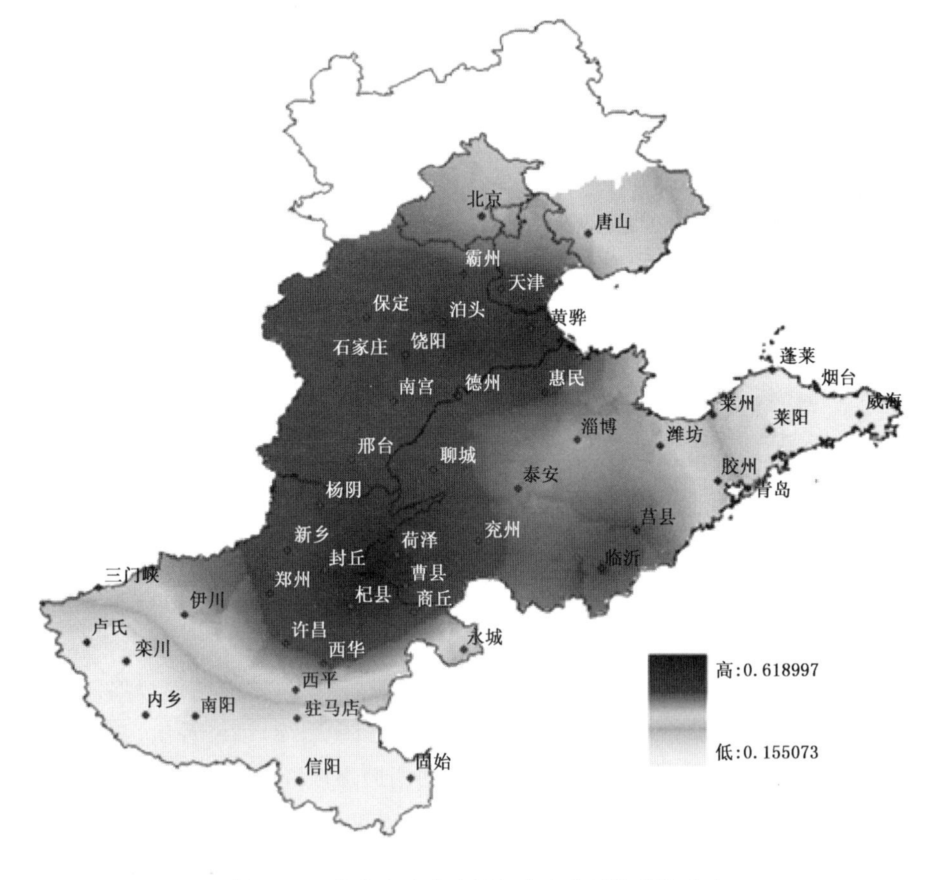

图 3.26 华北冬小麦主要气象灾害风险指数分布

黄骅等地，这个地区处于危险性的高值区内，且农业发展水平不高，对灾害的抵抗力差，冬小麦的脆弱性较强，因此气象灾害风险较高，但是该地区冬小麦种植比例较低，所以其综合风险要低于第一个高值中心。天津市、河北省除唐山外的全部地区、山东省中西部及河南省东北部风险指数比较高，说明这些地区冬小麦生育期间受气象灾害影响较重。山东东部及河南西部和南部地区气象灾害风险很低，这是因为这些地区气象致灾因子的危险性本来就很低，而且冬小麦的种植比例普遍不高，再加上具备较强的抵抗灾害风险的能力，使得这些区域的气象灾害风险指数均在 0.20 以下，气象灾害风险非常低，冬小麦产量受气象条件的影响的较小。值得注意的是，这些地区仍然存在因灾减产的可能性。

通过将华北地区 48 个代表站点的综合风险指数与产量变异系数进行相关分析，可以验证构建的综合风险模型的效果。气象灾害综合风险是气象灾害造成农业作物减产的可能性大小，而产量变异系数可以反映某地农业生产受到干扰时产量偏离其平均值的程度。二者相关性越高，线性趋势线拟合效果越好，说明构建的综合风险评价模型越符合实际情况。由图 3.27 可以看出，综合风险指数与产量变异系数呈现非常好的相关性，相关系数达到 0.6441，通过了 0.01 显著性水平检验。因此，构建的综合风险评价模型的拟合效果较好，能够真实地反映实际生产中的综合气象灾害风险，具有现实的指导意义。

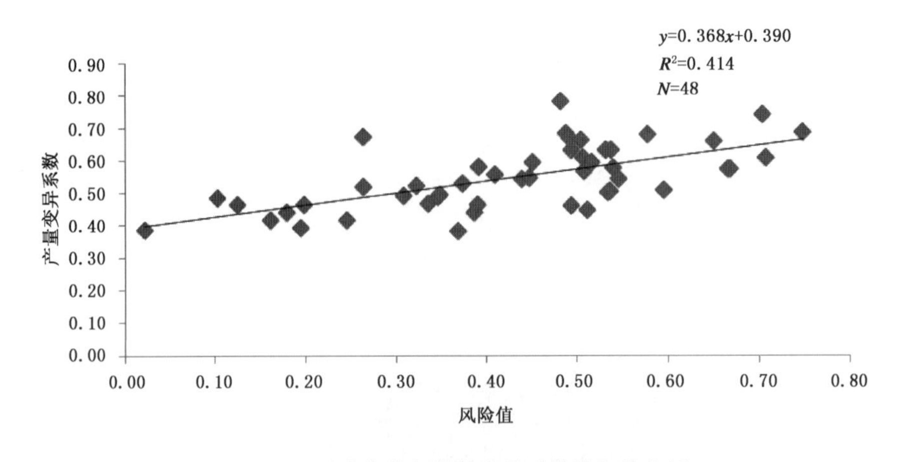

图 3.27 风险指数与产量变异系数的相关分析

3.4.2 华北地区冬小麦主要气象灾害风险区划

基于 GIS 默认的 Natural Breaks 分类方法，以县为研究单元，将华北地区冬小麦气象灾害风险划分为五类(见表 3.12)。这种分类方法的优点是使类别之间差异明显，而类别内部差异最小。

根据表 3.12 给出的分区标准，通过 GIS 的空间分析功能，将研究站点数据插值到整个华北地区，即可以得到各县的综合风险等级。由图 3.28(彩图 3.28)可以看出，相同风险等级的地区呈现较好的连片性。华北中部地区风险最高，向四周逐渐降低。其中三省交界处的封丘、杞县、菏泽、安阳、邯郸地区气象灾害风险最高，产量受气象条件的影响最大。这些地区虽然不是气象致灾因子危险性最高的地区，但是冬小麦的种植比例很高，而且冬小麦的脆弱性较强，因此，该地区的防范重点是提高农业经济的发展水平，如选育抗性强的品种、加强农田水利设

表 3.12　华北地区冬小麦主要气象灾害风险区划等级

风险等级	RI
低风险区	$RI \leqslant 0.28$
较低风险区	$0.28 < RI \leqslant 0.39$
中等风险区	$0.39 < RI \leqslant 0.47$
较高风险区	$0.47 < RI \leqslant 0.53$
高风险区	$RI > 0.53$

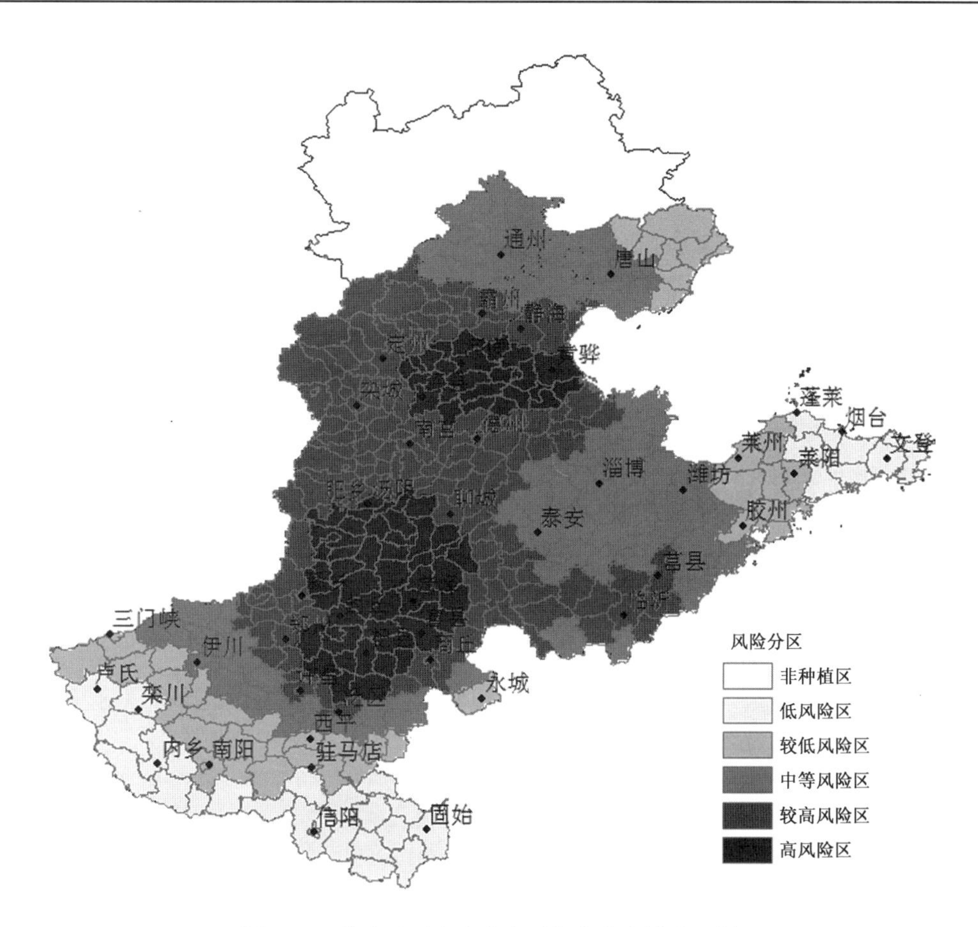

图 3.28　华北地区冬小麦主要气象灾害风险区划

施建设、提高耕作管理水平等方法，提高农业系统的对不利气象条件的抵抗力，保证粮食稳产增收。河北省黄骅、河间是气象灾害风险次高的区域，结合该地区风险三要素的特点，该区的高风险主要是由于其高危险性和高度脆弱性导致的，因此该区的防御重点是改进农业的种植方式，加强农田管理措施，以降低其脆弱性程度；对于不适宜冬小麦种植的滨海地区，可以适当调整当地农业结构。其次，天津市、河北省大部分地区、山东省西部和南部及河南东北部地区风险指数也较高，这主要是由于当地的气象致灾因子危险性很高，而且冬小麦的种植比例也很高，因此，这些地区应当加强灾害的监测和预警体系的建设，增强对灾害的防御能力。中等风险区包括北京、山东中部及河南东北部分地区，其风险来源主要是致灾因子的危险性与承灾体的暴露性较大，但是脆弱性较低，因此降低了灾害风险，所以这些地区也应当加强气象灾害的预警体系建设。除此以外，河南省中部和南部的大部分地区、山东省东部地区气象灾害综合风险指数普遍较低，因气象灾害造成的减产相对较低，但是仍然存在因灾减产的可能性，因此对这些地区也应当结合当地主要的风险影响因子开展风险管理工作。

本风险评价模型与实际情况吻合效果较好，说明评价指标的选取和模型构建方法都比较合理，可以为华北各地区农业气象灾害风险管理提供参考。各地区可以针对本地的实际情况采取相应措施，变灾后补救为灾前防御，实现防灾减灾关口前移，尽量减少灾害损失。与此同时，本研究的结果仍存在一定的局限性。影响华北冬小麦的农业气象灾害有很多种，除本章研究的干旱与干热风灾害外，越冬冻害、晚霜冻、连阴雨、冰雹等灾害也会造成较为严重的产量损失，为了进一步完善灾害风险模型，在以后的研究中可以逐步将多种农业气象灾害引入构建的模型中，并且适当调整模型参数，进一步提高模型与真实情况的相关程度。此外，对模型的构建方法和权重的确定方案也可以改进。文中危险性权重系数的确定方法是将灾害等级与产量挂钩，通过产量的损失程度衡量灾害的危险性。但是实际产量受到许多外界因素的共同干扰，而且产量的分离方法也存在一定的不确定性。在以后的研究工作中，应当将不同类型气象灾害造成的产量损失作为研究的重点，比如可以通过田间实验的方法模拟不同气象致灾因子对作物产量的影响，利用实验数据对动态风险危险性权重进行修正使之更符合实际情况。

参考文献

北方小麦干热风协作组. 1988. 小麦干热风[M]. 北京：气象出版社.

蔡菁菁，王春乙，张继权. 2013. 东北地区不同生长阶段干旱冷害危险性评价[J]. 气象学报，**71**(5)：977-986.

成林，张志红，常军. 2011. 近 47 年来河南省冬小麦干热风灾害的变化分析[J]. 中国农业气象，**32**(3)：456-460.

陈怀亮，邓伟，张雪芬，等. 2006. 河南小麦生产农业气象灾害风险分析及区划[J]. 自然灾害学报，**15**(1)：135-143.

陈晓艺，马晓群，孙秀邦，2008. 安徽省冬小麦发育期农业干旱发生风险分析[J]. 中国农业气象，**29**(4)：472-476.

邓国，王昂生，周玉淑，等. 2002，中国省级粮食产量的风险区划研究[J]. 南京气象学院学报，**25**(3)：373-379.

黄崇福. 2012. 自然灾害风险分析与管理[M]. 北京：科学出版社：2-7，78.

黄青，李丹丹，陈仲新，等. 2012. 基于 MODIS 数据的冬小麦种植面积快速提取与长势监测[J]. 农业机械学报，**46**(7)：163-167.

黄晚华，杨晓光，李茂松，等. 2010. 基于标准化降水指数的中国南方季节性干旱近 58 年演变特征[J]. 农业工程学报，**26**(7)：50-59.

霍治国，王石立，等. 2009. 农业和生物气象灾害[M]. 北京：气象出版社.

李鹤，张平宇，程叶青. 2008. 脆弱性的概念及其评价方法[J]. 地理科学进展，**27**(2)：18-25.

李俊. 2012. 基于熵权法的粮食产量影响因素权重确定[J]. 安徽农业科学，**40**(11)：6851-6852，6854.

李伟光，易雪，侯美亭，等. 2012. 基于标准化降水蒸散指数的中国干旱趋势研究[J]. 中国生态农业学报，**20**(5)：643-649.

林文鹏，王长耀，黄敬峰，等. 2008. 基于 MODIS 数据和模糊 ARTMAP 的冬小麦遥感识别方法[J]. 农业工程学报，**24**(3)：173-178.

刘庚山，郭安红，安顺清，等. 2003. 底墒对小麦根冠生长及土壤水分利用的影响[J]. 自然灾害学报，**12**(3)：149-154.

刘玲,刘建栋,邬定荣,等.2012.气候变化背景下华北地区干热风的时空分布特征[J].科技导报,**30**(19):24-27.

刘荣花,朱自玺,方文松,等.2006.华北平原冬小麦干旱灾损风险区划[J].生态学杂志,**25**(9):1068-1072.

刘荣花,方文松,朱自玺,等.2008.黄淮平原冬小麦底墒水分布规律[J].生态学杂志,**7**(12):2105-2110.

刘晓英,林尔达.2004.气候变化对华北地区主要作物需水量的影响[J].水利学报,**2**:77-87.

卢纹岱,吴喜之.2010.SPSS统计分析[M].北京:电子工业出版社:412-422.

吕厚荃.2011.中国主要农区重大农业气象灾害演变及其影响评估[M].北京:气象出版社:**6**,**137**,255-285.

马柱国,符淙斌.2006.1951—2004年中国北方干旱化的基本事实[J].科学通报,**51**(20):2429-2439.

荣艳淑.2013.华北干旱[M].北京:中国水利水电出版社:**2**,74-84,217.

史培军.2005.四论灾害系统研究的理论与实践[J].自然灾害学报,**14**(6):1-7.

王长耀,林文鹏.2005.基于MODIS EVI的冬小麦产量遥感预测研究[J].农业工程学报,**21**(10):90-94.

王春乙,张雪芬,赵艳霞,等.2010.农业气象灾害影响评估与风险评价[M].北京:气象出版社:67-81.

王春乙,郑昌玲.2007.农业气象灾害影响评估和防御技术研究进展[J].气象研究与应用,**28**(1):1-5.

王建林,宋迎波,杨霏云,等.2007.世界主要产粮区粮食产量业务预报方法研究[M].北京:气象出版社.

王林,陈文.2012.近百年西南地区干旱的多时间尺度演变特征[J].气象科技,**2**(4):21-26.

王俊儒,李生秀.2000.不同生育时期水分有限亏损对冬小麦产量及其构成因素的影响[J].西北植物学报,**20**(2):193-200.

王静爱,商彦蕊,苏筠,等.2005.中国农业旱灾承灾体脆弱性诊断与区域可持续发展[J].北京师范大学学报(社会科学版),**3**:130-137.

王志强,方伟华,史培军,等.2010.基于自然脆弱性的中国典型小麦旱灾风险评价[J].干旱区研究,**27**(1):6-12.

魏凤英.2007.现代气候统计诊断与预测技术[M].北京:气象出版社:63-65,103-117.

温克刚,谢璞.2005a.中国气象灾害大典·北京卷[M].北京:气象出版社.

温克刚,王宗信.2008a.中国气象灾害大典·天津卷[M].北京:气象出版社.

温克刚,庞天荷.2005b.中国气象灾害大典·河南卷[M].北京:气象出版社.

温克刚,臧建升.2008b.中国气象灾害大典·河北卷[M].北京:气象出版社.

温克刚,王建国,孙典卿.2006.中国气象灾害大典·山东卷[M].北京:气象出版社.

吴东丽,王春乙,薛红喜,等.2011.华北地区冬小麦干旱风险区划[J].生态学报,**31**(3):0760-0769.

薛昌颖,霍治国,李世奎,等.2003.华北北部冬小麦干旱和产量灾损的风险评估[J].自然灾害学报,**12**(1):131-139.

熊光洁,王式功,尚可政,等.2013.中国西南地区近50年夏季降水的气候特征[J].兰州大学学报,**48**(4):46-52.

阎莉,张继权,王春乙.2012.辽西北玉米干旱脆弱性评价模型构建与区划[J].中国生态农业学报,**20**(6):788-794.

杨艺,周继良,吴明作,等.2008.河南省各地区主要作物生态需水研究[J].河南科学,**26**(6):676-680.

杨秋珍,徐明,李军.2010.气象致灾因子危险度诊断方法的探讨[J].气象学报,**68**(2):277-284.

闫峰,王艳姣,武建军,等.2009.基于T_s-EVI时间序列谱的冬小麦面积提取[J].农业工程学报,**25**(4):135-140.

袁文平,周广胜.2004.标准化降水指数与Z指数在我国应用的对比分析[J].植物生态学,**28**(4):523-529.

郑大玮,李茂松,霍治国,2013.农业灾害与减灾对策[M].中国农业大学出版社.

赵庚星,天文新,张银辉,等.2001.垦利县冬小麦面积的卫星遥感与分布动态监测技术[J].农业工程学报,**17**(4):135-139.

赵林,武建军,吕爱锋,等.2011.黄淮海平原及其附近地区干旱时空动态格局分析——基于标准化降雨指数[J].资源科学,**33**(3):468-476.

张建平,赵艳霞,王春乙,等.2012.不同发育期干旱对冬小麦灌浆和产量影响的模拟[J].中国生态农业学报,**20**(9):1158-1165.

张继权,李宁.2007.主要气象灾害风险评价与管理的数量化方法及其应用[M].北京:北京师范大学出版社:84-85.

张继权,冈田宪夫,多多纳裕一.2006.综合自然灾害风险管理——全面整合的模式与中国的战略选择[J].自然灾害学报,**15**(1):29-37.

张文宗,赵春雷,康西言,等.2009.河北省冬小麦旱灾风险评估和区划方法研究[J].干旱地区农业研究,**27**(2):10-16.

郑振镛,徐金芳,黄蕾诺,等.2009.我国冬小麦干热风危害特征研究[J].中国农业科学,**37**(20):9575-9577.

中华人民共和国气象行业标准 QX/T82—2007,小麦干热风灾害等级[S].北京:气象出版社.

中华人民共和国气象行业标准 QX/T81—2007,小麦干旱灾害等级[S].北京:气象出版社.

钟秀丽,王道龙,李玉中,等.2007.黄淮麦区小麦拔节后霜害的风险评估[J].应用气象学报,**18**(1):102-107.

朱自玺,刘荣花,方文松,等.2003.华北地区冬小麦干旱评估指标研究[J].自然灾害学报,**12**(1):145-150.

Andrea Di Nicola, Andrew McCallister. 2006. Existing Experiences of risk Assessment[J]. *Eur J CRIm Policy Res*, **12**:179-187.

Allen R G, Pereira L S, Aes D, et al. 1998. Crop evapotranspiration: guidelines for computing crop water requirements. FAO Irrigation and Drainage Paper 56, Rome.

Dai Aiguo, Trenberth Kevin E, Qian Taotao. 2004. A global dataset of palmer drought seveRIty index for 1870—2002: relationship with soil moisture and effect of surface warming[J]. *American meteorological society*, **5**(6):1117-1130.

Evan D G Fraser, Elisabeth Simelton, Mette Termansen, et al. 2012. Vulnerability hotpots: Integrating socio-economic and hydrological models to identify where cereal production may decline in the future due to climate change induced drought[J]. *Agricultural and Forest Meteorology*, **170**:195-205.

IPCC. 2007. Climate change 2007: the physical science basis, summary for policy makers. IPCC WGI Fourth Report, PaRIs.

John C Price. 2003. CompaRIng MODIS and ETM+ data for regional and global land classification[J]. *Remote sensing of Environment*, **86**(4):491-499.

Michael Tarrant. 2002. Disaster Risk Management, Regional Workshop on Total Disaster Risk Management.

Philip Antwi-Agyei, Evan D G Fraser, Andrew J Dougill, et al. 2012. Mapping the vulnerability of crop production to drought in Ghana using rainfall, yield and socioeconomic data[J]. *Applied Geography*, **32**(32):324-334.

RIchard R. Heim Jr. 2002. A review of twentieth-century drought indices used in the United States[J]. *American meteorological society*, **83**(8):1149-1165

Thornthwait C W. 1948. An approach toward a rational classification of climate[J]. *Geographical Review*, **38**(1):55-94.

Vicente-Serrano Sergio M, Santiago Beguería, Juan I López-Moreno. 2010. A multiscalar drought index sensitive to global warming: The standardized precipitation evapotranspiration index[J]. *Journal of climate*, **23**(7):1696-1718.

William M Alley. 1984. The Palmer drought severity index: limitations and assumptions[J]. *Journal of climate and applied meteorology*, **23**(7):1100-1109.

第4章　长江中下游地区早稻综合农业气象灾害风险评估与区划

长江中下游地区是我国最大的水稻产区之一，是双季早稻的主要种植区。该区位于24°～35°N，生长季在4—9月，主要受中高纬度大气环流和西太平洋副热带高压等天气系统的控制。这样的环境导致水稻经常受到低温冷害、高温热害、连阴雨、寒露风、干旱和洪涝等农业气象灾害影响，造成严重的经济损失(全国农业气象灾害库；高素华 等，2009)。由于气候变暖极端天气事件增加，低温冷害和高温热害成为影响水稻产量的主要农业气象灾害。研究长江中下游地区双季早稻冷害、热害风险对于当地风险的管理和规避具有重要意义。然而，目前的研究成果尚不能对长江中下游地区双季早稻冷害、热害风险形成整体认识(王冬妮 等，2013；王志春 等，2013；陆魁东 等，2011；陈升孛 等，2013；刘伟昌 等，2009)。从灾害角度来看，长江中下游地区双季早稻冷害、热害并未形成区域统一的灾害判别标准(田俊 等，2013；潘敖大 等，2010)，而且灾害的定量化方法(李祎君 等，2007；那家凤，1998；王艳玲 等，2011；张方方 等，2009)仍在探索。从风险评价角度来看，目前风险评价研究正朝着综合化、动态化和定量化的方向发展(高晓容 等，2014a，2014b；王春乙 等，2015a，2015b)但风险评价模型尚未达成共识。

因此，根据长江中下游地区双季早稻的生长特性，制订出区域统一的冷害、热害判别标准并合理量化灾害强度很有必要。针对早稻不同发育期制订区域一致的灾害判别标准，具体判断各个发育期的受灾情况；借鉴有害积温的计算方法构建灾害指标反映冷害、热害发生强度，便于年际之间、站点之间灾害比较。在确立灾害指标的基础上，研究长江中下游地区双季早稻冷害、热害的时空分布特征，分析研究区风险。第二，分别为危险性、脆弱性、暴露性和防灾减灾能力四个因子选择合理的评价指标或评价模型进行评价分析。用上述四因子的乘法模型构建综合风险评价模型，为研究区进行风险区划，指导当地农业气象灾害风险管理提供科学依据。

4.1　数据处理与研究方法

4.1.1　数据处理

本章以双季早稻为研究对象，以长江中下游早稻种植区为研究范围(见图4.1)，主要包括湖北部分地区、湖南大部分地区、江西和浙江四省。研究数据包括气象数据、农业气象资料、气象灾害统计资料、社会经济统计资料和地理信息资料五大类。

气象数据是指48个气象站(其中湖北6站，湖南17站，江西14站，浙江11站)1961—2012年逐日最高气温、最低气温和日平均气温资料。统计1961—2012年在研究区内双季早稻生长季日平均气温、日最低气温、日最高气温值。根据平均发育期，结合灾害判别指标，筛选历年灾害发生日期。统计各站点灾害指标值、单年发生灾害站数和单站发生灾害年数。

农业气象资料是指上述相同站点的 1981—2010 年双季早稻播种、出苗、三叶、移栽、返青、分蘖、拔节、孕穗、抽穗、乳熟、成熟期(普遍期)资料、单位面积产量资料、以及研究范围内各县级行政单位的单产和播种面积资料。针对 1981—2010 年双季早稻发育期观测资料,求取历年平均值作为该站的平均发育期。以平均拔节期为界,将各站双季早稻生长季划分为生长前期和生长后期两个阶段。生长前期以营养生长为主,主要灾害为低温冷害;生长后期以生殖生长为主,主要灾害为低温冷害和高温热害。整理各个站点的单产资料,利用 H-P 滤波方法(梁仕莹 等,2008),计算出各站点历年减产率。利用得到的早稻不同发育期低温和高温的发生情况,将灾害的发生强度与该年的减产率情况相对应,计算出不同灾害等级下的平均减产率。

气象灾害统计资料采用《中国气象灾害大典:湖南卷》《中国气象灾害大典:湖北卷》《中国气象灾害大典:江西卷》《中国气象灾害大典:浙江卷》(温克刚 等,2005,2007,2006a,2006b)中记载的灾害年资料,用来做指标验证。

社会经济统计资料采用湖北、湖南、江西、浙江四省 2010 年统计年鉴(湖北省统计局,2010;湖南省统计局,2010;江西省统计局,2010;浙江省统计局,2010),主要用到农业机械总动力、农民人均纯收入、农用化肥施用量、年末耕地面积和农作物播种面积统计数据。整理湖南、湖北、浙江、江西四省 2010 年统计年鉴资料中的农业相关部分指标的各县级行政单位数据。

地理信息资料是长江中下游地区 1 : 4000000 地图数据集。

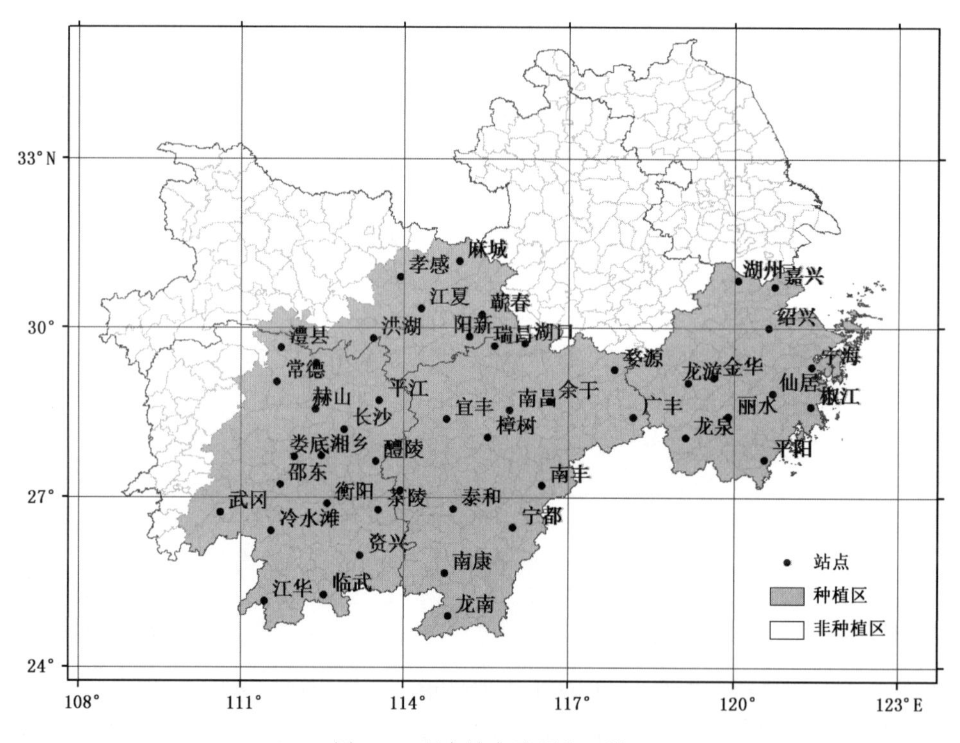

图 4.1　研究站点及研究区域

4.1.2　研究方法

本章以长江中下游地区双季早稻冷害、热害为研究对象,基于灾害风险理论,构建综合风险评价模型,并对早稻种植区进行风险评价和区划,促进研究成果指导农业生产。主要研究内容包括：

(1)为合理评价早稻在不同发育期不同冷害、热害影响下的受灾情况，构建合理、有效的灾害指标。

(2)利用灾害指标分析 1961—2012 年双季早稻生长季内长江中下游地区冷害、热害发生强度、频次的时空分布特征，对研究区行风险分析。

(3)根据风险的四要素理论，分别对危险性、脆弱性、暴露性和防灾减灾能力进行评价。然后构建综合灾害风险评价模型，对长江中下游双季早稻进行综合灾害风险评价。

(4)利用风险评价结果对长江中下游双季早稻种植区进行风险区划，为高风险地区提供降低风险的方案，促进早稻稳产、高产。

具体技术路线如图 4.2 所示。

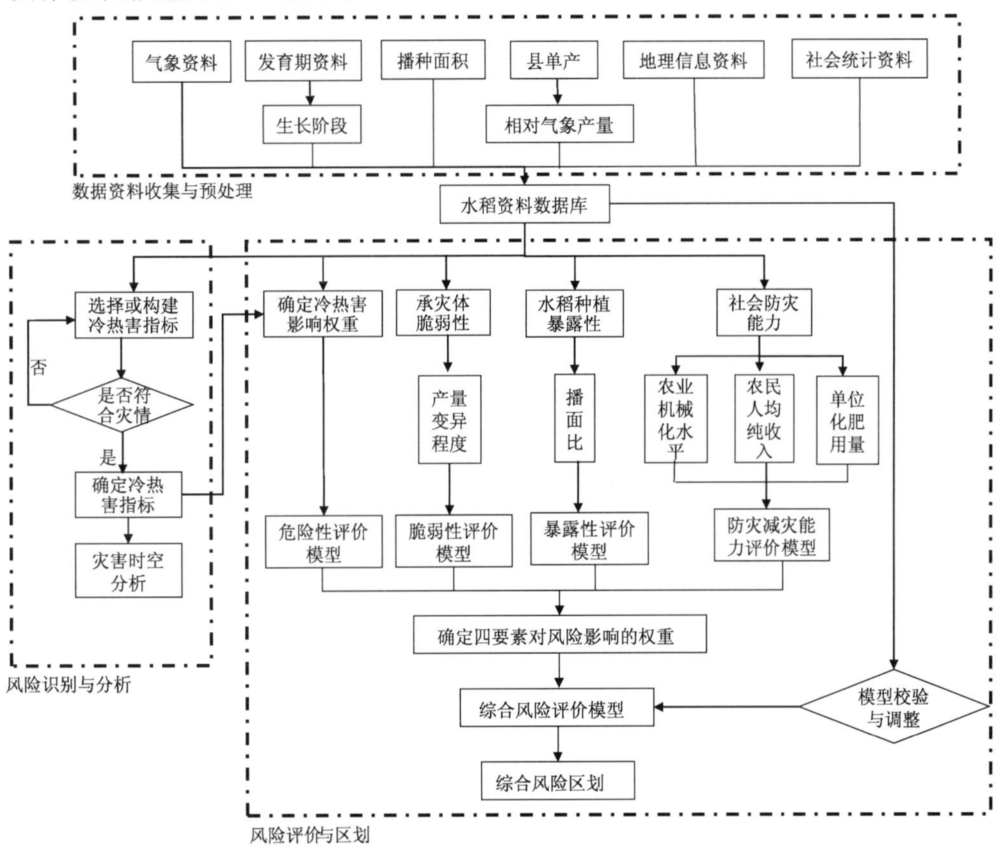

图 4.2　长江中下游地区双季早稻冷害、热害风险评价技术路线图

4.2　长江中下游地区早稻综合农业气象灾害风险识别与分析

4.2.1　冷害、热害指标的确定

冷害和热害的临界温度指标并不是一个稳定值(李民政，1982)，它受纬度、海拔、天气类型(全国杂交稻气象科研协作组，1980)、水稻的品种和熟性(韩湘玲，1991)等影响。研究区纬度

跨度不大，且区域内种植的早稻品种多为中熟或迟熟型杂交稻或籼稻，因此本章用籼型稻生长临界低温和临界高温作为长江中下游地区双季早稻冷害、热害的临界温度指标。为动态研究灾害发生情况，将早稻的生长季以拔节期为界划分为生长前期和生长后期两个时期。

4.2.1.1　灾害判别指标

结合灾害发生情况(温克刚 等，2005，2007，2006a，2006b)以及《主要农作物高温危害指标 GB/T 21985—2008》《南方水稻、油菜和柑橘低温灾害 GB/T 27959—2011》，根据发生时期、临界温度和临界发生天数制订了冷害、热害判别指标。在已有标准的基础上改进的冷害、热害判别标准(见表 4.1)既考虑发生时期，又规定了临界温度和临界发生天数。双季早稻受害临界温度指标有日最高气温 T_{max}、日最低气温 T_{min}、日平均气温 T_{avg} 可供选择。其中日平均气温能够较好地反映全天温度情况，故各时期低温冷害均采用日平均温度作为判别指标。水稻遭遇高温热害一般是日最高气温高于临界值，使花粉不育或灌浆加速，因此选用日最高气温评价高温热害受害状况。根据生长阶段的划分情况，分蘖期低温属于前期冷害，孕穗期低温和开花期低温属于后期冷害，开花期高温和灌浆期高温属于后期热害。

表 4.1　灾害判别标准

灾种	阶段	灾害名称	发生时间	临界温度(℃)	临界天数(d)
冷害	前期冷害	分蘖期低温	返青到拔节	$T_{mean}\leqslant 17$	3
	后期冷害	孕穗期低温	拔节到孕穗	$T_{mean}\leqslant 20$	3
		开花期低温	抽穗到开花	$T_{mean}\leqslant 22$	3
热害	后期热害	开花期高温	抽穗到开花	$T_{max}\geqslant 35$	3
		灌浆期高温	灌浆结实	$T_{max}\geqslant 35$	1

注：据多篇田间试验及文献(刘瑞龙 等，1986；黄淑娥 等，2012；李勇 等，2013)得到上表中临界温度与临界天数值。灌浆结实期包括灌浆、乳熟及成熟期，其他各时期均与水稻发育期对应。

开花期低温、开花期高温和灌浆期高温的判别指标是根据国家标准建立的，而分蘖期低温和孕穗期低温在国家标准中以五月低温来定义判别指标。GB/T 27959—2011《南方水稻、油菜和柑橘低温灾害》中规定五月低温是双季早稻分蘖期至幼穗分化期内连续 5 d 或以上 $T_{mean}\leqslant 20$℃。本章将五月低温更加细致地划分为分蘖期低温和孕穗期低温，并分别以 $T_{mean}\leqslant 17$℃和 $T_{mean}\leqslant 20$℃持续 3 d 以上作为灾害判别指标。因此，需对本灾害判别指标进行验证，以辨别其合理性。

从各省灾害大典中筛选出发生分蘖期低温、孕穗期低温或者五月低温的年份作为灾害发生年，分别用国家标准和本章判别指标处理 1961—2000 年的气象数据筛选出灾害年，将判别结果与灾害发生年进行对比，具体结果见表 4.2。

从对比结果来看，用国家标准判断湖南地区有 4 年未检测出灾害年，江西有 2 年未检测出灾害年；用本章指标判断湖南地区有 2 年未检测出灾害年，江西有 1 年未检测出灾害年。而且本章指标可以精确地判断某发育期是否受灾，对灾害的判断更加敏感。所以本章制订的判别指标可能更合理。

表 4.2　本研究判别指标与国标判别结果对比

区域	灾害大典记载灾害年	国家标准判断灾害年	本章判断分蘖期低温年	本章判断孕穗期低温年	国家标准未测出灾害年	本章未测出灾害年
湖北省	1975、1992、1993	1962、1968、1972、1973、1975、1977、1984、1985、1988、1990、1991、1992、1993、1996、1998、2002、2009、2011	1962、1963、1968、1975、1977、1979、1984、1987、1988、1990、1991、1998、2002、2011	1969、1972、1978、1987、1989、1990、1991、1993、1999、2002、2009、2010、2011、2012	无	无
浙江省	1973、1981、2000	1961、1966、1969、1973、1975、1977、1979、1980、1981、1984、1988、1989、1990、1993、2000、2006	1962、1964、1968、1971、1975、1977、1979、1980、1981、1984、1986、1987、1988、1991、1992、2010	1965、1969、1972、1973、1974、1976、1977、1981、1985、1987、2000	无	无
湖南省	1966、1973、1975、1977、1979、1981、1988、1989、1990、1991、1993、1998	1964、1966、1970、1973、1975、1977、1979、1981、1984、1990、1992、1993、2002、2009、2011	1962、1966、1968、1972、1973、1975、1977、1979、1981、1982、1984、1987、1988、1990、1991、1993、1998、2002、2011	1966、1969、1970、1978、1981、1987、2001、2009、2012	1988、1989、1991、1998	1989
江西省	1990、1993、1996	1966、1973、1984、1988、1990、1992、2002、2006	1962、1963、1964、1965、1968、1971、1977、1980、1983、1984、1986、1987、1988、1989、1990、1991、2002、2011	1969、1971、1978、1987、1993、2000、2006	1993、1996	1996

4.2.1.2　热害、冷害指标的量化

采用前文提出的早稻不同发育期低温和高温判别标准，判别1961—2012年研究区早稻各发育期是否出现灾害性天气条件。为评价灾害性天气条件发生强度，需要对低温冷害和高温热害强度进行量化分析。

(1)热害指标的量化

热积温是在发生热害的过程中，逐时气温高于热害临界温度的累积量。一日内热积温是该日每小时气温高于临界温度的积累量。

$$Ht_{日} = \int_{t_1}^{t_2} [T(t) - T_c] dt \quad (T(t) \geqslant T_c) \tag{4.1}$$

式中，$Ht_{日}$为一日热积温(℃)，T_c为不同发育期高温热害指标的临界温度(℃)，$T(t)$为t时刻的温度(℃)。

某次热害过程所形成的热积温是逐日热积温的累加。但是由于许多台站逐小时气象资料过短，故将气温的日变化简化为图4.3所示的模型，所求的逐日热积温就转化为图4.3中阴

影部分的面积。某次热害过程的热积温表示为：

$$\begin{aligned} H_{t过程} &= \int_{j=1}^{j=n}\int_{t=0}^{t=24}[T(t)_j - T_c]\mathrm{d}t\mathrm{d}j \\ &= \int_{j=1}^{j=n}\left[\frac{12(T_{\max j} - T_c)^2}{T_{\max j} - T_{\min j}}\right]\mathrm{d}j \\ &= 12\sum_{j=1}^{n}\frac{(T_{\max j} - T_c)^2}{T_{\max j} - T_{\min j}} \qquad (T(t)_j \geqslant T_c) \end{aligned} \tag{4.2}$$

式中，$Ht_{过程}$ 为某次过程热积温(℃)，$T_{\max}$ 为该次过程中第 j 日的最高温度(℃)，$T_{\min j}$ 为该次过程中第 j 日的最低温度(℃)，n 为该次热害过程的持续天数(d)，$T(t)_j$ 为高于临界温度的 t 时刻的温度值(℃)。

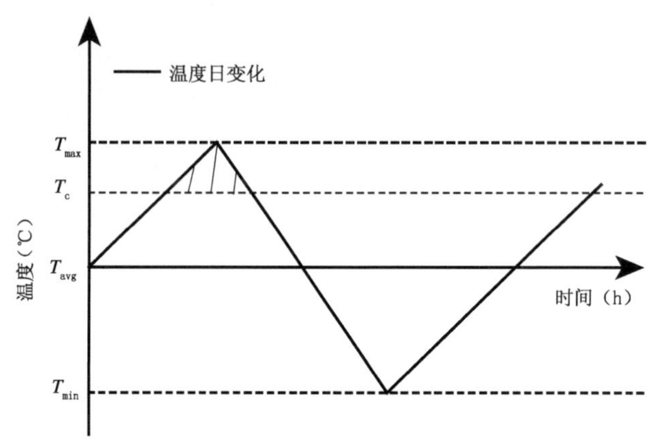

图 4.3　临界值为日最高气温的热积温计算模型

某年热害值以热积温表示为该年所有热害过程中热积温的累加之和，公式为：

$$Ht_{年} = \sum_{i=1}^{m} Ht_{过程i} \tag{4.3}$$

式中，m 为该年热害过程发生的次数，$Ht_{过程i}$ 为第 i 次过程热积温值。

分别计算出各站开花期热害值和灌浆期热害值，并对其从小到大排序，用 Fisher 最优分割法(高峰 等，2013；杨城 等，2005)将热害划分为轻度、中度、重度三级，结果见表 4.3。

表 4.3　热害等级划分

热害等级	开花期热害划分阈值	灌浆期热害划分阈值
轻度	$Ht_{年} < 15.3$	$Ht_{年} < 25.1$
中度	$15.3 \leqslant Ht_{年} < 45.3$	$25.1 \leqslant Ht_{年} < 77.7$
重度	$Ht_{年} \geqslant 45.3$	$Ht_{年} \geqslant 77.7$

(2)冷害指标的量化

冷害的判定标准采用的是日平均气温，所以过程冷积温 $Ct_{过程}$ 表示为：

$$Ct_{过程} = 24 \times \sum_{j=1}^{n}(T_c - T_j) \tag{4.4}$$

式中，T_j 为冷害过程中第 j 天日平均气温(℃)。

得到过程冷积温之后再按式(4.3)计算某年的冷害值。

对各时期冷害值从小到大进行排序，用 Fisher 最优分割法将冷害划分为一般冷害和严重冷害两级，分级结果见表 4.4。

表 4.4　冷害等级划分

冷害等级	分蘖期冷害划分阈值	孕穗期冷害划分阈值	开花期冷害划分阈值
一般冷害	$Ct_{年}<70.4$	$Ct_{年}<52.8$	$Ct_{年}<47.2$
严重冷害	$Ct_{年}\geqslant 70.4$	$Ct_{年}\geqslant 52.8$	$Ct_{年}\geqslant 47.2$

4.2.2　早稻灾害时间变化分析

根据前文提供的灾害判别方法以及灾害值的量化方法，对 1961—2012 年间研究区域内每年不同灾种发生站点数和灾害值进行分析，研究灾害的发生情况。

4.2.2.1　灾害变化趋势分析

前期冷害和后期冷害发生站点数的年际变化倾向率(Jones P D，1988)为负值，表示每年发生灾害的范围在减小，后期热害发生站点数的线性倾向率为 3.723/10 a，呈极显著上升趋势。灾害值的年际变化情况与历年灾害发生站点数的年际变化情况相似。前期冷害与后期冷害的灾害值在逐年减小，后期热害的强度逐年增加，增加趋势通过了 0.01 的显著性检验，灾害强度增大的倾向率为 180.07/10 a，具体参见表 4.5。

1961—2012 年间，前期冷害和后期冷害的发生范围和发生强度均呈下降趋势，后期热害的发生范围和强度均呈显著性上升趋势。

表 4.5　不同灾种发生站点数以及灾害值的年际变化趋势

类别	要素	前期冷害	后期冷害	后期热害
站点数	倾向率	−0.529	−0.067	3.123
	趋势系数	−0.106	−0.023	0.420***
灾害值	倾向率	−44.255	−1.582	180.070
	趋势系数	0.127	0.012	0.341**

注：* 表示通过信度 0.1 显著性水平检验，** 表示通过信度 0.01 显著性水平检验，*** 表示通过 0.001 显著性水平检验。

4.2.2.2　灾害突变分析

采用 Mann-Kendall 统计量(魏凤英，2007)分析灾害时间序列突变得到 Mann-Kendall 统计量曲线(见图 4.4)，前期冷害发生站点数在 20 世纪 80 年代有显著增加的趋势，90 年代后期开始减少；前期冷害值在 1990 年最高。后期冷害发生站点数在 60 年代和 70 年代较多，到 2000 年后冷害发生站数开始减少；后期冷害值的变化趋势与站点数的变化趋势相似，在 2000 年开始呈下降趋势。后期热害发生的站点数在 60 年代和 70 年代较少，2000 年后开始显著增加；后期冷害值与发生站点数的变化趋势相似，于 2006 年后增加显著。

同一灾种的发生站点数与灾害值的 UF 曲线的走势基本一致。前期冷害和后期冷害均在 2005 年左右开始发生突变，灾害范围减小，强度减弱；后期热害也在 2000 年左右开始发生突变，灾害强度和范围均显著增大。

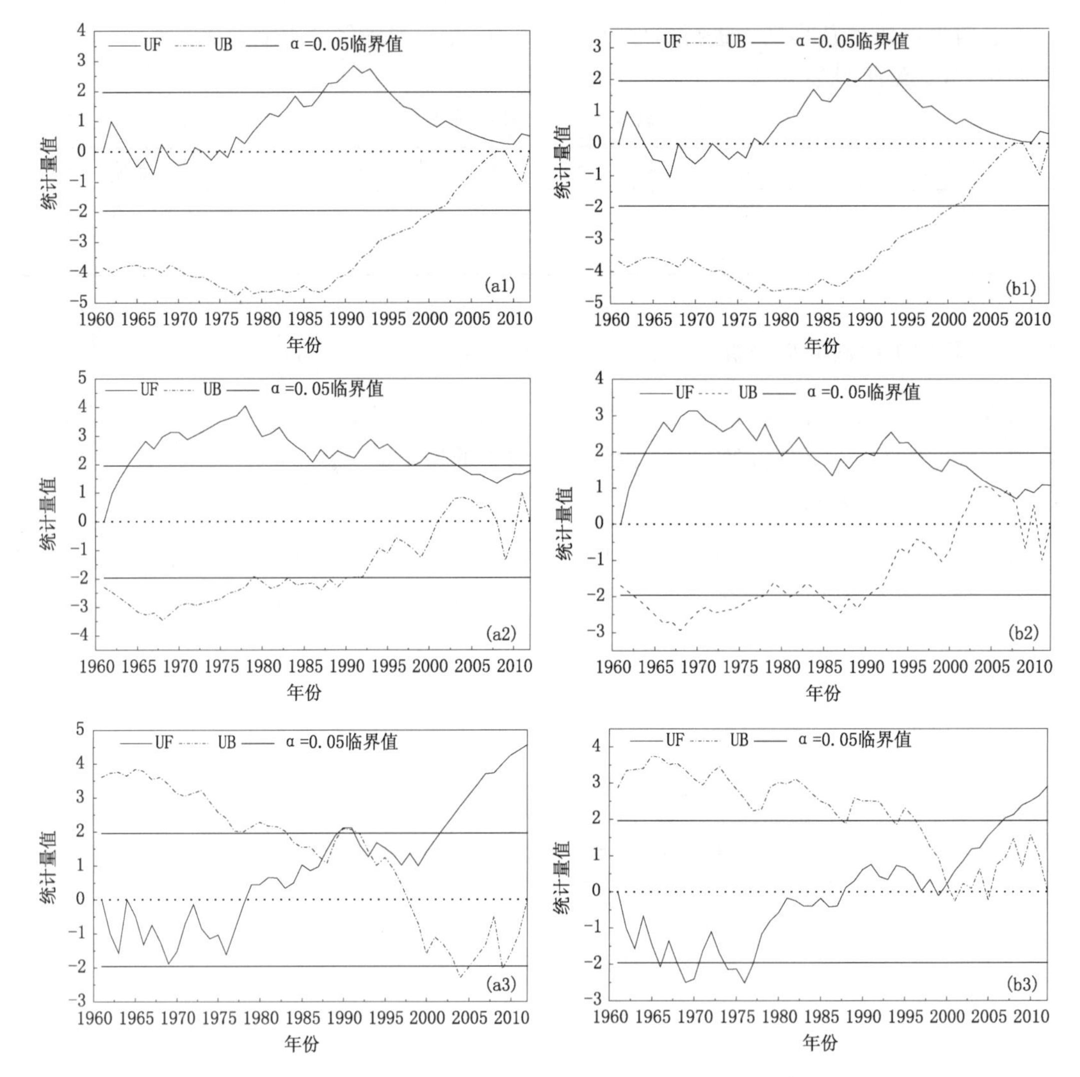

图 4.4　不同灾种发生站点数以及灾害值的 Mann-Kendall 统计量曲线

a 为发生站点数，b 为灾害值(℃)；1 为前期冷害，2 为后期冷害，3 为后期热害

4.2.2.3　灾害周期分析

利用小波分析(Torrence C et al，1998) 灾害发生站点数和灾害值的周期性变化(见图 4.5)。前期冷害发生站点数在 1968—1974 年和 1985—1993 年两个时间段内存在 2～4 年的短周期；前期冷害值在 1968—1974 年间存在 2～4 年的短周期。后期冷害发生站点数在 1985—1993 年间有 2～4 年和 4～6 年并存的周期性变化；后期冷害值的周期特征与站点数的周期特征相似，但 4～6 年的周期性更强。后期热害站点数在 1988—1996 年存在 2～4 年短周期，热害值周期性不大明显。

4.2.3　早稻灾害空间分布特征

4.2.3.1　早稻低温冷害的空间分布

根据前期冷害和后期冷害的发生情况，采用 IDW 方法，对早稻种植区的冷害发生频次和

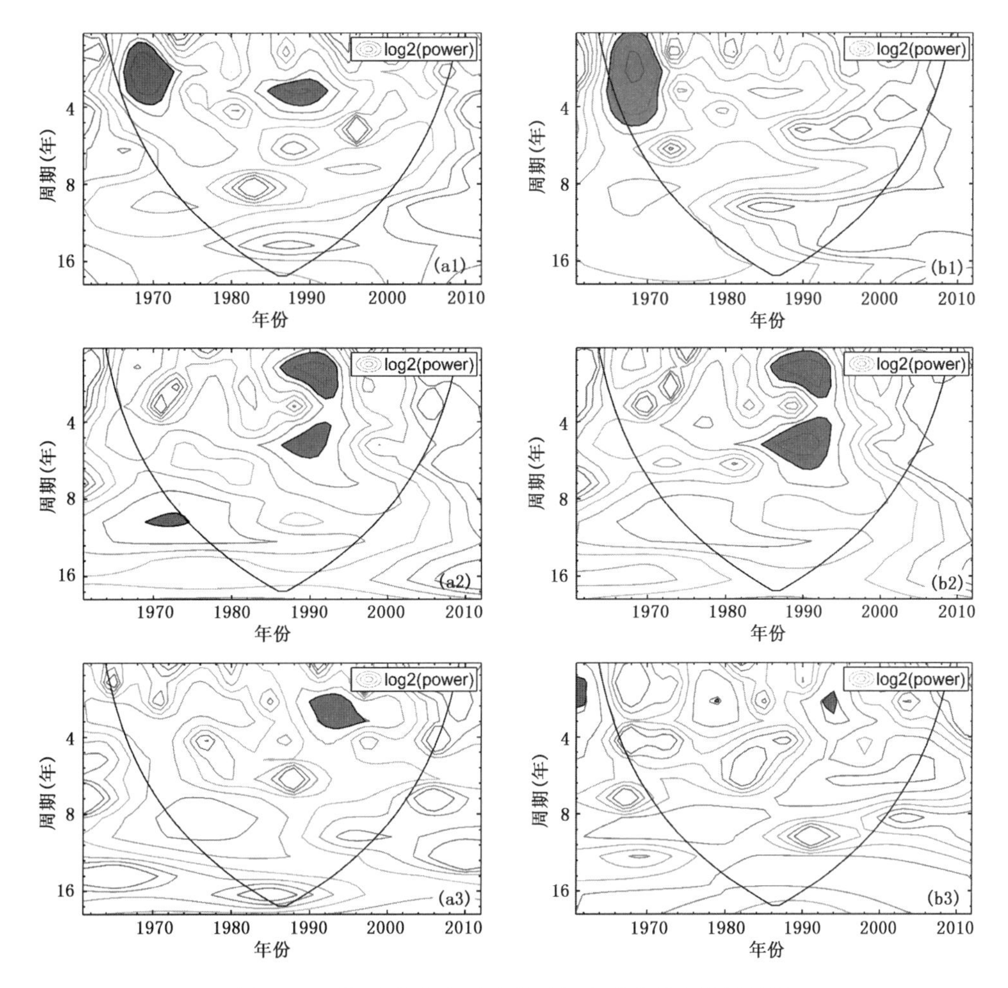

图 4.5　不同灾种发生站点数以及灾害值的小波能量谱

a 为发生站点数，b 为灾害值(℃)；1 为前期冷害，2 为后期冷害，3 为后期热害

冷害值进行插值处理，分析灾害的空间分布情况。

在 1961—2012 年长江中下游地区早稻前期冷害发生频次范围为 0～13 次(见图 4.6a1)，频率最高的地区平均 4 年发生一次前期冷害，频率低的地区在 50 多年间没有发生过前期冷害，地区分布差异很大。从空间分布来看，湖南中部、湖南与江西交界处、江西中部和东部地区冷害发生频率较高，而湖南南部、江西南部、湖北南部和浙江地区前期冷害发生频率较低，这正好和长江中下游地区的地形特征相吻合。江西西部和北部以及湖北东部正是罗霄山脉和幕阜山所在处，浙江西部和江西东部的冷害频发区位于武夷山和怀玉山附近，湖南中部冷害频次较南北两侧高也是因为在中部地区有雪峰山的影响。前期冷害高值区主要在资兴、湘乡、阳新、樟树等站附近(见图 4.6b1)，与前期冷害频次高值区的分布基本一致。在四省中，浙江前期冷害发生强度最轻，特别是浙江中部地区基本不发生前期冷害现象。

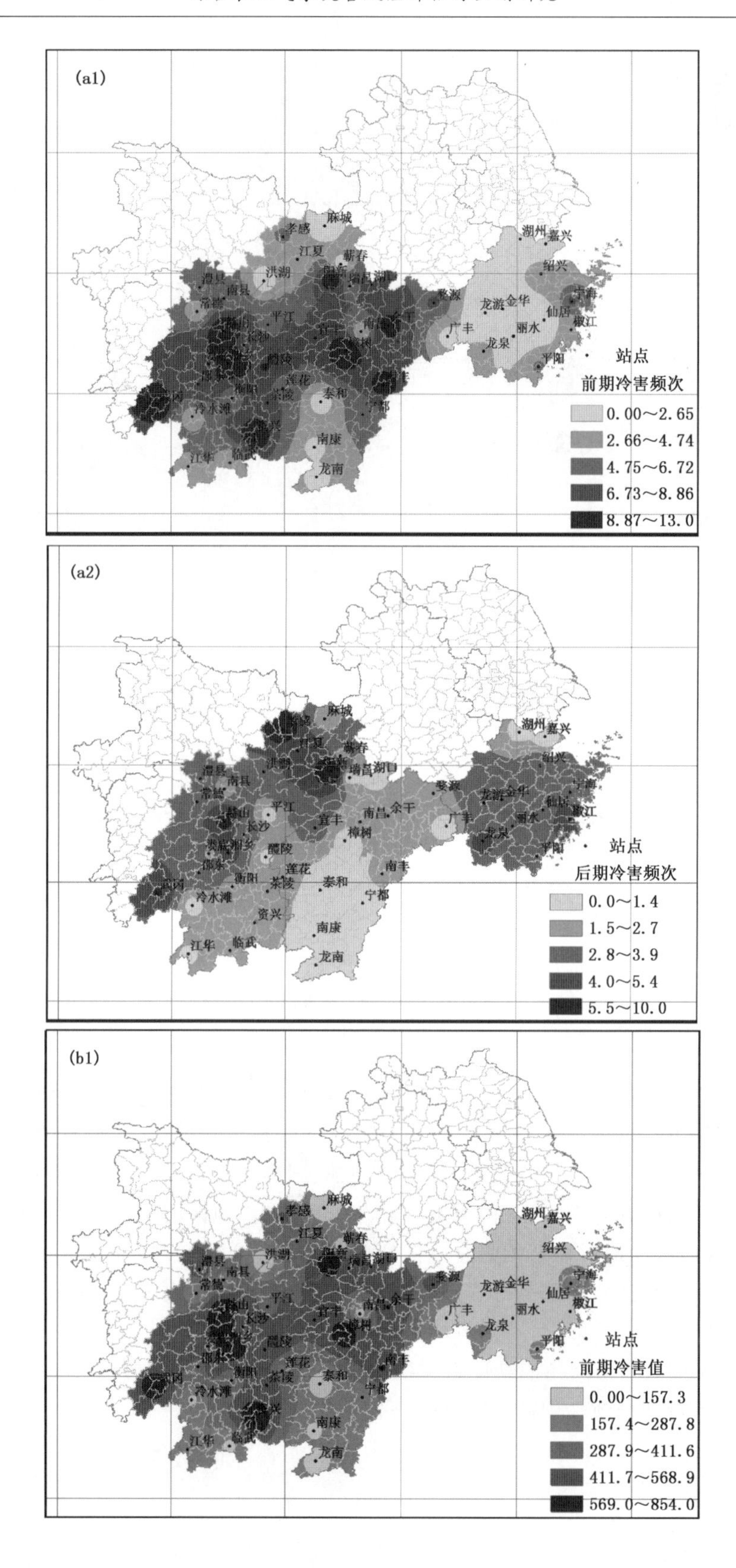
(a1)
站点
前期冷害频次
0.00~2.65
2.66~4.74
4.75~6.72
6.73~8.86
8.87~13.0
(a2)
站点
后期冷害频次
0.0~1.4
1.5~2.7
2.8~3.9
4.0~5.4
5.5~10.0
(b1)
站点
前期冷害值
0.00~157.3
157.4~287.8
287.9~411.6
411.7~568.9
569.0~854.0

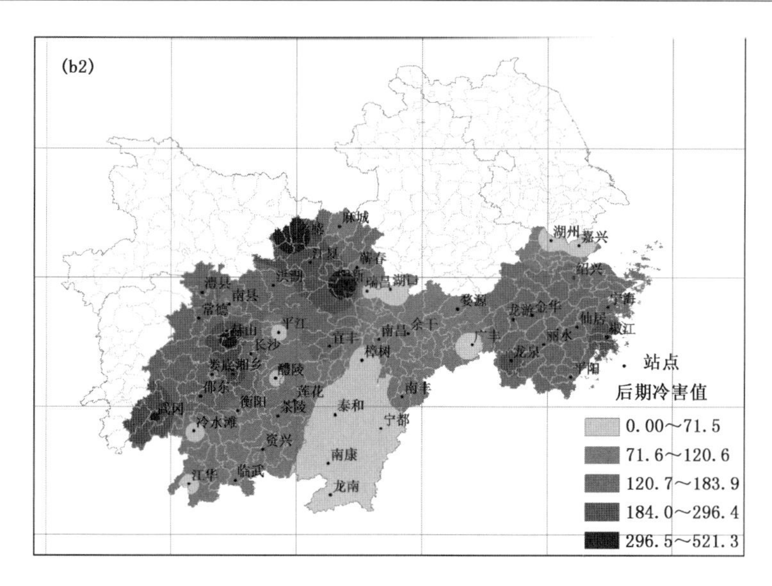

图 4.6　双季早稻不同生长阶段冷害空间分布

a 为发生频次，b 为灾害值(℃)；1 为前期冷害，2 为后期冷害

长江中下游地区后期冷害频次也较少(见图 4.6a2)，频次最多的是椒江，在 52 年间共发生 13 次。不同强度后期冷害在空间上呈经向分布，自东向西先降低后升高，低值区位于江西中东部。浙江中东部以及湖北江夏、阳新、孝感地区冷害发生频次较高，湖南西部发生多东部发生少。冷害频次较高的地区在地形分布上恰好与水系的分布相似。在内陆，江汉平原、两湖平原水系丰富的地区后期冷害严重；在浙江，沿海地区冷害频次很高，向内陆地区递减。后期冷害值的空间分布(见图 4.6b2)与频次的分布很相似，也是长江中下游地区东部和西部发生严重，中部较轻或基本不发生。后期冷害严重发生的地区在武冈、赫山、阳新、孝感和椒江等地。

综合前期冷害和后期冷害情况分析，发生频次和灾害值空间分布均东西方向差异明显。前期冷害影响严重的地区与山脉地形相关，地势高的的地区春季回温慢，在早稻营养生长过程中很可能由于不能提供充足的热量而影响水稻生长；后期冷害影响严重的地区与水系分布有关，因在春末夏初水体升温慢，在早稻生殖生长阶段不能达到临界温度要求，使靠近大面积水系的早稻种植区孕穗和开花期受到不良影响。前期冷害和后期冷害均较为严重的阳新和益阳地理环境很相似，都是北部或偏北地区有水系，南部或偏南地区有山脉，这恰与上文分析的前期冷害和后期冷害发生的地理条件相符合。

4.2.3.2　早稻高温热害的空间分布

当副热带高压控制长江中下游地区时，出现高温炎热天气，而此时恰逢早稻抽穗灌浆的关键时期。在生长后期早稻可能受到抽穗开花期热害、灌浆期热害的影响。

整个长江中下游早稻区的热害发生频次均很高(见图 4.7a)，70％区域的热害发生频次在 30 次以上，平均 1～2 年会发生一次热害。高温热害的频发区呈块状分布，其中在湖北、湖南中东部和江西中西部片状区域以及浙江中西部和江西东北部块状区域高温频发。衡阳、茶陵、龙泉地区热害发生频次均在 50 次以上，热害发生频次最低的站点是浙江椒江，在统计时间内共发生 21 次。热害值空间分布图中(见图 4.7b)低值区在湖南中部和南部、江西东、南和北部围成环状区域；浙江中部热害值很高，四周热害值较低，是四省中受热害最严重的地区。在湖南中东部、江西中西部高频次热害区的热害值约为 1000 ℃，表明这个区域热害多发却每次强度不大，受害不重。浙江省大部分地区后期热害发生频次高且热害强度大，成为研究区中受热害影响最严重的地区。

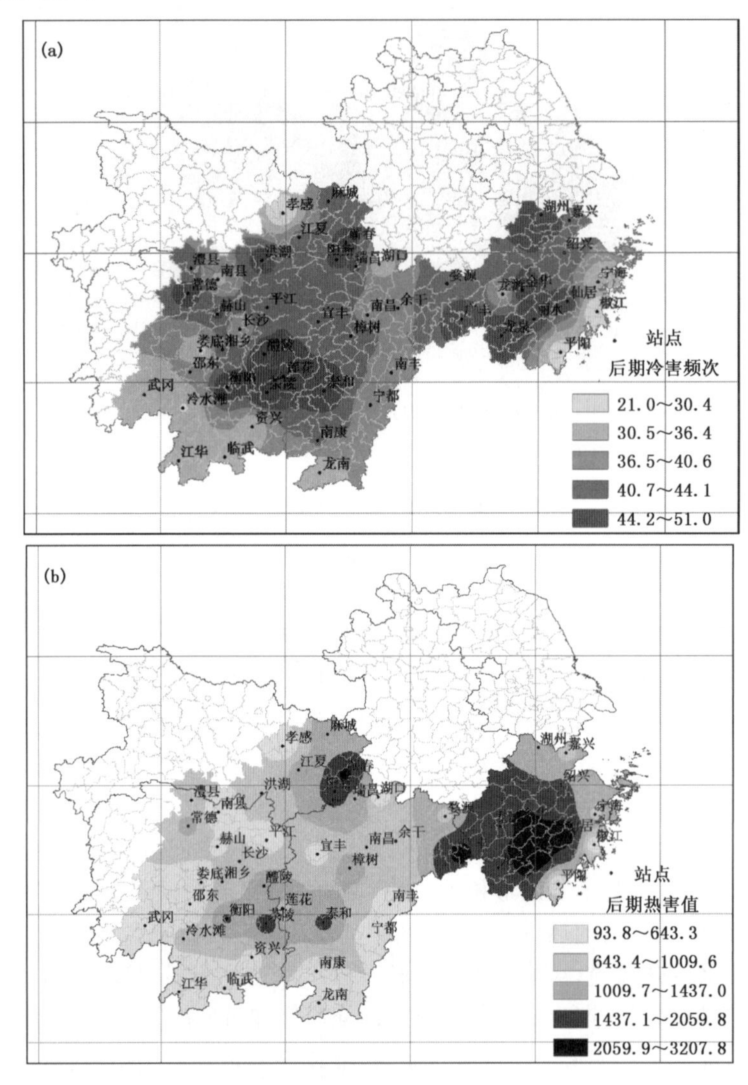

图 4.7　双季早稻后期热害发生频次(a)和后期热害值(℃)(b)空间分布

4.3　长江中下游地区早稻综合农业气象灾害风险评估

4.3.1　风险模型建立

区域灾害系统论(史培军,2005)与目前较为公认的自然灾害定义均指出，致灾因子、孕灾环境、承灾体是灾害形成的不可或缺的三要素。对灾害风险进行分析评价时要综合对危险性、脆弱性、暴露性和防灾减灾能力四要素进行量化分析与评价。

危险性(H)用来描述致灾因子的强度,主要决定于灾害发生的活动规模(强度)和活动频次(概率)。脆弱性(V)用来描述承灾体敏感于或易于遭受灾害威胁并造成损失的性质和状态,主要取决于承灾体自身的特点。暴露性(E)用来描述承灾体暴露于孕灾环境的情况,主要决定于承灾体的暴露面积。防灾减灾能力(C)用来表示受灾地区人为活动促使农作物从灾害中恢复的能力,包括在灾害防御、灾中应急和灾后管理等人为措施,主要取决于地区的田间管理手段和经济投入等。

灾害综合风险评价需要研究区域内各因子的综合状况构建综合风险评价模型。从各因子的定义来看,危险性越高,脆弱性越大,暴露性越大,区域的灾害风险就越大,所以危险性、脆弱性、暴露性为正向因子;而防灾减灾能力越低风险越大,为逆向因子。利用熵权综合评价法确定各评价因子的权重进而构建综合风险评价模型:

$$R = H^{W_H} \cdot V^{w_V} \cdot E^{W_E} \cdot \left(\frac{1}{C}\right)^{W_C} \tag{4.5}$$

式中,H、V、E、C 分别为危险性、脆弱性、暴露性和防灾减灾能力评价值,W_H、W_V、W_E、W_C 分别为危险性、脆弱性、暴露性和防灾减灾能力在综合风险评价中的权重系数。

4.3.2　危险性模型的建立与评价

4.3.2.1　危险性评价模型的建立

对于全生育期单一灾害的危险性而言,灾害发生的强度越大,频次越高,危险性就越高(张继权 等,2007),所以用灾害的强度和频次的乘积来表示危险性。但在研究多个发育期多个灾种危险性时,需要考虑到在不同发育期发生不同灾害对早稻产量的影响是不同的,这意味着发育期和灾种是影响综合危险性的另外两个因子,因此在危险性模型中引入权重的概念,则

$$H = \sum_{i=1}^{a} \sum_{j=1}^{b} X_{ij} \cdot W_{ij} \tag{4.6}$$

式中,H 表示某年危险性,i 表示灾种(冷害和热害),a 为该发育期灾种数,j 表示 i 灾种发生的不同发育期,b 为 i 灾种发生的发育期数,X_{ij} 代表该年第 i 种灾害在第 j 发育阶段危害积温累积值经标准化处理结果值;W_{ij} 代表第 i 种灾害在第 j 发育阶段的权重系数。

4.3.2.2　权重确定

以灾损作为评价某发育期某灾种对早稻危险性的贡献指标(蔡菁菁 等,2013),则将权重定义为灾害发生频次和灾损率的函数。分析的早稻重点发育期灾害包括分蘖期冷害、孕穗期冷害、开花期冷害、开花期热害和灌浆期热害,同一种灾害在不同的发育期有不同的影响,而且不同的灾害在同一发育期的影响也不同。权重系数应当能够表现出某灾种在某发育阶段对产量影响的相对大小。所以将权重系数分解为两部分:一是单一灾种在不同发育期的权重系数,用来表示单一灾害发生在不同发育期对产量的影响程度不同;二是不同灾种之间的权重系数,用来表示不同灾害对产量的影响不同。

先研究单一灾种在不同发育期的权重系数。针对研究区各站点历年资料,筛选出单独于分蘖期、孕穗期、开花期发生一般冷害、严重冷害以及开花期、灌浆期发生轻度热害、中度热害、重度热害导致减产(减产率≥5%)的年份,计算出相应的各发育期各等级灾害出现时的平均减产率以及各站点灾害发生次数。每年的产量看做单位 1,每年减产率看做该年的灾损,某个发育期的灾损以不同等级灾害发生时造成的平均减产率与相应等级灾害发生频次乘积累计得

到。研究冷(热)害发生的某发育期所造成的灾损占该灾种造成灾损的比重,得到单一灾种在不同发育期的权重系数。则该地区某发育期总减产表示为:

$$Y_j = \sum_{k=1}^{c} f_{jk} \cdot y_{jk} \tag{4.7}$$

式中,Y_j 为 j 发育期总灾损,k 为灾害的等级,c 为该灾害等级数,f_{jk} 为该地区第 j 阶段等级为 k 的灾害发生的频次,y_{jk} 为区域 j 阶段等级为 k 的该灾害发生时的平均灾损。

用各发育期总灾损与该灾害在生育期内造成总灾损的比重表示该地区单灾种各发育期权重,公式表示为:

$$W_j = \frac{Y_j}{\sum_{j=1}^{b} Y_i} = \frac{\sum_{k=1}^{c} f_{jk} \cdot y_{jk}}{\sum_{j=1}^{b} \sum_{k=1}^{c} f_{jk} \cdot y_{jk}} \tag{4.8}$$

式中,b 为发育期个数。

再考虑不同灾种的权重系数。筛选出研究区中只发生冷(热)害的年份,计算出研究区冷(热)害的平均减产率和各站冷(热)害发生频次,二者乘积即为冷(热)害对该站造成的总灾损。单灾种灾损与两灾种总灾损的比值即为该地区此灾种的权重。

冷害权重

$$W_c = \frac{f_c \cdot y_c}{f_c \cdot y_c + f_h \cdot y_h} \tag{4.9}$$

热害权重

$$W_h = \frac{f_h \cdot y_h}{f_c \cdot y_c + f_h \cdot y_h} \tag{4.10}$$

式中,w_c,w_h 分别为冷害、热害权重系数;f_c,f_h 分别为某站冷害、热害发生频次;y_c,y_h 分别为发生冷害、热害的平均灾损。

各发育期危险性模型表示为:

分蘖期危险性

$$H = X_{cj} \cdot W_c \cdot W_j \tag{4.11}$$

孕穗期危险性

$$H = X_{cj} \cdot W_c \cdot W_j \tag{4.12}$$

开花期危险性

$$H = X_{cj} \cdot W_c \cdot W_j + X_{hj} \cdot W_h \cdot W_j \tag{4.13}$$

灌浆期危险性

$$H = X_{hj} \cdot W_h \cdot W_j \tag{4.14}$$

不同灾种危险性模型表示为:

冷害危险性

$$H = \sum_{j=1}^{3} X_{cj} \cdot W_c \cdot W_j \tag{4.15}$$

热害危险性

$$H = \sum_{j=1}^{2} X_{hj} \cdot W_h \cdot W_j \tag{4.16}$$

式中,j 表示发育期,W_c 为冷害权重系数,W_h 为热害权重系数,X_{cj} 为 j 发育期冷害指标值,X_{hj} 为 j 发育期热害指标值。

4.3.2.3　双季早稻危险性评价

依据危险性模型,得到各时期的危险性空间分布(见图 4.8)以及研究区总危险性空间分布(见图 4.9,彩图 4.9)。

分蘖期冷害危险性(见图 4.8a)高值区主要分布在湖南和江西中北部以及湖北东南部,其中资兴地区最高,达到 0.26,而浙江地区几乎不发生分蘖期冷害,对产量的影响也很小,危险度低于 0.03。这与分蘖期冷害分布相一致,平原区危险度低,山区危险度高。

孕穗期冷害危险性(见图 4.8b)在绝大部分地区都很低,对早稻整个生长季产量的影响相对较小。但在湖北东部江汉平原与江西北部鄱阳湖平原地区最重,其次是浙江中南部沿海地区,这两处都是靠近大面积的水域,可能因四五月份升温比陆地慢,而在孕穗期不能提供充足的热量,对早稻产量造成威胁。

开花期冷害危险性最低,在空间分布上(见图 4.8c)从东向西先降低后升高,主要在湖南和浙江两省较为严重。开花期热害危险性(见图 4.8d)在浙江省最大,其他各省发生较低,危险性低于 0.03。从开花期总危险性(见图 4.8e)来看,长江中下游中部地区危险性很低,其次是西部湖南地区,浙江地区最为严重。

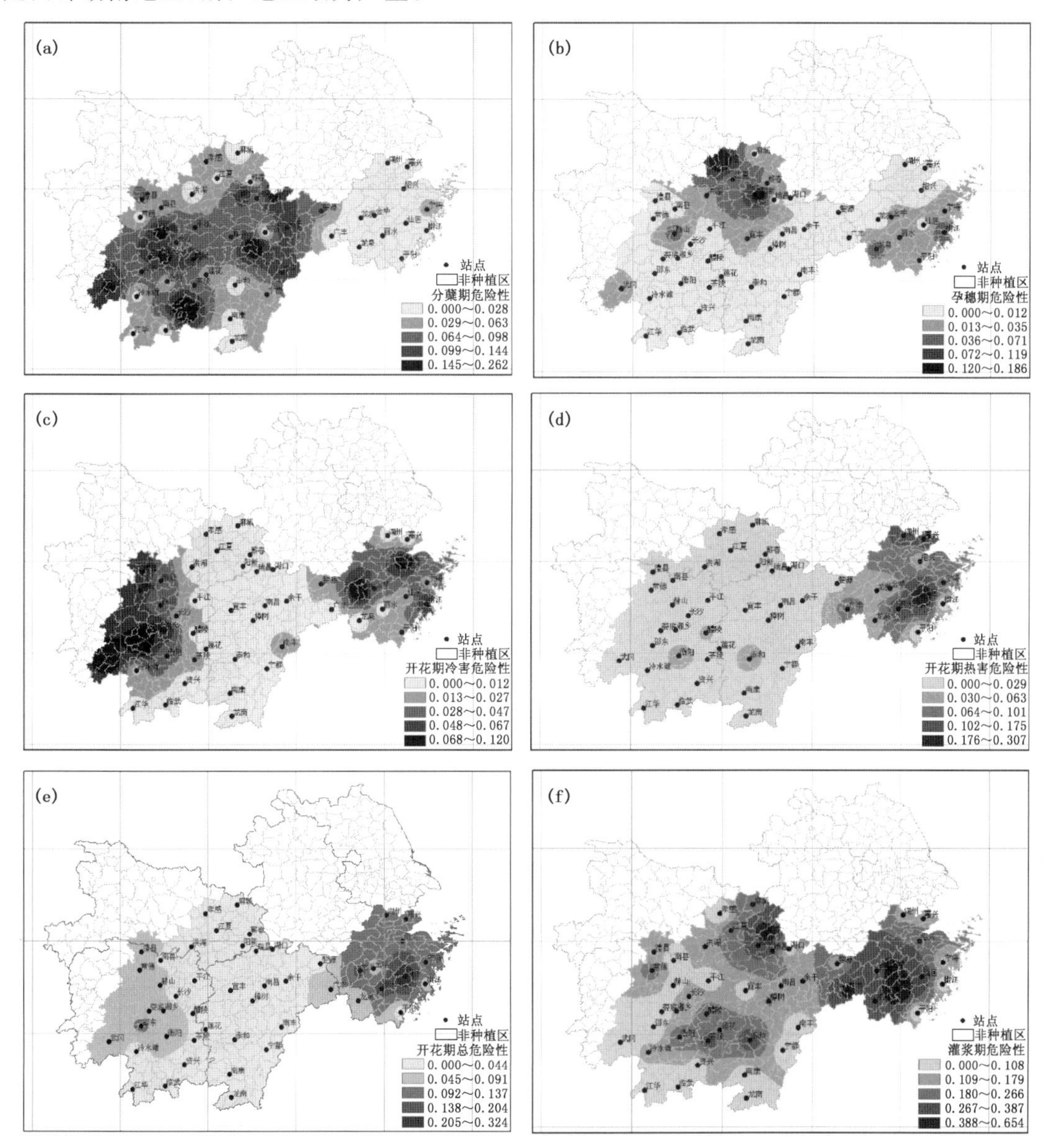

图 4.8　双季早稻各时期灾害危险性分布

(a)分蘖期冷害危险性;(b)孕穗期冷害危险性;(c)开花期冷害危险性;

(d)开花期热害危险性;(e)开花期总危险性;(f)灌浆期热害危险性

灌浆期是区域早稻危险性最高的阶段，热害危险性（见图 4.8f）高值区与热害强度高值区分布相似，主要在湖北东部、湖南与江西腹部、浙江中西部和江西东北部三个区域，其中浙江省最严重地区，危险性达到 0.5 以上。

从区域整体危险性来看（见图 4.9），湖南和江西是优良的双季早稻种植区，特别是湖南南部和江西东南部种植条件最好，冷害和热害都很少发生，而中间腹地危险度在 0.3 左右是由于灌浆期热害较多导致危险度略高。湖北地区危险性东高西低，种植条件略差，阳新和蕲春分别是由冷害和热害严重影响的地区，导致危险度较高。浙江省早稻种植气象条件最差，除了分蘖期其他各发育期的危险度都高于另外三省，特别是灌浆期高温热害严重影响早稻产量，成为双季早稻种植的高危险区。

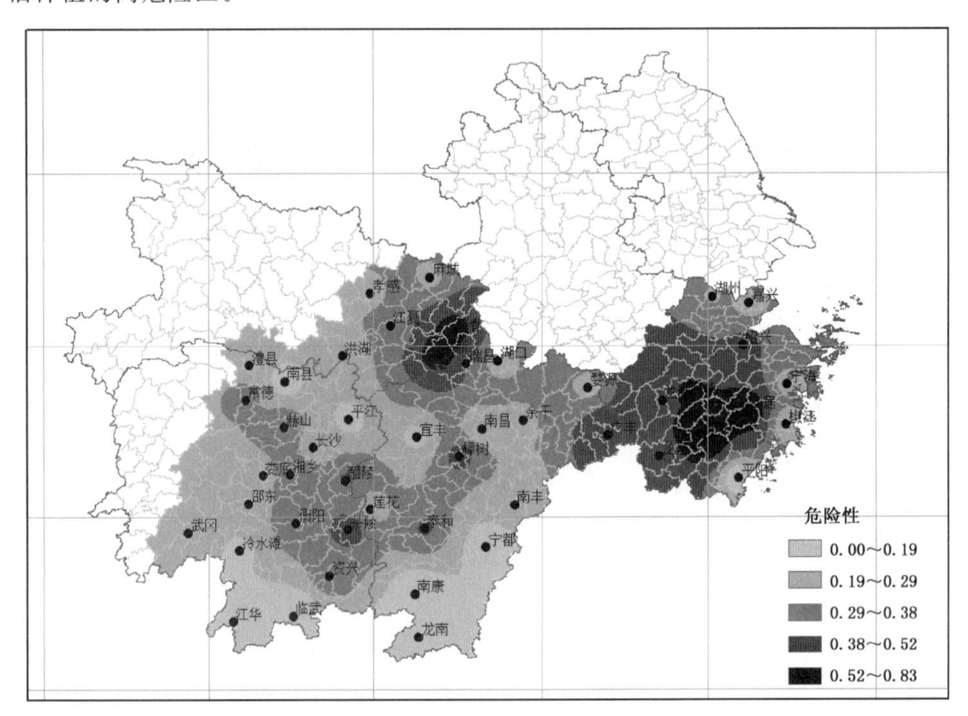

图 4.9　区域危险性空间分布

4.3.2.4　双季早稻各发育期危险性比重

将每个站各个时期的危险度与该站点总危险度的比值定义为该站各时期危险性比重，其中将开花期冷害和开花期热害的危险性比重相加即得到开花期危险性比重。分析区域各时期危险性比重，研究各地区产量在不同时期受影响的程度，分析整个长江中下游地区影响双季早稻产量的关键时期。

从单个发育期来看（见图 4.10a～d），低温冷害对产量影响最大的发育期是分蘖期，约有 50%的区域危险性比重在 0.25 以上，其中湖南和江西在分蘖期产量损失较高，特别是江华地区最为严重，约 70%的减产来自于分蘖期低温冷害，而浙江和湖北地区比重较低。在孕穗期，大部分地区权重低于 0.1，对产量的影响不大，相对来说较为安全，但对于局部地区例如在湖北东部和临武、椒江等地危险性比重达到 0.3 以上，也需要得到当地的重视。在开花期，湖南和浙江省约 50%的区域权重在 0.25 以上，其中邵东和嘉兴在开花期分别容易发生严重的冷

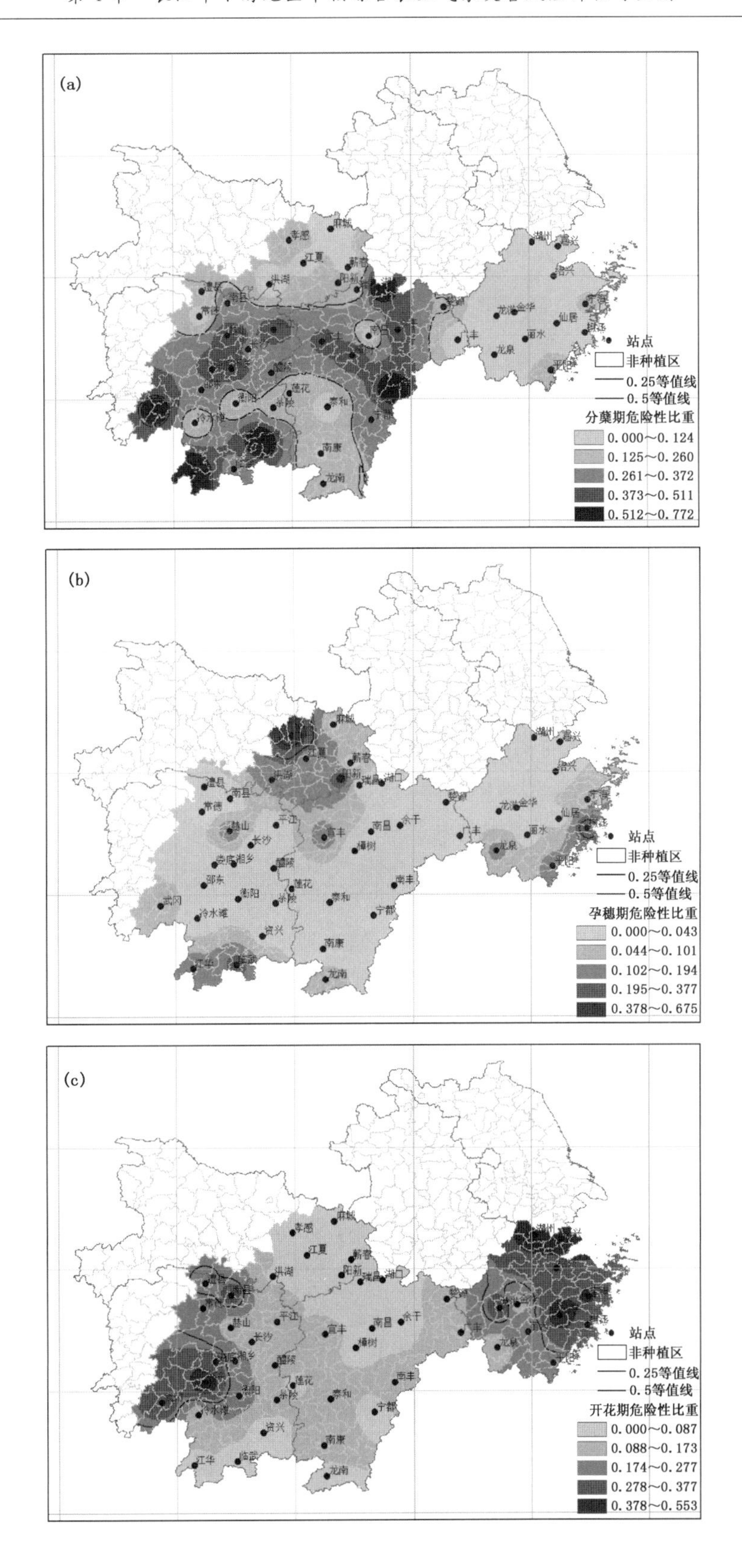
(a)
站点
非种植区
0.25等值线
0.5等值线
分蘖期危险性比重
0.000～0.124
0.125～0.260
0.261～0.372
0.373～0.511
0.512～0.772
(b)
站点
非种植区
0.25等值线
0.5等值线
孕穗期危险性比重
0.000～0.043
0.044～0.101
0.102～0.194
0.195～0.377
0.378～0.675
(c)
站点
非种植区
0.25等值线
0.5等值线
开花期危险性比重
0.000～0.087
0.088～0.173
0.174～0.277
0.278～0.377
0.378～0.553

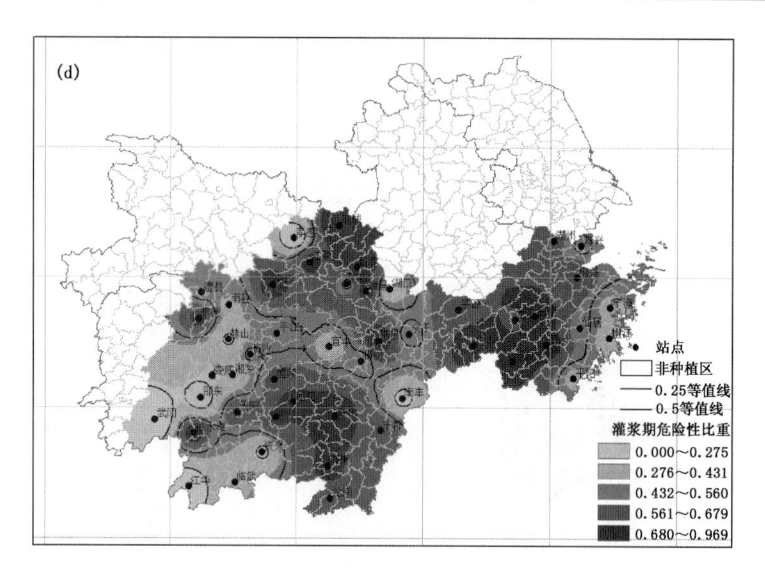

图 4.10　各发育期危险性比重
(a)分蘖期;(b)孕穗期;(c)开花期;(d)灌浆期

害和热害,对危险性的贡献高于 0.5,江汉平原和洞庭湖区以及江西和湖南南部地区早稻开花期危险性比重较低,对产量的影响低于 0.1。灌浆期是对产量影响最大的时期,热害的减产率虽然略低于冷害,但是因为在灌浆期热害发生非常频繁,对产量的影响很大,是大多数地区早稻减产的关键时期。约有 70%的地区在灌浆期危险性比重高于 0.5,其中蕲春、麻城、金华、丽水等站权重甚至高于 0.75,除湖南中部和南部的少数地区,其他地区都要关注早稻灌浆期受热害的情况。

从地区来看(见表 4.6),湖南中西部双季早稻产量受分蘖期和开花期冷害以及灌浆期热害的影响不相上下,偏西地区冷害危险度略高,偏东地区热害危险度略高;湖南冷水滩、衡阳、醴陵地区、江西中南部和东北部地区、湖北中东部地区、浙江省大部分地区的产量损失主要来自于灌浆期热害;江西北部早稻产量主要受分蘖期冷害和灌浆期热害的影响;浙江主要在开花期和灌浆期受影响。

4.3.3　脆弱性模型的建立与评价

4.3.3.1　脆弱性评价模型构建

脆弱性用来描述承灾体敏感于或易于遭受灾害并造成损失的性质和状态,主要取决于承灾体自身的特点。承灾体的脆弱性越高,则在一定灾变条件下造成的损失或伤害的程度越重,风险越大。

对于双季早稻脆弱性,应选择能够表现出在灾害年份脆弱性低的地区产量受影响小的特点,所以选用产量变异程度指标来评价。产量变异系数的指标值越大,表示气象条件越好,产量就越高,表明作物抗灾能力弱,脆弱性就越大。

产量变异程度(V_a)用多年单产的标准差与多年单产最大值的比值来表示,能够反映出单站在不同年份的气象条件下单产占该地区最大单产的比重。公式表示为:

表 4.6　各发育期危险性比重

省份	站点	分蘖期冷害	孕穗期冷害	开花期灾害	灌浆期热害	省份	站点	分蘖期冷害	孕穗期冷害	开花期灾害	灌浆期热害
湖北	麻城	0.00	0.03	0.06	0.91	江西	莲花	0.12	0.03	0.07	0.78
湖北	孝感	0.23	0.68	0.04	0.04	江西	泰和	0.00	0.00	0.11	0.89
湖北	江夏	0.07	0.15	0.04	0.74	江西	南康	0.11	0.00	0.18	0.72
湖北	洪湖	0.00	0.11	0.08	0.81	江西	瑞昌	0.21	0.00	0.05	0.75
湖北	蕲春	0.00	0.01	0.02	0.97	江西	湖口	0.76	0.00	0.00	0.24
湖北	阳新	0.23	0.28	0.03	0.46	江西	婺源	0.26	0.03	0.12	0.59
湖南	澧县	0.24	0.00	0.28	0.47	江西	南昌	0.05	0.03	0.04	0.88
湖南	南县	0.28	0.00	0.33	0.39	江西	樟树	0.50	0.00	0.08	0.43
湖南	常德	0.03	0.00	0.21	0.76	江西	余干	0.50	0.01	0.05	0.45
湖南	赫山	0.50	0.17	0.12	0.21	江西	广丰	0.01	0.00	0.17	0.82
湖南	平江	0.44	0.00	0.10	0.46	江西	南丰	0.64	0.01	0.16	0.19
湖南	长沙	0.36	0.03	0.08	0.53	江西	宁都	0.32	0.00	0.06	0.62
湖南	娄底	0.44	0.00	0.32	0.24	江西	龙南	0.23	0.07	0.04	0.67
湖南	邵东	0.33	0.01	0.55	0.10	浙江	湖州	0.00	0.00	0.43	0.57
湖南	湘乡	0.50	0.03	0.20	0.28	浙江	嘉兴	0.00	0.00	0.52	0.48
湖南	醴陵	0.30	0.00	0.11	0.59	浙江	绍兴	0.02	0.00	0.32	0.66
湖南	武冈	0.59	0.08	0.34	0.00	浙江	龙游	0.00	0.00	0.35	0.64
湖南	冷水滩	0.09	0.00	0.11	0.80	浙江	金华	0.00	0.03	0.11	0.86
湖南	衡阳	0.07	0.00	0.23	0.70	浙江	宁海	0.17	0.07	0.38	0.38
湖南	茶陵	0.19	0.00	0.09	0.72	浙江	丽水	0.00	0.02	0.19	0.79
湖南	临武	0.32	0.24	0.03	0.41	浙江	龙泉	0.02	0.12	0.11	0.75
湖南	资兴	0.75	0.03	0.02	0.20	浙江	仙居	0.00	0.01	0.47	0.52
湖南	江华	0.77	0.13	0.03	0.07	浙江	椒江	0.06	0.32	0.34	0.29
江西	宜丰	0.42	0.14	0.12	0.31	浙江	平阳	0.26	0.12	0.23	0.39

$$V_a = \frac{1}{Y_{\max}} \sqrt{\frac{\sum_{i=1}^{n} (Y_i - \bar{Y})^2}{n-1}} \tag{4.17}$$

式中，Y_i 为某县第 i 年单产，$Y_{\max}$为该县多年单产最大值，n 为单产资料总年份数。

4.3.3.2　脆弱性评价

用产量变异程度作为指标评价脆弱性，得到研究区内脆弱度的空间分布图（见图 4.11，彩图 4.11）。脆弱度较高的地区分布零散，主要高值区出现在江西北部以及湖南宁乡、韶山、耒阳、蓝山等地。这些地区产量变异程度大，易因气象条件不适宜而影响产量，脆弱性高。脆弱度较低的地区主要分布在江西中南部以及浙江的中东部地区，湖北东部的黄陂、武汉、红安、麻城、应城地区，湖南中部的新邵、湘乡、双峰、衡阳以及南部的双牌、宁远地区，这些地区在灾害

性天气条件下水稻产量受影响较小。

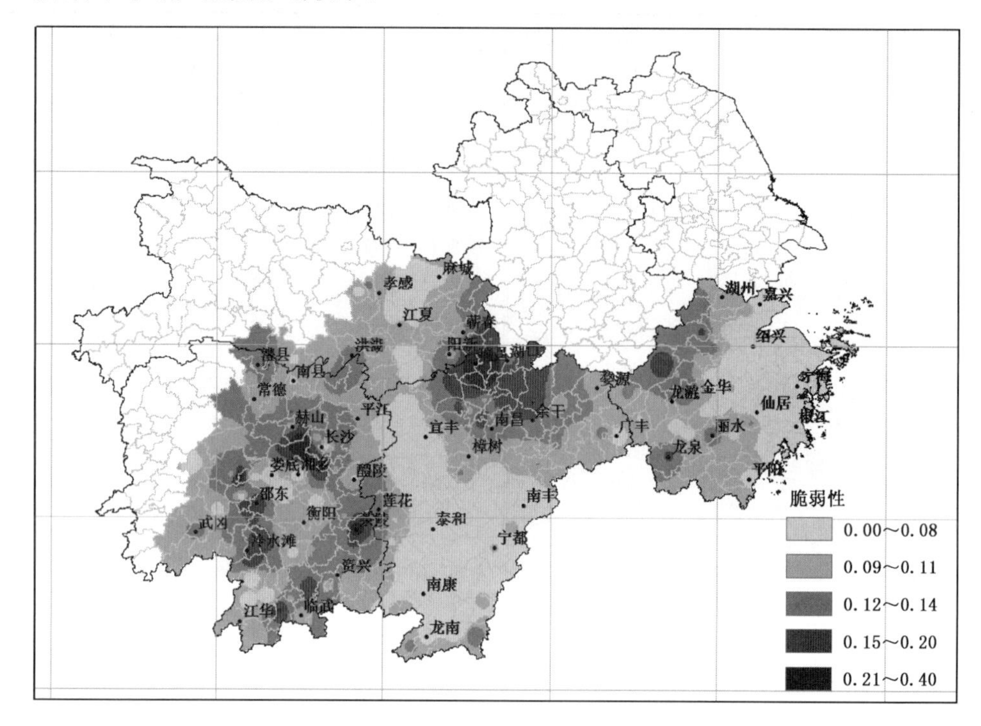

图 4.11　区域脆弱性空间分布

4.3.4　暴露性模型的建立与评价

4.3.4.1　暴露性评价模型构建

承灾体暴露于孕灾环境的部分越大，灾害损失则越大，风险也就越高。暴露性依据研究的侧重点不同选取不同的指标，本章从暴露性的意义出发，以植被覆盖度为指标，选用播种面积占耕地面积的比重(播面比)表示该县的暴露性。模型表示为：

$$E = \frac{S_{\mathrm{DSER}}}{S_{\mathrm{all}}} \tag{4.18}$$

式中，S_{DSER}是县域双季早稻播种面积，S_{all}是该县的耕地面积。

4.3.4.2　暴露性评价

按照暴露性评价模型计算的长江中下游地区暴露性显示在区域地图上(见图 4.12，彩图 4.12)。从暴露性结果来看，湖南和江西长江中下游地区早稻的重要产区也是研究区暴露度重要高值区。湖南和江西暴露度基本在 0.45 以上，特别是广丰、衡山、临湘、余江、安远等地暴露度高达 0.75 以上，这些地区早稻的播种面积占耕地面积比重很高。农业生产在一定程度上是靠天吃饭的产业，在严重冷害或热害发生时，过高的暴露度会引起产量严重下降，影响区域经济的稳定性。湖北和浙江的早稻暴露度相对偏低，早稻种植比重不大，基本在 0.3 以下，暴露于孕灾环境下的早稻比重较低，生产受影响较弱。

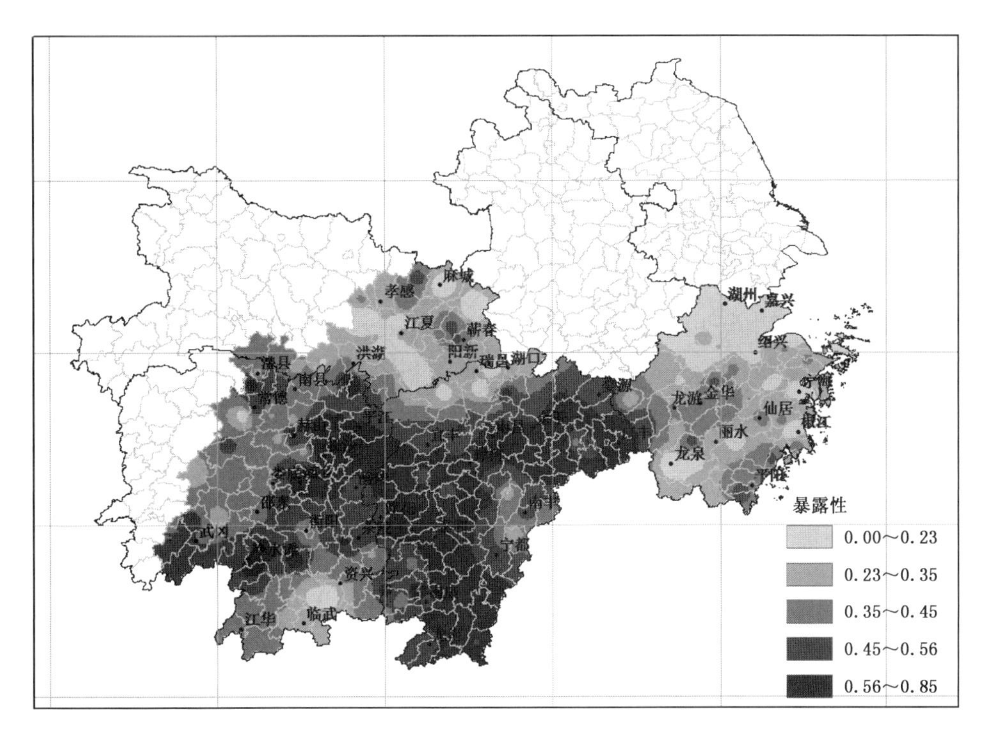

图4.12　区域暴露性空间分布

4.3.5　防灾减灾能力模型的建立与评价

4.3.5.1　防灾减灾能力评价指标选取

防灾减灾能力评价是用来表示受灾地区早稻在长期和短期内能够从灾害中恢复的能力，包括灾前防御、灾中应急和灾后管理等能力。防灾减灾能力作为风险评价的重要因子，主要体现出灾害发生时社会和人为因素对作物的影响。早稻在受低温或高温天气影响时，人们采用以水调温来改善农田小气候，喷洒化学药剂或肥料来强壮秧苗，田边设屏阻挡冷空气或热气流的侵袭。从防灾减灾能力评价指标选择来看，农业机械总动力能够反映出各个地区采用以水调温的方法减灾的能力，化肥施用量能够反映人们以施肥壮苗的方法减灾的能力，农民人均纯收入可以反映出减灾的经济投入能力。所以选择统计年鉴中农业部分的农业机械总动力、农民人均纯收入和化肥施用量来作为防灾减灾能力的评价指标。

4.3.5.2　防灾减灾能力评价模型构建

(1)单位种植面积农业机械总动力 *TPAM*(the unit area of total powers of agriculture machine)

农业机械总动力是指主要用于农、林、牧、渔业的各种动力机械的动力总和，包括耕作机械、收获机械、农产品加工机械、运输机械、植保机械、牧业机械、林业机械、渔业机械和其他农业机械的动力。单位种植面积农业机械总动力采用各省2010年统计年鉴中农业部分各县农业机械总动力与县级农作物种植面积比值得到。单位种植面积机械总动力越高，人为改善环境的能力越大，防灾减灾能力越高，为正向指标。

(2)农民人均纯收入 *NIPC*(net income per capita)

NIPC 是指按农村人口平均的“农民纯收入”，反映的是一个国家或地区农村居民收入的平均水平。农民人均纯收入越高，治理灾害的可投入资金越多，防灾减灾能力越高，为正向指标。

(3)单位种植面积农用化肥施用量 *CF* (the unit area of Chemical Fertilizers)

农用化肥折纯量是统计本年度内实际用于农业生产的化肥数量，包括氮肥、磷肥、钾肥及复合肥。使用量的折纯计算法即把氮肥、磷肥、钾肥分别按照含氮、含五氧化二磷、含氧化钾100%折算。单位种植面积农用化肥用量采用各省2010年统计年鉴中农业部分各县农用化肥折纯量与县级农作物种植面积比值得到，单位种植面积农用化肥施用量高，防灾减灾能力越高，为正向指标。

利用上述三个指标构建防灾减灾能力评价模型：

$$C = TAPM \cdot W_T + NIPC \cdot W_N + CF \cdot W_C \tag{4.19}$$

式中，C 为防灾减灾能力；W_T，W_N，W_C 分别为单位种植面积农业机械总动力、农民人均纯收入、单位种植面积农用化肥施用量在防灾减灾能力评价中的权重系数；*TAPM*，*NIPC*，*CF* 分别为单位机械总动力、农民人均纯收入、单位农用化肥施用量指标标准化处理后的指标值。

4.3.5.3　防灾减灾能力评价

单位种植面积农业机械总动力指标值在研究区的分布情况如图4.13a所示。四个省相比，湖北省单位农业机械总动力最低，全省早稻种植地区低于4570 kW/hm^2。浙江单位农业机械总动力最高，特别是中北部及沿海地区机械化水平很高。湖南和江西机械化水平相差不大，湖南中部和江西东部略低一点，其他地区约达6400 kW/hm^2。

农民人均纯收入的空间分布如图4.13b所示。浙江农民人均纯收入非常高，尤其在浙江东北部及东部沿海地区，农民人均纯收入高于10000元，浙江西南部农民人均纯收入略微偏低，在6000元左右。湖南农民人均纯收入地区差异比较大，种植区西部及南部农民人均纯收入水平较低，在4000元左右，东部的宁乡、长沙、浏阳、醴陵、攸县农民人均纯收入较高，在9000元左右。湖北早稻种植区西部农民人均纯收入水平略高于东部地区。相比之下，江西农民人均纯收入较低，全省90%的地区农民人均纯收入水平低于5000元。

单位种植面积农用化肥用量分布如图4.13c所示。从整体来看，浙江是单位种植面积农用化肥施用量最高的省份，整个研究区高于114.5 g/m^{2}的面积中浙江占了一半左右，其中浙江东北部沿海地区最高；江西省单位面积农用化肥施用量较低且地区差异不大，大部分区域低于43.7 g/m^2；湖北孝昌和武穴化肥施用量相对较高；湖南省北部地区的化肥施用量较高，特别是在公安、安化、桃江、益阳、沅江、南县地区，高于114.5 g/m^2。

单位农业机械总动力、农民人均纯收入和单位化肥施用量三个指标均是正向评价防灾减灾能力，对各自进行标准化处理使指标值处于0～1，再用熵权综合评价法得到各指标的权重系数(见表4.7)。三个指标的权重系数相差不大，分别为0.334，0.331，0.335。

表4.7　防灾减灾能力指标权重系数

评价指标	单位种植面积农业机械总动力	农民人均纯收入	单位种植面积化肥施用量
权重系数	0.334	0.331	0.335

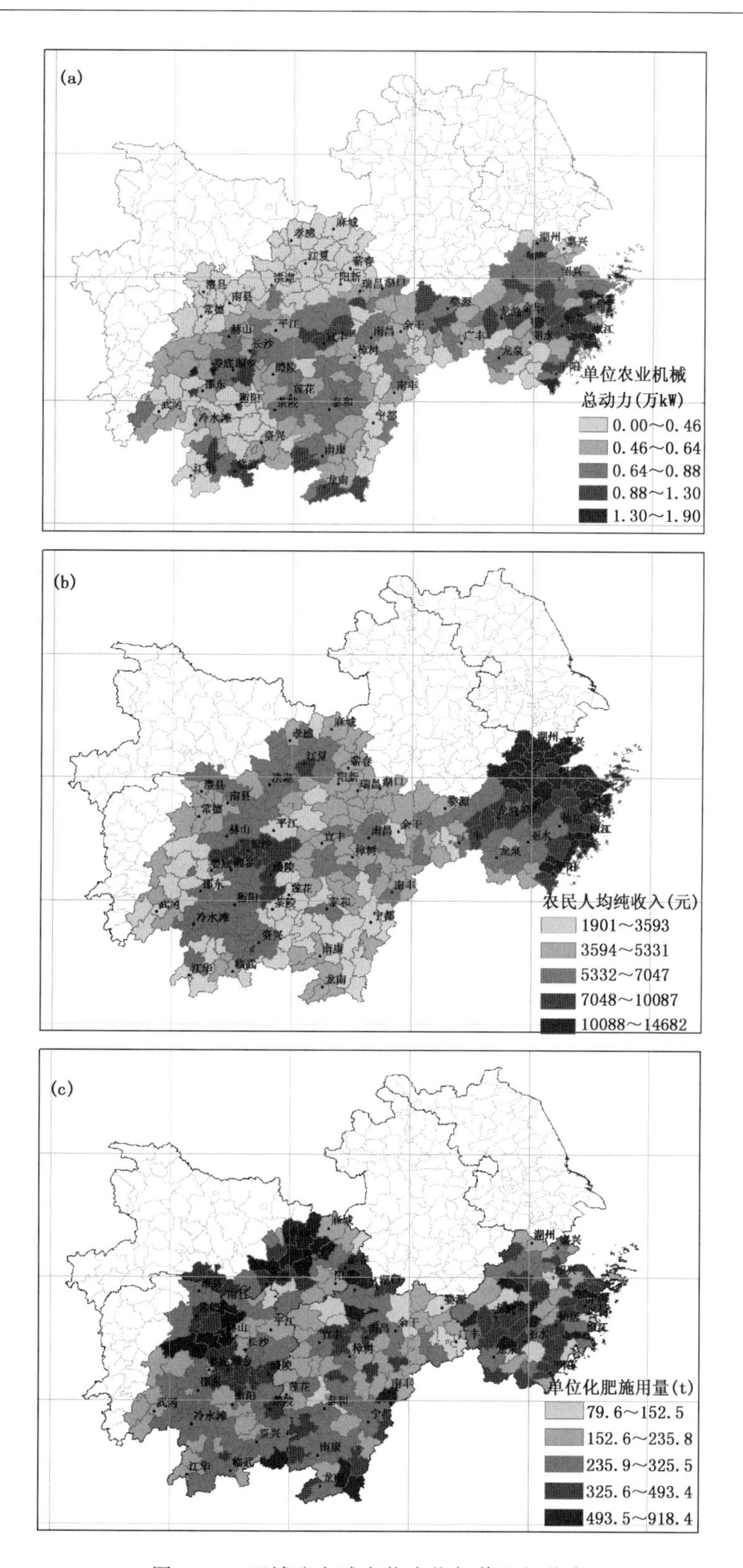

图4.13 区域防灾减灾能力指标值空间分布

(a)单位种植面积农业机械总动力;(b)农民人均纯收入;(c)单位种植面积农用化肥施用量

按防灾减灾能力评价模型计算得到研究区内防灾减灾能力的空间分布图(见图 4.14,彩图 4.14)。浙江省的防灾减灾能力最高,基本在 0.38 以上,结合防灾减灾能力的评价指标来看,单位农业机械总动力、农民人均纯收入、单位化肥施用量三个指标值在浙江均较高;表明浙江的综合防灾减灾能力很高,冷害和热害发生时能够有充足的资金投入抗灾,能及时地采取灌水、施肥等农业管理措施治理灾害。而其他三省的防灾能力都基本处于中等偏低水平,其中桃江、湘潭、黄陂、武昌、崇义、寻乌、南丰地区防灾减灾能力相对较强。

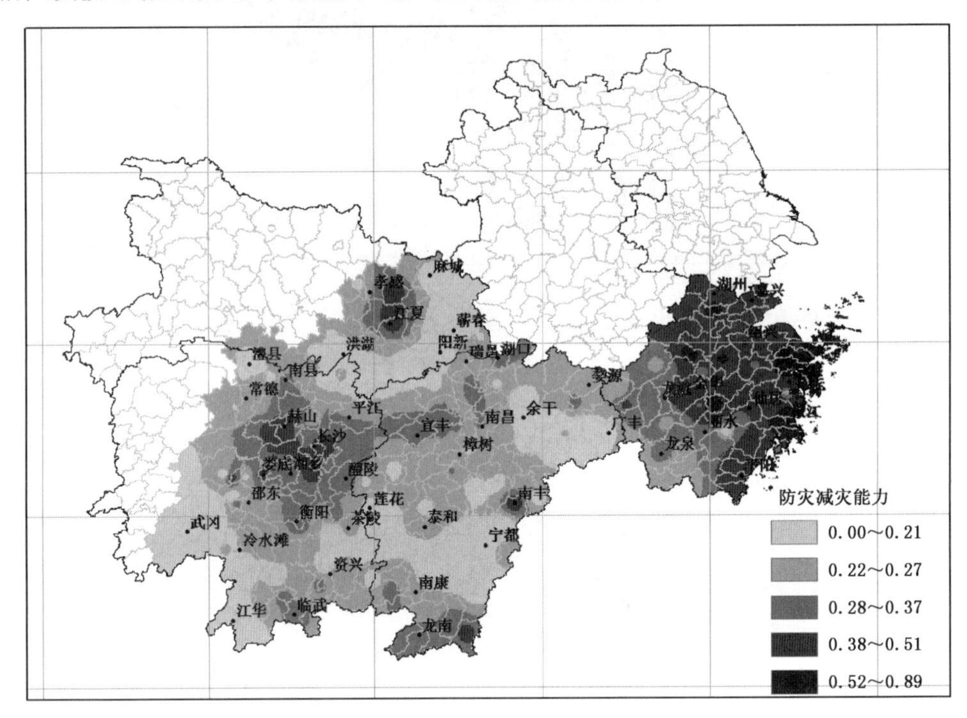

图 4.14　区域防灾减灾能力空间分布

4.4　长江中下游地区早稻综合农业气象灾害风险区划

4.4.1　综合风险评价

依据上述危险性、脆弱性、暴露性和防灾减灾能力的评价结果,对长江中下游地区双季早稻冷害和热害进行综合风险评价。对各因子值做归一化处理,用熵权综合评价法确定四个评价因子的权重系数构建综合风险评价模型,再计算出各县风险度。

四个评价因子在风险建模中的权重系数见表 4.8。危险性的权重系数最高为 0.259,暴露性权重系数次之为 0.253,脆弱性权重系数为 0.251,防灾减灾能力权重系数最低为 0.237。权重系数的大小从一定程度上表现出该评价因子对风险大小的贡献,危险性权重系数最高,说明长江中下游地区双季早稻的产量在很大程度上受气象条件的影响,不同发育期的低温冷害和高温热害对产量的影响最大;暴露性权重系数略低于危险性权重系数,表明作物暴露在灾害性天气条件下对风险的影响很大;脆弱性次之,表明承灾体自身对灾害的敏感度从灾害风险来看也比较重要;防灾减灾能力权重系数相对较低,表明社会因素和人类活动只能从一定程度上削弱灾害风险。

表 4.8 风险评价因子对应的权重系数

评价因子	危险性	脆弱性	暴露性	防灾减灾能力
权重系数	0.259	0.251	0.253	0.237

按照风险评价模型计算得到研究区内各县的风险度。将217个县多年平均减产率与相应的风险度进行相关分析(见图4.15),线性拟合的均方根误差为0.1192,相关系数为0.3453。查找显著性临界值表,显著性水平为0.01的相关系数临界值为0.141<0.3453,所以综合风险评价结果与多年平均减产率之间存在着极显著相关关系。这表明按照本风险评价模型分析长江中下游地区的双季早稻在生长过程中的风险贴合实际生产情况,可以对农业生产起到很好的指导作用。

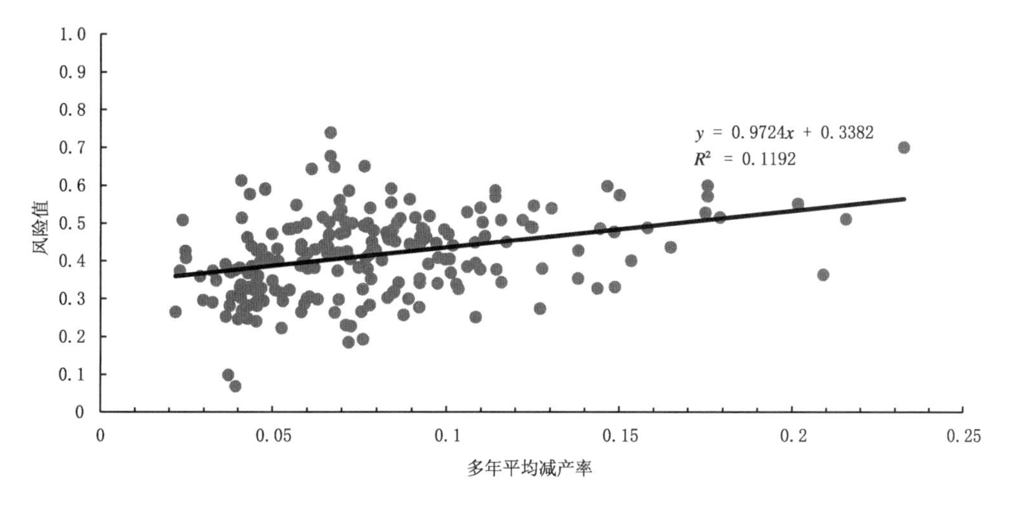

图 4.15 风险值与多年平均减产率的回归分析

4.4.2 风险区划

利用综合风险评价模型得到风险度按照ArcMap中自然断点法(Natural Breaks)对研究区域的早稻冷害、热害风险度划分等级。按照组内差异最小组间差异最大的原则,将风险划分为低风险、中等风险、和高风险三个等级。各等级对应的风险度阈值限制见表4.9。

表 4.9 风险等级对应的风险阈值

风险等级	风险阈值
低风险	$R \leqslant 0.332$
中等风险	$0.332 < R \leqslant 0.436$
高风险	$R > 0.436$

将风险区划结果显示在地图上(见图4.16,彩图4.16),具体分布地区见表4.10。从研究区域整体来看,高风险区主要分布在江西东北部、浙江中东部和湖南中东部地区。低风险区主要分布在湖南南部、江西东南部和浙江东北部地区。湖北省东南部风险高于中部地区,主要由

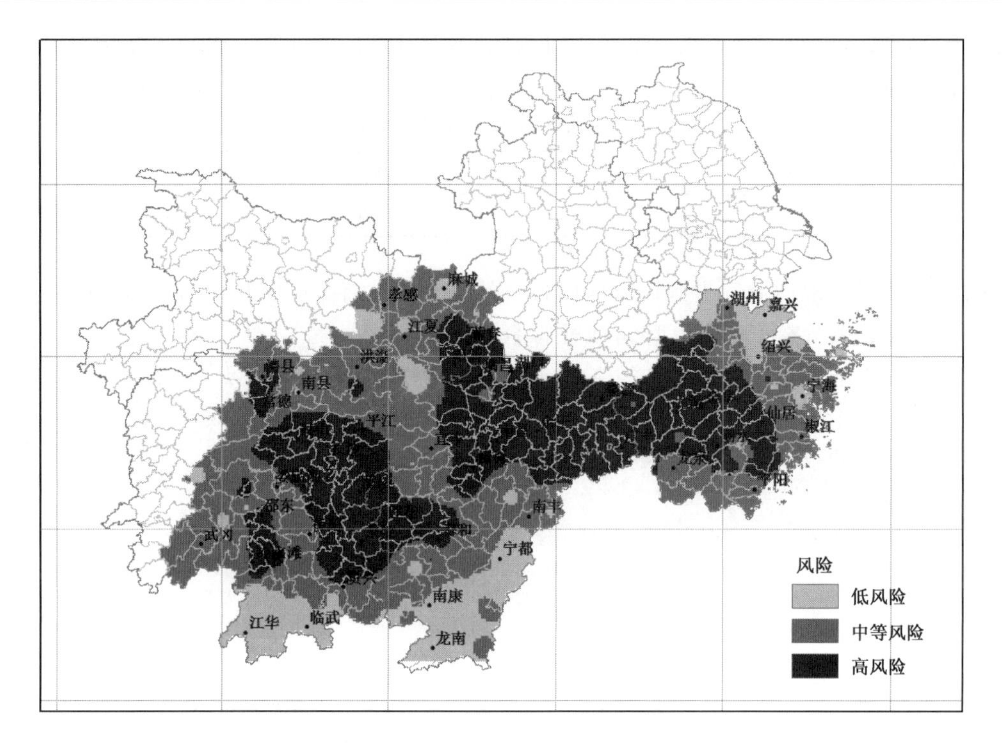

图 4.16　区域灾害风险空间分布

表 4.10　风险等级对应的分布地区

风险等级	分布地区
低风险	临武、安远、江永、龙南、定南、嘉善、江华、信丰、道县、全南、宜章、海宁、嘉兴、桐乡、平湖、海盐、蓝山、汉川、岱山、宁远、嵊泗、于都、瑞金、洞头、嘉禾、赣州、赣县、广昌、慈溪、通山、舟山、绍兴、石城、郴州、宁海、双牌、湖州、会昌、大余、南康、长兴、咸宁、寻乌、宁都
中等风险	萧山、仙桃、安吉、武汉、宜黄、麻城、崇义、黎川、新田、郴县、南丰、石首、三门、新昌、桂阳、应城、监利、杭州、上犹、崇仁、溆浦、嘉鱼、上虞、兴国、汝城、奉化、洪湖、蒲圻、隆回、遂川、华容、娄底、德清、云梦、宁波、武昌、玉环、余姚、孝昌、万载、南城、乐安、罗田、南县、余杭、新洲、英山、涟源、崇阳、鄞县、双峰、修水、泰顺、桂东、天台、上高、城步、永丰、通城、公安、岳阳、铜鼓、新宁、黄陂、宜丰、新邵、象山、武冈、椒江、嵊、绥宁、临川、安乡、洞口、临海、鄂州、红安、永州、分宜、万安、龙泉、苍南、云和、平阳、桃源、温岭、衡阳、庆元、宜春、景宁、资兴、富阳、邵阳、东安、文成、常宁、临湘、新化、大冶、瑞安、松滋、黄岩、黄州、安化、井冈山、常德、资溪、峡江、吉水、平江、新余、泰和、湘乡
高风险	衡南、诸暨、汉寿、武宁、乐清、澧县、祁东、星子、湖口、吉安、邵东、沅江、青田、温州、安福、鄱县、永嘉、永兴、耒阳、德安、临澧、遂昌、九江、祁阳、临安、阳新、彭泽、永新、衡山、永修、东乡、丰城、桐庐、黄石、蕲春、黄梅、高安、金溪、磐安、冷水江、汨罗、开化、宁冈、都昌、樟树、桃江、贵溪、鹰潭、奉新、缙云、余江、松阳、浠水、浏阳、弋阳、莲花、浦江、进贤、安义、萍乡、仙居、新干、婺源、建德、靖安、东阳、武穴、衡东、韶山、湘阴、浮梁、长沙、新建、淳安、万年、津市、衢县、龙游、义乌、南昌、望城、铅山、醴陵、余干、乐平、横峰、广丰、波阳、江山、德兴、常山、丽水、安仁、武义、宁乡、攸县、瑞昌、玉山、益阳、上饶、金华、兰溪、湘潭、株洲、茶陵、永康

于危险度在此处很高，而且暴露度也偏高所导致的。所以对于湖北早稻种植区而言，降低危险度和暴露度，重点防护分蘖期冷害、孕穗期冷害和灌浆期热害对早稻的危害，同时适当播种其他经济作物可以有效降低风险。湖南省南部危险度、暴露度和脆弱度都很低，是研究区域内的低风险区；湖南中部为高风险区，主要是危险度、脆弱度和暴露度偏高且防灾减灾能力偏低造成的，冷害和热害容易影响到湖南地区的早稻生产，而且较高的暴露性使早稻避之不及，再加上防灾减灾能力较差，风险较大。江西省东北部地区脆弱度和暴露度很高，危险度较高再加上防灾减灾能力偏低，使风险度基本在0.4以上，所以为降低风险需要注意分蘖期冷害和灌浆期热害，同时降低作物自身脆弱性，提高社会防灾减灾能力；江西省东南部冷害和热害综合危险度很低、脆弱度不高，使这里成为研究区低风险重要地区，早稻生长风险很小；江西省中部处于中等风险区，危险度较高，较易受到分蘖期冷害和灌浆期热害的威胁，而且暴露度也偏高。浙江省中西部地区综合风险很高，具体来看主要原因在于该地区开花期冷害、开花期热害和灌浆期热害经常发生，导致这里危险度非常高，不适合早稻种植；而浙江省东北部地区危险度不高，脆弱度偏低且暴露度也不高，是风险低值区。

从降低风险的角度来看，江西省早稻种植存在的主要问题是暴露度高和防灾减灾能力偏低，危险性偏大冷害、热害偏多，脆弱度偏高，所以江西省减小风险的空间很大，提高社会经济能力，政府加大对农业生产的扶持力度，降低暴露度、提高防灾减灾能力能够在很大程度上降低江西省早稻种植的风险。浙江省高风险主要是由于开花期冷害、热害和灌浆期热害对浙江中西部造成非常高的危险度，所以此区域不大适合种植目前的双季早稻品种，可改种一季稻以规避六七月份酷暑天气对开花和灌浆造成的危害。湖南省早稻生产的主要问题在于中东部地区种植面积较大，暴露度高，若有强冷害、热害发生则会造成严重减产，影响湖南整体经济收入，所以对于湖南而言，调整产业结构，适当缩减中东部早稻种植面积更有利于早稻稳产、增产。湖北省早稻种植区主要在全省东部，这里靠近两湖地区，分蘖期冷害和孕穗期冷害常常发生导致穗小粒少，但通过农业管理措施比如适时插秧、科学灌水、控制施肥等能够较好地改善种植情况。

参考文献

蔡菁菁，王春乙，张继权. 东北地区不同生长阶段干旱冷害危险性评价[J]. 气象学报，2013，**71**(5)：976-986.

陈升孛，刘安国，张亚杰，等. 2013. 气候变化背景下湖北省水稻高温热害变化规律研究[J]. 气象与减灾研究，**36**(2)：51-56.

高峰，刘江，杨新刚，等. 2013. 基于Fisher最优分割法的机床热关键点优化研究[J]. 仪器仪表学报，**34**(5)：1070-1075.

高素华，王培娟，等. 2009. 长江中下游地区高温热害对水稻的影响评价[M]. 北京：气象出版社.

高晓容，王春乙，张继权，等. 2014a. 东北地区玉米主要气象灾害风险评价模型研究[J]. 中国农业科学，**47**(21)：4257-4268.

高晓容，王春乙，张继权，等. 2014b. 东北地区玉米主要气象灾害风险评价与区划[J]. 中国农业科学，**47**(24)：4805-4820.

韩湘玲. 1991. 作物生态学[M]. 北京：气象出版社.

湖北省统计局. 2010. 湖北统计年鉴[M]. 北京：中国统计出版社.

湖南省统计局. 2010. 湖南统计年鉴[M]. 北京：中国统计出版社.

黄淑娥，田俊，吴慧峻. 2012. 江西省双季水稻生长季气候适宜度评价分析[J]. 中国农业气象，**33**(4)：527-533.

江西省统计局. 2010. 江西统计年鉴[M]. 北京：中国统计出版社.

李民政. 1982. 汕优 6 号秋季低温冷害指标问题的研究[J]. 浙江农业科学，**23**(4)：177-180.

李祎君，王春乙. 2007. 东北地区玉米低温冷害综合指标研究[J]. 自然灾害学报，**16**(6)：15-20.

李勇，杨晓光，叶清，等. 2013. 全球气候变暖对中国种植制度可能影响Ⅸ. 长江中下游地区单双季稻高低温灾害风险及其产量影响[J]. 中国农业科学，**46**(19)：3997-4006.

梁仕莹，孙东升，杨秀平，等. 2008. 2008—2020 年我国粮食产量的预测分析[J]. 农业经济问题，(S2)：132-140.

刘瑞龙，程纯枢. 1986. 中国农业百科全书：农业气象卷[M]. 北京：农业出版社.

刘伟昌，张雪芬，余卫东，等. 2009. 长江中下游水稻高温热害时空分布规律研究[J]. 安徽农业科学，**37**(14)：6454-6457.

陆魁东，罗伯良，黄晚华，等. 2011. 影响湖南双季早稻生产的五月低温的风险评估[J]. 中国农业气象，**32**(2)：283-289.

那家凤. 1998. 基于均生函数水稻扬花低温冷害程度的 EOF 预测模型[J]. 中国农业气象，**19**(4)：50-52.

南方水稻、油菜和柑桔低温灾害 GB/T 27959—2011[S]. 北京：中国标准出版社.

潘敖大，高苹，刘梅，等. 2010. 基于海温的江苏省水稻高温热害预测[J]. 应用生态学报，**21**(1)：136-144.

全国农业气象灾害库. http://202.127.42.157/moazzys/zaihainew/index.htm.

全国杂交稻气象科研协作组. 1980. 杂交稻秋季冷害指标及其变化规律的探讨[J]. 气象，**31**(11)：1-4.

史培军. 2005. 四论灾害系统研究的理论与实践[J]. 自然灾害学报，**14**(6)：1-7.

田俊，聂秋生，崔海建. 2013. 早稻乳熟初期高温热害气象指标试验研究[J]. 中国农业气象，**34**(6)：710-714.

王春乙，蔡菁菁，张继权. 2015a. 基于自然灾害风险理论的东北地区玉米干旱、冷害风险评价[J]. 农业工程学报，**31**(6)：238-245.

王春乙，张继权，霍治国，等. 2015b. 农业气象灾害风险评估研究进展与展望[J]. 气象学报，**73**(1)：1-19.

王冬妮，郭春明，刘实，等. 2013. 吉林省水稻延迟型低温冷害气候风险评价与区划[J]. 气象与环境学报，**29**(1)：103-107.

王艳玲，邹锦明，李建东，等. 2011. 益阳市高温热害评估[J]. 气象与环境科学，**33**(4)：48-52.

王志春，杨军，姜晓芳，等. 2013. 基于 GIS 的内蒙古东部地区玉米低温冷害精细化风险区划[J]. 中国农业气象，**34**(6).

魏凤英. 2007. 现代气候统计诊断与预测技术[M]. 北京：气象出版社.

温克刚，陈双溪. 2005. 中国气象灾害大典：湖南卷[M]. 北京：气象出版社.

温克刚，陈双溪. 2006a. 中国气象灾害大典：江西卷[M]. 北京：气象出版社.

温克刚，陈双溪. 2006b. 中国气象灾害大典：浙江卷[M]. 北京：气象出版社.

温克刚，陈双溪. 2007. 中国气象灾害大典：湖北卷[M]. 北京：气象出版社.

杨城，曾繁华. 2005. Fisher 最优分割的并行算法研究[J]. 韩山师范学院学报，**26**(6)：44-48.

张方方，刘安国，刘志雄. 2009. 湖北省水稻高温热害发生规律的初步研究[J]. 现代农业科学，**16**(5)：217-218.

张继权，李宁. 2007. 主要气象灾害风险评价与管理的数量化方法及其应用[M]. 北京：北京师范大学出版社.

浙江省统计局. 2010. 浙江统计年鉴[M]. 北京：中国统计出版社.

主要农作物高温危害指标 GB/T 21985—2008[S]. 北京：中国标准出版社.

Jones P D. 1988. Hemispheric surface air temperature variations: recent trend and an updata to 1987[J]. *Journal of Climate*, **1**(6): 654-660.

Torrence C, Compo G P. 1998. A practical guide to wavelet analysis [J]. *Bulletin of the American Meteorological society*, **79**(1): 61-78.

第 5 章　长江中下游地区一季稻高温热害风险评估与区划

水稻是世界第二大粮食作物，长江中下游地区是中国水稻的主产区之一，其面积占全国水稻种植面积的 70%左右，其粮食生产直接关系到国家的粮食安全。长江中下游地区属亚热带、暖温带气候过渡带，区域气候环境复杂，夏季易发生灾害性天气，一季稻高温敏感期正好处于夏季气温最高时期，高温热害风险之大属全球罕见，已引起世界范围内的关注。在未来气候变暖的趋势下，该地区极端高温、热浪事件的发生频率以及风险等级很可能继续增加。本章利用长江中下游地区 1961—2011 年气象数据和 1981—2011 年一季稻生育期资料，通过分析农业气候资源的变化、温度倾向率时空分布以及高温热害在各年代的空间分布规律，探究长江中下游地区一季稻生育期内气候变化特征，结合气象灾害风险理论和农业气象灾害风险形成机制，从致灾因子的危险性、承灾体脆弱性、承灾体暴露性和防灾减灾能力四个方面入手，构建长江中下游地区一季稻高温热害风险评估指标体系和模型。利用高温热害天数构建了危险性评估模型，绘制了各年代和近 50 年平均的危险性空间分布图，分析危险性在各年代之间的变化，全面掌握危险性的时空分布特征。以一季稻种植面积和耕地面积之比作为暴露性指标，构建了暴露性评估模型。综合考虑敏感性、恢复能力和抵抗能力，采用灾年减产率变异系数、环境适应指数以及区域农业经济发展水平作为脆弱性评估指标，建立脆弱性评估模型。选取反映农业现代化水平的农业机械总动力、农民人均纯收入以及农村用电量作为防灾减灾能力的评估指标，用产量波动差异参数 Q 作为参考指标，利用加权综合评估法建立防灾减灾能力评估模型，进行长江中下游地区一季稻防灾减灾能力评估。最后通过相乘法建立了一季稻高温热害“三因子”和“四因子”风险模型，分别进行一季稻高温热害“三因子”和“四因子”风险评估与区划。并通过危险性与气温的相关性初步探究一季稻风险对气候变化的响应规律，以期为进一步深入研究气候变化影响、高温热害风险及制订国家粮食安全策略等提供借鉴和科学依据。

5.1　数据处理与研究方法

5.1.1　研究区概况

长江中下游地区（27°50′～34°N，111°05′～123°E）北界淮阳丘陵和黄淮平原，南界江南丘陵及浙闽丘陵，包括湖南、湖北、浙江、江西、上海、江苏、安徽。其中一季稻种植区包括湖北、安徽、江苏全省及湖南西部和浙江北部（本研究未包括上海市）。研究区属亚热带季风气候，四季分明、降水充沛、光照充足，年平均气温 14～18 ℃，最冷月平均气温 0～5.5 ℃，最热月平均气温 27～28 ℃，年降水量 1000～1500 mm，由北向南递增，无霜期 210～270 d，年太阳辐射总量平均为 4370.3 MJ/m^2，年日照时数为 1806.4 h，由东北向西南递减。研究区内地形以低山丘陵和平原相间分布为主，地势西高东低（高素华 等，2009）。水资源丰富，农业发达，耕作制度为一年二熟或三熟。

5.1.2　数据来源

研究资料包括农业气象数据、气象数据、高温热害历史记载资料和社会统计数据。农业气象数据选用长江中下游地区一季稻连续种植超过 10 年的 36 个农业气象观测站点(见图 5.1)。其中湖北 14 站,湖南 4 站,安徽 6 站,江苏 8 站,浙江 4 站。一季稻生育期观测资料与气象资料均来自国家气象信息中心。生育期资料包括 1981—2011 年各站的一季稻播种、出苗、三叶、移栽、返青、分蘖、拔节、孕穗、抽穗、灌浆、乳熟和成熟期日期,以及所选站点所在行政县(市)历年一季稻单产和总产数据。气象资料为与农业气象观测站对应的 36 个气象台站 1961—2011 年的逐日气象数据,包括平均气温、最高气温、最低气温、日照时数和降水量。高温热害历史记载资料来源于《中国气象灾害大典:湖北卷》《中国气象灾害大典:湖南卷》《中国气象灾害大典:安徽卷》《中国气象灾害大典:江苏卷》和《中国气象灾害大典:浙江卷》(温克刚等,2007a,2006a,2007b,2008,2006b)。社会统计资料来源于 2010 年《湖北统计年鉴》《安徽统计年鉴》《江苏统计年鉴》《浙江统计年鉴》和《湖南统计年鉴》中社会、农业方面的统计数据,包括种植面积、耕地面积、农业机械总动力、农民人均纯收入和农村用电量。

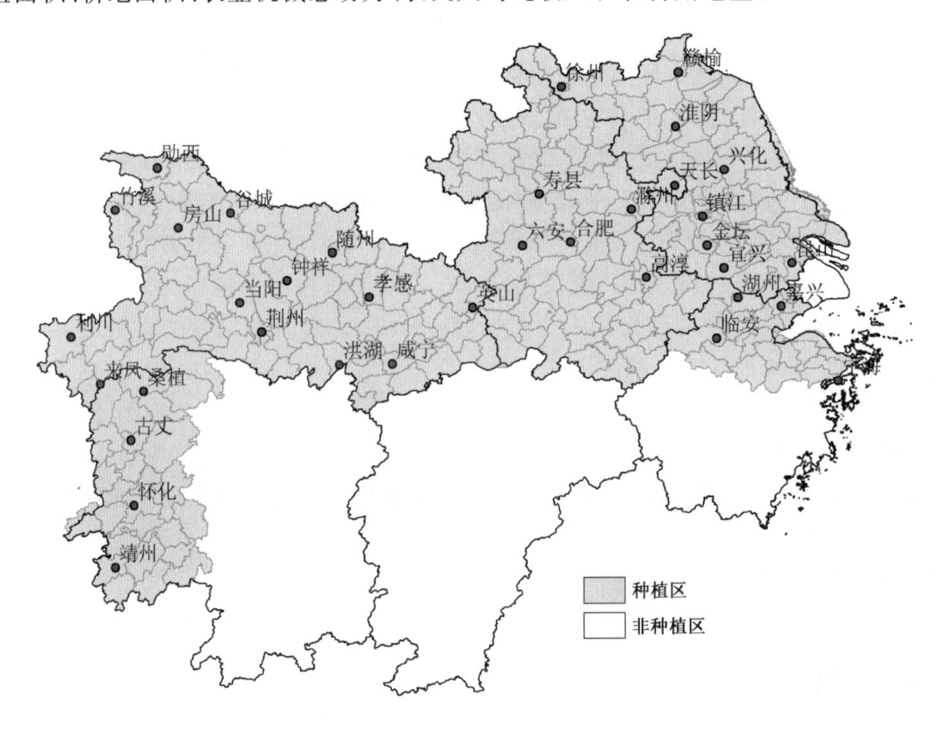

图 5.1　长江中下游地区 36 个农业气象观测站点分布

5.1.3　数据处理

气象资料:利用 Fortran 语言将 36 个农业气象观测站点 1961—2011 年气温、降水量以及日照时数逐日资料处理成各站点各年一季稻生育期内年月的平均气温、最高气温、最低气温的平均值,全生育期内降水量、日照时数的累计值。

生育期资料：采用多年同一生育期平均值反映当地生育期的一般日期(王春乙 等,2010)。

空间插值：利用 ArcGIS 软件提供的反距离权重插值法(IDW)进行空间插值，生成空间栅格数据，基于 ArcGIS 默认的 Natural Breaks 分类方法，将分布图划分为五个等级，利于区域分布规律的分析。这种分类方法使得类别之间差异明显，类别内部差异最小。

5.1.4 研究方法

(1)减产率

农作物实际产量(Y)可以分离为趋势产量(Y_t)、气象产量(Y_w)和随机“噪声”(ΔY)三部分：

$$Y = Y_t + Y_w + \Delta Y \tag{5.1}$$

式中，Y 为单产；Y_t 为趋势产量，反映农业技术水平导致的产量提高；Y_w 为气象产量，受气象因子影响的产量。采用直线滑动平均法模拟趋势产量(薛昌颖 等,2003)。相对气象产量为：

$$Y_r = \frac{Y_w}{Y_t} \times 100\% \tag{5.2}$$

相对气象产量表明偏离趋势产量波动的相对变率，是产量波动的幅值，即为减产率，不受时间和空间的影响，具有可比性。当 Y_r 为负值时，表明气象条件对作物生产总体不利，作物减产。

(2)灰色关联度分析方法

灰色关联度分析方法是根据因素之间的发展态势的相似或差异程度，来衡量因素间关联程度的方法。灰色关联评估系统根据所给出的评估标准或比较数列，依据关联度计算公式，通过计算参考数列与各评估标准或比较序列的关联度大小，评判各比较序列与参考序列的接近程度，灰色关联度越大，说明与具有系统特征的参考序列越接近，评估效果越好(张继权 等,2007)。

首先，对参考数列和比较数列进行无量纲化处理。选取均值处理方法。

其次，确定关联系数的计算公式。灰色关联系数的计算方法如下：

$$\zeta_{ik} = \frac{\min\limits_i \min\limits_k |y_0(k) - y_i(k)| + \rho \max\limits_i \max\limits_k |y_0(k) - y_i(k)|}{|y_0(k) - y(j)| + \rho \max\limits_i \max\limits_k |y_0(k) - y_i(k)|} \tag{5.3}$$

式中，y_0 为参考序列的指标因子；y_i 为比较序列的第 i 个评估指标因子($i=1,2,3,4$)；ρ 为分辨系数，其作用在于削弱最大绝对差值因过大而失真的影响，以提高关联系数之间的差异显著性，通常取 0.5；$k=1,2,\cdots,n$。ζ_{ik} 为 y_i 对 y_0 在 k 时刻的关联系数，也就是第 i 个指标因子第 k 项与参考序列的指标因子的关联度。

再次，计算关联度。计算每一个评估指标因子 i 每一项 k 的关联系数。关联系数的数不止一个，过于分散不便于比较，因此有必要将各个时刻的关联系数集中为一个值，再计算每一个评估指标总的关联系数。认为各项因子的贡献率是等价的，求其平均值便是关联度，表达式为：

$$r_i = \frac{1}{n}\sum_{k=1}^{n}\zeta_{ik} \tag{5.4}$$

式中，r_i 是关联度。关联度越大，表明比较数列对参考数列的依赖性越强，两者的关系越紧密。反之亦然。

最后，根据关联度计算 m 个评估指标因子对应的权重 w_i：

$$w_i = \frac{r_i}{\sum_{k=1}^{m} r_i} \tag{5.5}$$

(3)标准化处理方法

为了消除指标不同量纲对评估结果的影响，对所有的评估指标进行极差标准化处理，使指标在 0～1 之间，最优值为 1，最劣值为 0，便于比较。计算方法如下：

正向指标：
$$X_i = \frac{x_i - x_{\min}}{x_{\max} - x_{\min}} \tag{5.6}$$

负向指标：
$$X_i = \frac{x_{\max} - x_i}{x_{\max} - x_{\min}} \tag{5.7}$$

式中，X_i 为标准化处理之后的第 i 项指标值，x_i 为第 i 个对象的指标值，$x_{\max}$ 和 $x_{\min}$ 分别为指标的最大值和最小值。

(4)加权综合评估法

防灾减灾能力模型采用加权综合评估法(张继权 等，2007)。加权综合评估法是假设由于指标 i 量化值的不同，每个指标 i 对于特定因子 j 的影响程度存在差别，依据指标的重要程度合理确定权重系数，乘以指标量化值，进行累加，用公式表达为：

$$C_j = \sum_{i=1}^{m} Q_{ij} W_i \tag{5.8}$$

式中，C_j 是评估因子的总值；Q_{ij} 是对于因子 j 的指标 $i(Q_{ij} \geqslant 0)$；W_i 是指标 i 的权重值($0 \leqslant W_{ci} \leqslant 1$)，通过灰色关联度分析方法得出；$m$ 是指标个数。

5.2 长江中下游地区一季稻高温热害风险识别与分析

5.2.1 一季稻高温热害指标

5.2.1.1 指标选取

长江中下游地区一季稻通常在 7 月中下旬—8 月上旬抽穗开花，水稻开花后经过 25～45 d 左右成熟，此时正值副热带高压控制期，是长江流域的高温、少雨的干燥阶段，因此高温对一季稻穗分化、开花影响较大。

长江中下游地区一季稻抽穗期日期(见表 5.1)出现在 7 月底—9 月初。大部分站点的抽穗期出现于 8 月份，各省略有差别，其中湖南省最早，抽穗期为 7 月 31 日，浙江省最晚，为 9 月 2 日，湖北、安徽、江苏抽穗期日期均在 8 月份，且依次延后。

一季稻高温热害主要发生时期是孕穗开花期和灌浆期(霍治国 等，2009；张倩 等，2011)。水稻孕穗开花期遭遇高温热害导致颖花不育，花粉的畸形率增加，影响水稻开花、散粉、受精过程。水稻灌浆期遭遇高温热害可导致秕粒率增加，实粒率和千粒重降低。另外，高温还加速了植株的呼吸强度，使叶温升高，整个植株体代谢也明显失调，最终表现为“逼熟”现象。根据一季稻高温敏感期生理学基础和夏季高温频发时段，参考已有研究成果，将高温热害研究时段定为抽穗期前后 20 d(霍治国 等，2009)。

表 5.1　长江中下游地区 36 个农气站点一季稻抽穗期日期

省份	站名	抽穗期	省份	站名	抽穗期	省份	站名	抽穗期
湖北	竹溪	8 月 8 日	湖北	孝感	8 月 11 日	江苏	徐州	8 月 22 日
	勋西	8 月 15 日		洪湖	8 月 19 日		赣榆	8 月 23 日
	房县	8 月 11 日	安徽	寿县	8 月 16 日		昆山	9 月 4 日
	谷城	8 月 12 日		滁州	8 月 18 日		高淳	9 月 2 日
	钟祥	8 月 15 日		合肥	8 月 17 日	湖南	桑植	8 月 3 日
	随州	8 月 11 日		六安	8 月 6 日		古丈	8 月 4 日
	利川	8 月 14 日	江苏	天长	8 月 13 日		怀化	7 月 27 日
	当阳	8 月 9 日		宜兴	9 月 2 日		靖州	7 月 29 日
	荆州	8 月 10 日		淮阴	8 月 23 日	浙江	临安	8 月 28 日
	来凤	8 月 2 日		兴化	8 月 25 日		湖州	9 月 9 日
	英山	8 月 10 日		镇江	8 月 30 日		嘉兴	9 月 8 日
	咸宁	8 月 6 日		金坛	9 月 3 日		宁海	8 月 27 日

沿用前人研究成果(高素华 等，2009；冯明 等，2008)，以 $T_{mean}\geqslant30$ ℃或 $T_{max}\geqslant35$ ℃作为判别水稻抽穗开花期受害的临界温度指标(见表 5.2)。将持续 3 d 以上的高温作为一次高温过程，以高温过程的持续天数作为灾害强度指标，以轻度(3～4 d)、中度(5～6 d)、重度(≥7 d)灾害分级。在此基础上，统计了长江中下游地区一季稻各站每年高温热害天数、次数、频率和强度，并计算出各站各年代相应的统计值。

表 5.2　长江中下游地区一季稻高温热害等级指标

等级	轻度	中度	重度
日最高气温(℃)	≥35	≥35	≥35
日平均气温(℃)	≥30	≥30	≥30
持续时间(d)	3～4	5～6	≥7

5.2.1.2　指标验证

为了验证高温热害等级标准划分的可行性和合理性，本章选择了资料记载较完备且高温热害发生频繁的湖北的英山、随州、孝感和荆州四站对比验证。表 5.3 是根据本章高温热害指标和等级划分判别出来的各站高温热害发生情况，其中 1 代表轻度，2 代表中度，3 代表重度。《中国气象灾害大典：湖北卷》(温克刚 等，2007a)中发生高温干旱的年份均被判别出来，基本相符。

《中国气象灾害大典：湖北卷》中记载的高温干旱年份有 1966，1970，1971，1974，1976，1978，1981，1984，1985，1988，1990，1992，1994，1997，1998，2000 等年份，《中国气象灾害年鉴》(中国气象局，2001，2002，2003，2004，2005，2006，2007，2008，2009，2010，2011)中记载的高温年份有 2001，2002，2005，2007，2011 等年份，均可以用所选指标判别出。其中，较典型的高温热害年，如 1976 年，《中国气象灾害大典：湖北卷》记载为：7 月 20 日—8 月 26 日，西太平洋副热带高压势力一直很强，湖北省处于其稳定控制之下，晴旱少雨。属高温干旱年。全省成灾面

表 5.3　高温热害指标判别的长江中下游地区一季稻高温天数及热害等级

随州	高温天数(d)	热害等级	荆州	高温天数(d)	热害等级	孝感	高温天数(d)	热害等级	英山	高温天数(d)	热害等级
1964	7	1	1961	6	1	1964	12	2	1961	6	1
1966	13	2	1964	4	1	1966	14	2	1964	11	2
1967	14	2	1966	14	2	1967	11	2	1966	17	3
1969	5	1	1967	13	2	1969	5	1	1967	16	2
1970	5	1	1969	3	1	1970	6	1	1968	5	1
1971	5	1	1970	7	1	1972	3	1	1969	3	1
1972	9	2	1972	9	2	1973	8	1	1970	12	2
1973	8	1	1976	22	3	1974	5	1	1971	7	1
1974	4	1	1978	7	1	1976	21	3	1972	4	1
1976	10	2	1979	9	2	1978	21	3	1973	9	2
1977	8	1	1981	8	1	1981	7	1	1974	3	1
1978	11	2	1983	4	1	1983	7	1	1976	15	2
1979	7	1	1984	3	1	1984	6	1	1977	6	1
1981	3	1	1985	5	1	1985	6	1	1978	28	3
1983	5	1	1988	9	2	1987	3	1	1981	8	1
1984	4	1	1990	3	1	1988	10	2	1983	12	2
1985	3	1	1992	11	2	1990	4	1	1984	5	1
1986	3	1	1993	3	1	1992	10	2	1985	8	1
1988	3	1	1994	10	2	1994	8	1	1986	6	1
1990	3	1	1996	3	1	1996	6	1	1987	3	1
1992	5	1	1997	6	1	1997	7	1	1988	8	1
1994	7	1	1998	9	2	1998	9	2	1990	4	1
1996	3	1	2001	3	1	1999	4	1	1992	11	2
1997	3	1	2002	6	1	2001	5	1	1994	17	3
2001	4	1	2003	8	1	2002	3	1	1996	10	2
2002	3	1	2005	3	1	2003	7	1	1997	4	1
2003	7	1	2007	5	1	2005	4	1	1998	7	1
2005	3	1	2009	11	2	2007	5	1	2000	10	2
2007	4	1	2010	6	1	2008	5	1	2001	8	1
2009	6	1	2011	7	1	2009	12	2	2002	15	2
2010	6	1				2010	7	1	2004	3	1
2011	3	1				2011	3	1	2005	7	1
									2006	6	1
									2007	11	2
									2008	5	1
									2009	4	1
									2010	14	2

积1000万亩*。本章所选指标判别出随州和英山高温天数分别为10 d和15 d,属于中度热害,荆州和孝感高温天数为22 d和21 d,属于重度热害。又如1978年,《中国气象灾害大典:湖北卷》记载为:6月下旬进入盛夏,9月上旬末受强冷空气影响,西太平洋副高东退,才结束持续了70余日的高温少雨期。大部分地区先后从6月底或7月初开始出现晴热高温天气,持续时间达70余日,英山最高气温在35℃以上的日数竟达66日之多。湖北省成灾面积2117.63万亩。本章所选指标判别出孝感和英山的高温天数分别为21和28 d,属于重度热害。本章判别指标和灾害记载基本相符。

5.2.2　长江中下游地区气候特征分析

2013年政府间气候变化专门委员会(IPCC)发布的第五次评估报告显示,1951—2012年全球平均地表温度的升温速率达到了0.12 ℃/10 a(IPCC, 2013)。农业是对气候变化最敏感的领域之一。已有研究表明,长江中下游地区的气候资源以及农业气候资源均发生了明显的变化,对农业生产已经或即将产生重要影响(刘志娟 等,2009;李勇 等,2010)。全球变暖背景下,农作物高温热胁迫的风险加大,严重影响农业生产和粮食安全,使农业生产的不稳定性增加(Zhai et al, 2005)、种植结构改变(Rosenzweig et al, 1994)、局部地区农业气象灾害事件加剧(刘彦随 等, 2010),给人类社会,尤其是农业生产,带来了巨大的影响(Lobell D B et al, 2011; Piao S et al, 2010)。

1961—2011年长江中下游地区一季稻生育期内农业气候资源变化显著。7,8月月平均气温(见图5.2a)变化较一致,1961—1993年间显著下降($P<0.05$),8月月平均气温平均倾向率为−0.40 ℃/10a,1993—2011年无明显变化,2000年后,7,8月份气温温差增大,7月气温较高,且波动较小。1961—2011年5,9,10三个月的平均气温(见图5.2b)变化较一致,均极显著增加($P<0.01$),尤其是在1993年之后,增幅变大。6月月平均气温略有增加,但未达到显著。

关于长江中下游地区夏季气温降低的现象,已有较多研究(丁一汇 等,2006),由于夏季气温与天气气候条件密切相关,受大气环流系统的影响,我国北方地区对流层低层偏强的北风异常造成了长江中下游地区的降水天气增多、云量增加、日照时间减少以及气温偏低,因而夏季气温呈下降趋势(唐国利 等,2006)。但1993年后这种下降趋势不再明显,而且2000年后8月份气温有所上升,21世纪长江中下游地区夏季温度可能继续增长,高温仍是水稻生产的主要灾害性气候因素。

日照时数(见图5.2c)呈极显著递减趋势($P<0.01$),平均倾向率为−51.50 h/10a。其变化过程可分为三个阶段:1961—1980年、1981—2000年、2001—2011年。其中1961—1980年日照时数下降幅度较大,1980—2000年和2000—2011年日照时数无明显变化,但各阶段间均显著下降。这使该区域作物的光合速率相应降低、光合能量和光合产物减少,最终影响水稻等作物的生产力和产量(李勇 等,2010)。日照时数多年平均值为1074.6 h。降水量无明显变化(见图5.2d),其中1983年之前略微上升,之后又有所下降,最高值是1983年的1118.1 mm,多年平均值为797.0 mm。降水量空间分布不均,且各年降水量波动幅度较大。气候变化背景下,极端强降水平均强度和极端强降水值都有增加趋势,极端强降水事件也趋于增多(翟盘

---

* 注:1亩$=\frac{1}{15}\text{hm}^2$。

茂 等,2007),这可能会对一季稻产生较大影响。

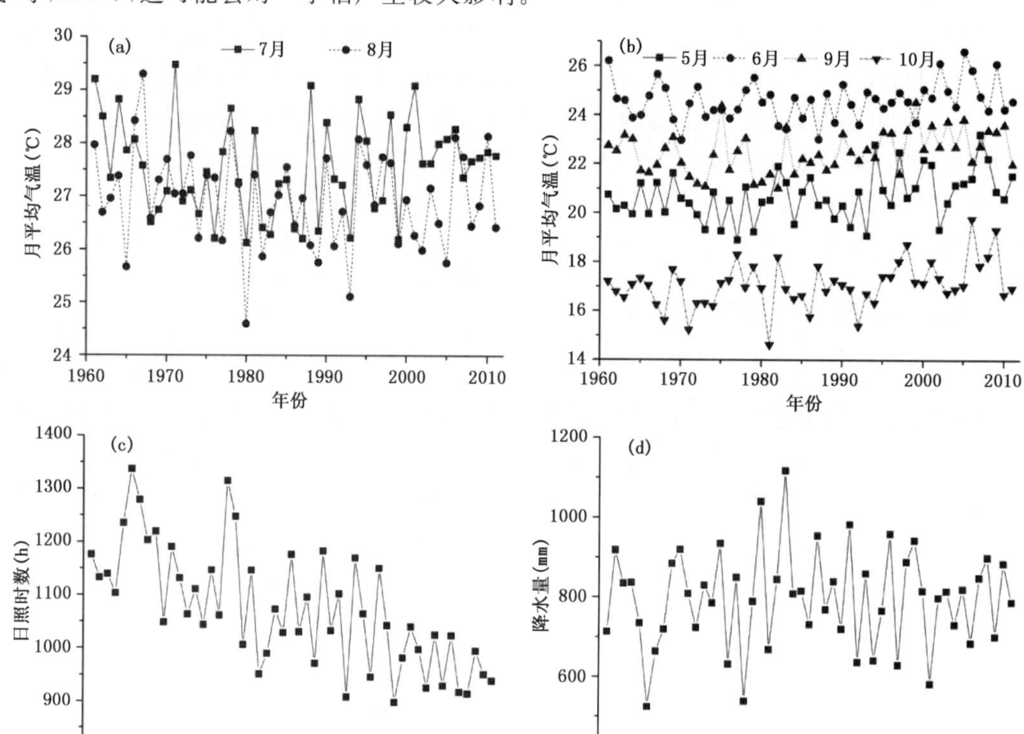

图 5.2　1961—2011 年长江中下游地区一季稻生育期内农业气候资源年际变化

(a)7,8 月月平均气温;(b)3,6,9,10 月月平均气温;(c)日照数;(d)降水量

近 20 年间,长江中下游地区一季稻生育期内(5—10 月)气温的变化尤其显著。研究区有 21 个站的 5—10 月平均气温呈上升态势($P<0.05$)(见图 5.3a),其中 13 站平均气温明显上升($P<0.01$),气温升高幅度最大的区域在江苏南部、浙江北部和湖北西部,平均倾向率大于 0.50 ℃/10 a,气温倾向率中值区在湖南南部和安徽东部,平均倾向率在 0.37～0.50 ℃/10 a,而湖北和安徽西部平均气温升高幅度不大。研究区 15 个站的 5—10 月最高气温呈上升态势($P<0.05$)(见图 5.3b),其中 10 站最高气温明显上升($P<0.01$),最高气温倾向率空间分布和平均气温倾向率类似,均是长江中下游地区东北和西南部气温上升幅度较大,而中部地区上升幅度较小。其中湖南南部、江苏南部、浙江北部和安徽东南部地区平均倾向率超过 0.42 ℃/10 a,安徽西北部、江苏北部和湖北大部分地区平均倾向率在 0.17～0.42 ℃/10 a,湖北西北部个别站点最高气温有所下降,但是幅度不大。

5.2.3　长江中下游地区一季稻高温热害风险识别

长江中下游地区一季稻高温热害发生站点数可以体现不同年份高温热害发生情况(见图 5.4)。发生灾害的站点数近 50 年呈先降后升的趋势。发生灾害的站点数在 20 世纪 60 年代波动较大,有些年份是极端高值,如 1967 年有 25 站发生灾害,而有些年份是极端低值,如 1963 年仅有 3 站发生灾害。60 年代平均发生灾害站点数是 15 站。70 年代发生灾害的站点

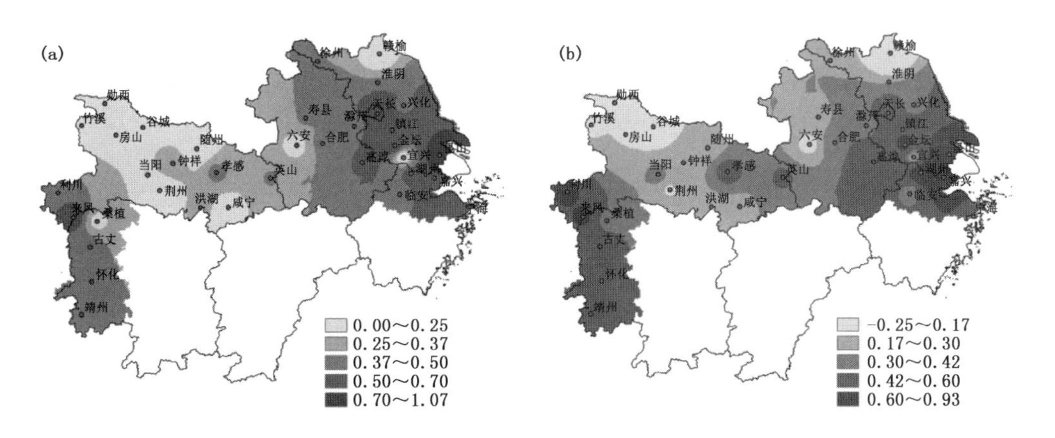

图5.3 1991—2011年长江中下游地区一季稻生育期内气温倾向率变化(℃/10a)
(a)平均气温;(b)最高气温

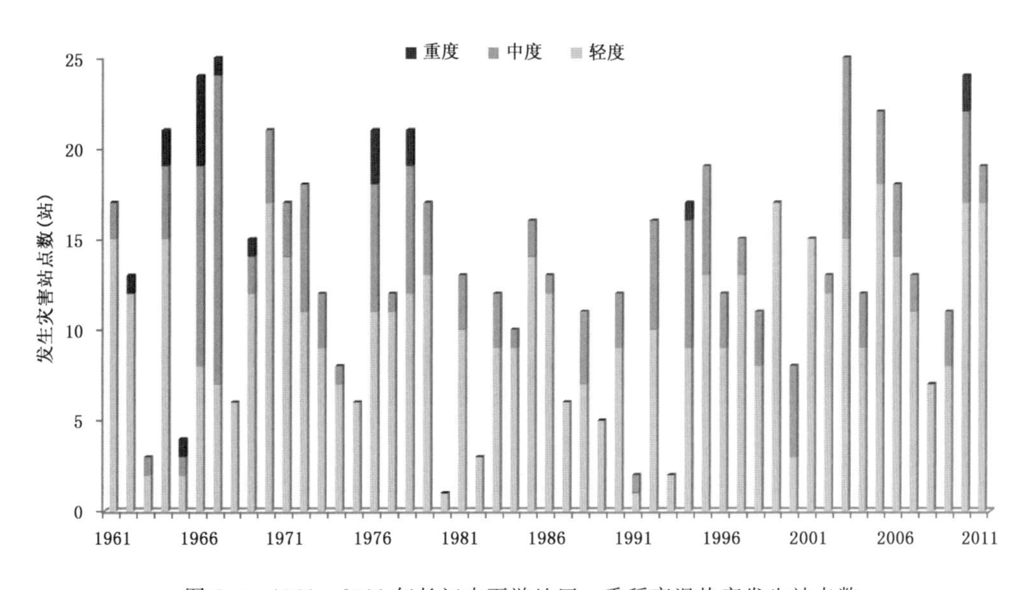

图5.4 1961—2011年长江中下游地区一季稻高温热害发生站点数

数呈先降后升的趋势,最少年份是1980年,仅有1站发生灾害,之后升至21站(1978年)。80年代站点数整体降低,平均为10站,最多年份是16站(1985年)。1991—2011年发生灾害的站点数又有所回升,最少年份是1991年,仅有2站发生热害,最多年份是2003年。2003年长江中下游地区发生严重的高温热害,25站点出现热害。1991—2011年平均14站发生热害。从灾害等级上来看,轻度热害所占比例最大,中度其次,重度热害发生站点少、年份少。平均来看,轻度热害占全部热害的77%,而重度热害仅占全部热害的2%。60年代中度和重度灾害发生站点数较其他年代偏多。中度热害站点数最多的是1967年,达17站,而1966年重度热害站点有5站。2003年中度热害也达到了10站之多。其他年份中度热害低于7站,而重度热害低于3站。由此可见,长江中下游地区一季稻高温热害在未来有可能有继续增加的趋势,高温热害主要以轻度热害为主,热害严重年份会出现重度热害。

长江中下游地区一季稻高温热害发生天数的空间分布呈环形,由高值中心向四周逐渐递减(见图 5.5)。湖北省东南部是热害高值区,咸宁是高值中心,江苏省和浙江省是热害低值区,嘉兴、昆山、赣榆等站几乎无热害发生。20 世纪 60 年代和 2000 年之后热害发生最为频繁,呈现频次高、范围广的特点。热害在 20 世纪 70 年代开始减少,到 80 年代达到最低值,之后明显增加。

多年平均的空间分布图虽然可体现高温热害的区域差异,却无法体现高温热害的年代间变化,为探究长江中下游地区一季稻高温热害年代际变化,绘制了年代际的高温热害空间分布

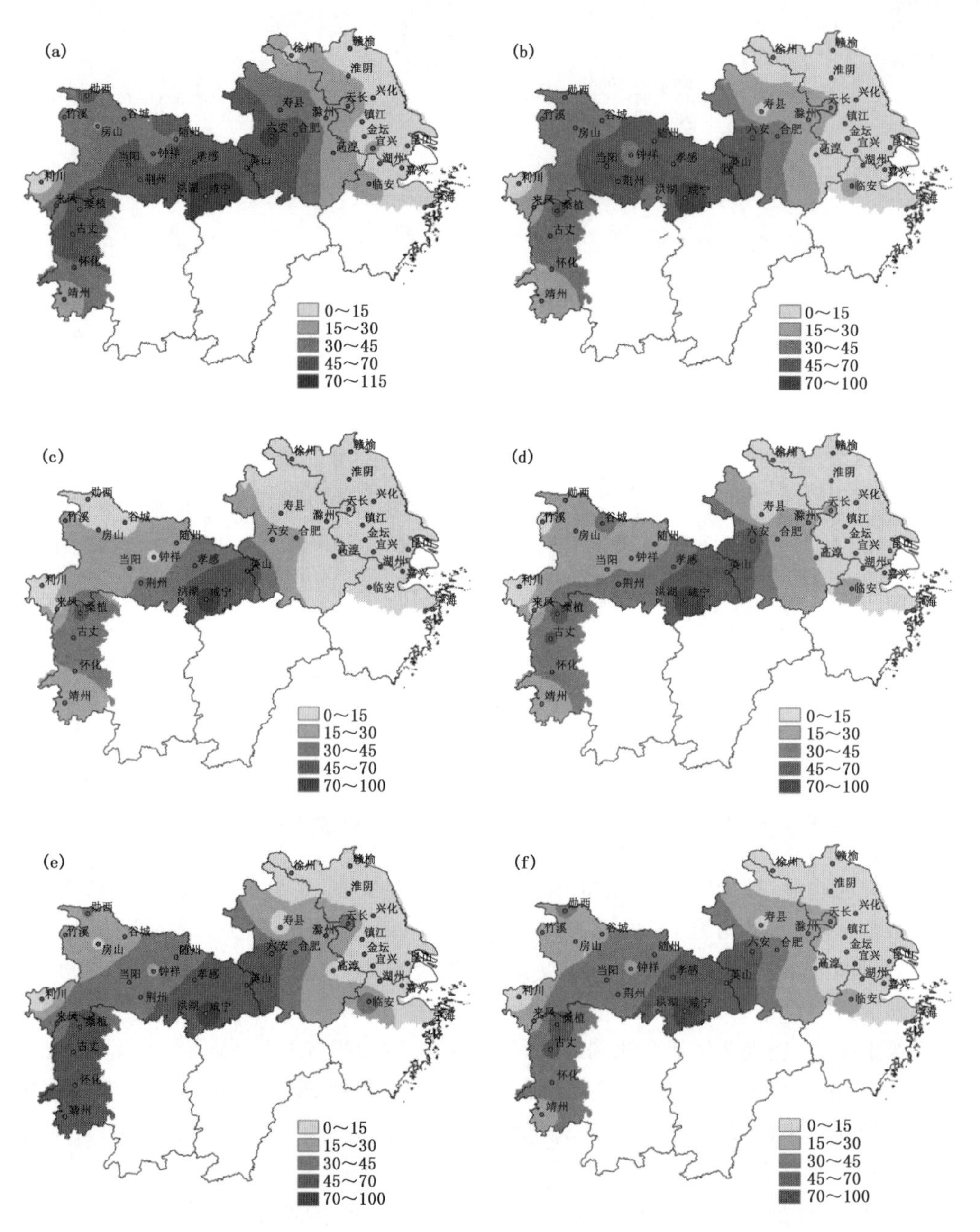

图 5.5　长江中下游地区一季稻高温热害发生天数的时空演变

(a)～(d)20 世纪 60,70,80,90 年代;(e)2000 年之后;(f)51 年平均

图,突出体现各年代高温热害特征。20 世纪 60 年代高温热害频繁,70 年代、80 年代高温热害发生天数逐渐减少,90 年代后又明显增加,与已有研究结果相符(于堃 等,2010;郑有飞 等,2012)。60 年代(见图 5.5a),咸宁高温热害达到 114 d/10 a,湖北中东部、安徽西部和湖南西北部地区热害天数均在 50 d/10 a 以上,沿海地区热害发生较少,其中 1966 年是近 51 年来高温热害最严重的年份,长江中下游地区 36 站点总热害天数为 279 d。70 年代(见图 5.5b),全区域热害天数均有所减少,湖南、安徽热害天数减少较为明显。80 年代(见图 5.5c)全区域热害天数继续减少,其中咸宁热害天数为 88 d/10 a,仅有 3 站达到 50 d/10 a,20 d/10 a 以下的站点为 25 个,其中 11 站无热害发生。90 年代(见图 5.5d)热害天数与 80 年代分布格局相似,浙江、江苏热害天数略有增加,湖北热害天数保持不变。2000 年之后(见图 5.5e)热害天数急剧增加,湖南全区热害天数均在 50 d/10 a 以上,湖北热害天数与 20 世纪 60 年代相近,而安徽东北部地区较之前有所增加,但远低于 60 年代水平,仅有 4 站无热害发生。2000 年之后,极端热害强度降低,但热害发生范围增加。热害发生天数年代际变化和 7,8 月份平均温度年代际变化相符,均为 20 世纪 60 年代和 2000 年之后是高值期,20 世纪 80 年代是低值期。2000 年之后湖南西部热害天数急剧增多是受气温明显升高的影响,与 1991—2011 年一季稻生育期内气温倾向率的变化相符,而江苏和浙江北部因气温多年来稳定偏低,所以近 20 年即使气温显著升高,但仍未达到频繁发生热害的水平,因此高温热害天数依旧较少。热害发生天数受 7,8 月份平均气温影响较大。综合来看(见图 5.5f),51 年中有 13 站热害天数为 30 d/10 a 以上,集中在湖北、湖南和安徽西部,湖北西北部因站点海拔高而热害较少,沿海地区热害较少,镇江 51 年仅发生 12 d 热害。

5.3　长江中下游地区一季稻高温热害风险评估

农业气象灾害风险评估是评估农业气象事件发生的可能性及其导致农业产量损失、品质降低以及最终的经济损失的可能性大小的过程,是一种专业性的气象灾害风险评估(王春乙 等,2010)。本章从长江中下游地区一季稻高温热害的危险性、脆弱性、暴露性和防灾减灾能力四个方面进行评估分析,从自然和社会两个角度选取反映灾害过程和影响的指标,并通过一季稻高温热害评估模型整合在一起,对一季稻高温热害进行科学管理。

5.3.1　危险性模型的建立与评估

5.3.1.1　危险性模型的建立

气象灾害的危险性,指气象灾害的异常程度,主要由气象危险因子的活动规模(强度)和活动频次(概率)决定。一般气象危险因子强度越大,频次越高,气象灾害所造成的损失越严重,气象灾害的风险也越大(张继权 等,2007)。本研究选取高温热害作为一季稻主要气象灾害,采用高温热害天数指标作为危险性评估因子,分析了长江中下游地区一季稻高温热害各年代的危险性空间分布及特征,反映高温热害年代际变化。各年代危险性的大小表示为:

$$H_i = W_i \times \sum X_i \tag{5.9}$$

式中,H_i 为第 i 年代的危险性(i=20 世纪 60 年代、70 年代、80 年代、90 年代、2000 年之后),W_i 为第 i 年代高温热害发生的频率,X_i 为每年高温热害天数,$\sum X_i$ 为第 i 年代的高温热害总天数。W_i 计算方法为：

$$W_i = \frac{Y_{ei}}{Y_i} \tag{5.10}$$

式中，Y_{ei} 是第 i 年代灾害年年数；Y_i 是第 i 年代总年数，20 世纪 60—90 年代 Y_i 为 10 年，2000 年之后为 11 年。

5.3.1.2　危险性评估

各年代危险性的空间分布均呈较好的环状分布，和热害发生天数的时空分布较相似（见图 5.6，彩图 5.6）。总体来看，湖北省东南部危险性较高，咸宁是高值中心，危险性为 0.864，是长江中下游高温热害发生最频繁的地区；湖北省东部和安徽省西部为次高值区，包括英山、六安等地，危险性在 0.3～0.5；湖北省中部、湖南省西部以及安徽省中部为危险性中值区，危险性在 0.2～0.3；沿海地区和湖北省西北部山区危险性较低，包括江苏、浙江北部、安徽东部、湖北西北部以及湖南西南部，其中嘉兴危险性最低，为 0.001，近 50 年来几乎没有高温热害发生，全区域危险性由高向低逐渐扩散减弱。湖北省东南部、安徽省西部受高温热害影响较大，而江苏和浙江等沿海地区和湖北省西北部由于海洋调节或者山地海拔较高，受高温热害影响很小。

根据与长江中下游地区灾害历史资料的统计及多年高温灾害发生的实际情况比对，本章选取的危险性指标能够较好地反映长江中下游地区高温热害发生情况。分年代来看，高温热害在 20 世纪 60 年代发生频繁（见图 5.6a），危险性大于 0.2 的有 11 个站点，呈现频次高、范围广的特点，《中国气象灾害大典》记载，60 年代湖北省几乎每年都发生高温热害，并且经常高温干旱并发，造成严重减产，危险性较高。70 年代危险性整体降低（见图 5.6b），尤其是湖南南部和湖北西南部，但空间分布仍保持 60 年代的格局。湖北省 70 年代仍有高温热害严重年份，如 1978 年。80 年代危险性急剧缩减到最低值（见图 5.6c），江苏、安徽、浙江和湖北西部均为危险性低值区，湖北东部为危险性高值区，最大值为 0.592，大于 0.2 的仅有 5 个站点。1988 年 7—8 月咸宁高温热害较严重，最高气温大于 35 ℃的日数超过 35 d，其他年份湖北省高温热害较轻或无热害发生。90 年代基本维持 80 年代的危险性格局（见图 5.6d），荆州、六安等地有所增加。2000 年代危险性又迅速升高（见图 5.6e），近一半站点危险性大于 0.2。该结果与 1991—2011 年一季稻生育期内平均气温和最高气温的平均倾向率空间分布相符，尤其是湖南省西部气温倾向率较大，所以 2000 年代湖南省西部危险性相应地迅速升高，而江苏和浙江一带由于气温始终较低，所以即使气温倾向率较大，但危险性仍然较小。从近 50 年综合来看（见图 5.6f），湖北省东部、安徽省西南部高值区和江苏省、浙江省低值区危险性较稳定，据记载，浙江省仅 1998 年发生了较严重的高温热害，但主要受灾地区在浙西盆地，一季稻种植区影响较小，所以危险性多年来一直较低。年代间变化不大，而湖北省西部、湖南省、安徽省危险性则随年代变化而波动幅度大。

5.3.2　脆弱性模型的建立与评估

5.3.2.1　脆弱性模型的建立

生态系统的脆弱性包括对外部压力的敏感性和系统应对压力的适应性，而适应性既包括作物自身的恢复能力，又包括区域对灾害的抵抗能力（IPCC，2014）。综合考虑敏感性、恢复能力和抵抗能力，采用灾年减产率变异系数、环境适应指数以及区域农业经济发展水平作为脆

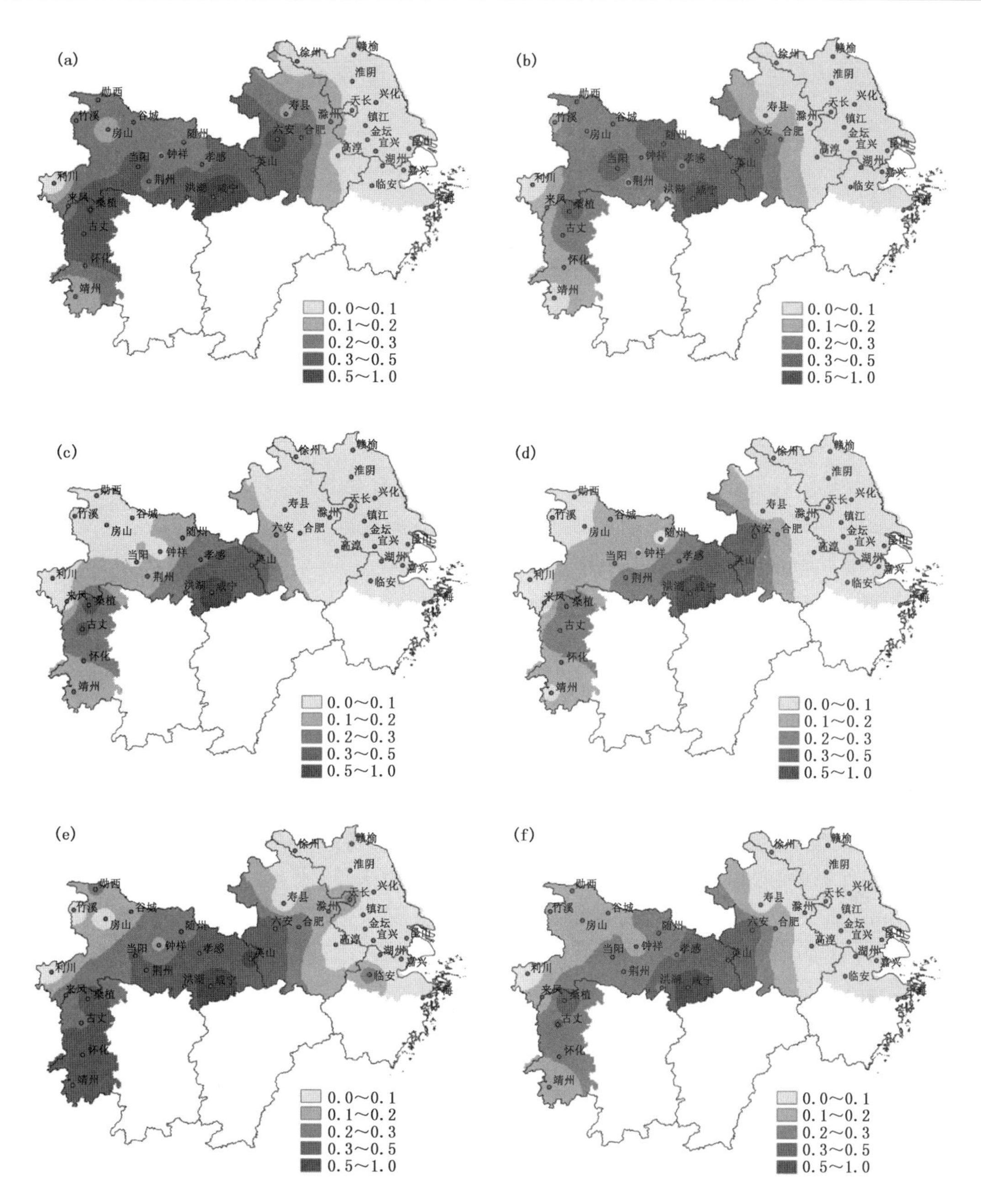

图 5.6　长江中下游地区一季稻高温热害危险性分布

(a)～(d)20 世纪 60 年代、70 年代、80 年代、90 年代；(e)2000 年之后；(f)51 年平均

弱性评估指标，建立脆弱性评估模型。计算公式如下：

$$V = \frac{S}{R_s \cdot R_a} \tag{5.11}$$

式中，V 为脆弱性指数，其值越大，一季稻对灾害的脆弱程度也就越高；S 为灾年减产率变异系数，表示一季稻对灾害的敏感程度；R_s 为环境适应指数的倒数，表示一季稻自身恢复能力；R_a 为区域农业经济发展水平，表示社会、经济等要素的适应能力，主要考虑区域农业应对灾害的能力。

定义减产率大于 5% 的年份为灾年，S 为各站灾年年份的减产率变异系数，计算公式如下：

$$S = \frac{1}{\overline{X}} \sqrt{\frac{\sum_{i=1}^{n} (X_i - \overline{X})^2}{n-1}} \tag{5.12}$$

式中，S 为灾年减产率变异系数，X_i 为第 i 年减产率，$\overline{X}$ 为灾年平均减产率，n 为灾年年数。

一季稻环境适应性指数 K_r（阎莉 等，2012）定义为：

$$K_r = \frac{|T - T_0|}{T_0} \tag{5.13}$$

$$R_s = \frac{1}{K_r} \tag{5.14}$$

式中，K_r 为环境适应性指数，T_0 为某地一季稻年平均生育期长度，T 为当年一季稻生育期长度。波动越大，说明适应性越差，波动越小，说明适应性较好。

区域农业经济发展水平 R_a 计算公式如下：

$$R_a = \frac{1}{n} \sum_{i=1}^{n} \frac{Y_i}{SY_i} \tag{5.15}$$

式中，Y_i 为某县第 i 年的粮食单产，SY_i 表示全研究区第 i 年的平均粮食单产。生产水平越高，对灾害的适应能力越高，脆弱性越小。

5.3.2.2　脆弱性评估

一季稻灾年减产率变异系数能够表征灾年作物产量的波动情况（见图 5.7）。高值中心为徐州、淮阴和怀化，灾年减产率变异系数在 0.90 以上，淮阴高达 1.4784。其中徐州、淮阴的产量受气象条件影响明显，比如 1995 年淮阴遭受严重高温干旱，水稻缺水插秧，当年产量仅为 753 kg/hm^2，而 1997 年气象条件较好，产量为 7480 kg/hm^2，相差接近 10 倍，所以淮阴的脆弱性很大，对气象灾害抵抗能力弱。江苏北部和安徽北部为次高值区，变异系数在 0.77～0.90，对灾害反应非常敏感；中值区分布在安徽和江苏的中部、湖南西部等地，变异系数在 0.65～0.77，对灾害反应较敏感；湖北大部分地区、安徽南部和浙江北部灾年减产率变异系数较小，在 0.65 以下，有高温热害发生时，减产率起伏不大，对灾害不敏感。

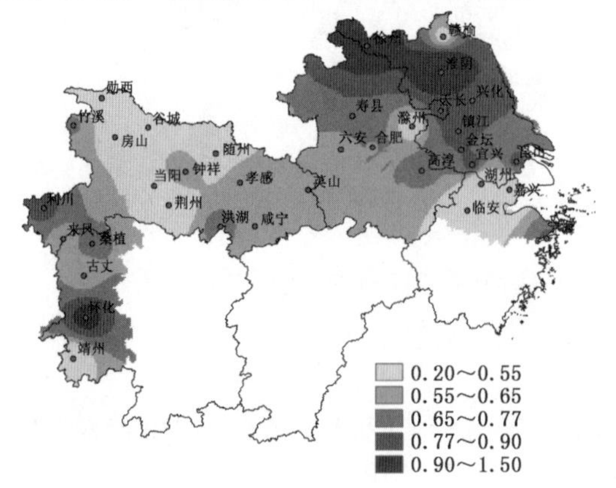

图 5.7　长江中下游地区一季稻灾年减产率变异系数

区域农业经济发展水平的低值区集中在长江中下游地区的东西两侧，中值区集中在长江中下游地区的中部，高值区为湖北的中部地区（见图 5.8）。长江中下游地区的东西两侧包括湖南西部、湖北西部、安徽东部、浙江北部以及江苏大部分地区，区域农业经济发展指数低于 0.08。湖北、湖南西部的武陵—雪峰山脉海拔较高，导致一季稻生长季气温偏低，因而一季稻产量多年一直偏低，农业经济发展水平较低，适应能力差。中值区包括安徽中西部、湖北东部等地，区域农业经济发展水平在 1.00～1.15，属于长江中下游地区平均水平。湖北中东部（钟祥、随州、荆州）和合肥区域农业经济发展水平较高，高于 1.35，其中钟祥的区域农业经济发展指数最高，为 1.58，对农业气象灾害造成的产量损失具有较好的适应能力。区域农业经济发展水平指数在 20 世纪 80 年代各地差异最大（见图 5.8a），湖北中部是高值区，江苏省是低值区，最高值站点（钟祥 1.65）和最低值站点（高淳 0.39）相差 1.26；90 年代（见图 5.8b），虽然最高值（钟祥 1.71）增高，但是指数＞1.15 的高值区范围缩小，低值区整体有所提高；2000 年之后（见图 5.8c），各地农业经济发展水平更趋近于平均，高值区、低值区缩小，中值区范围扩大，说明品种的更替、农业设施的发展和田间管理的完善使各地产量水平更加稳定和接近平均。

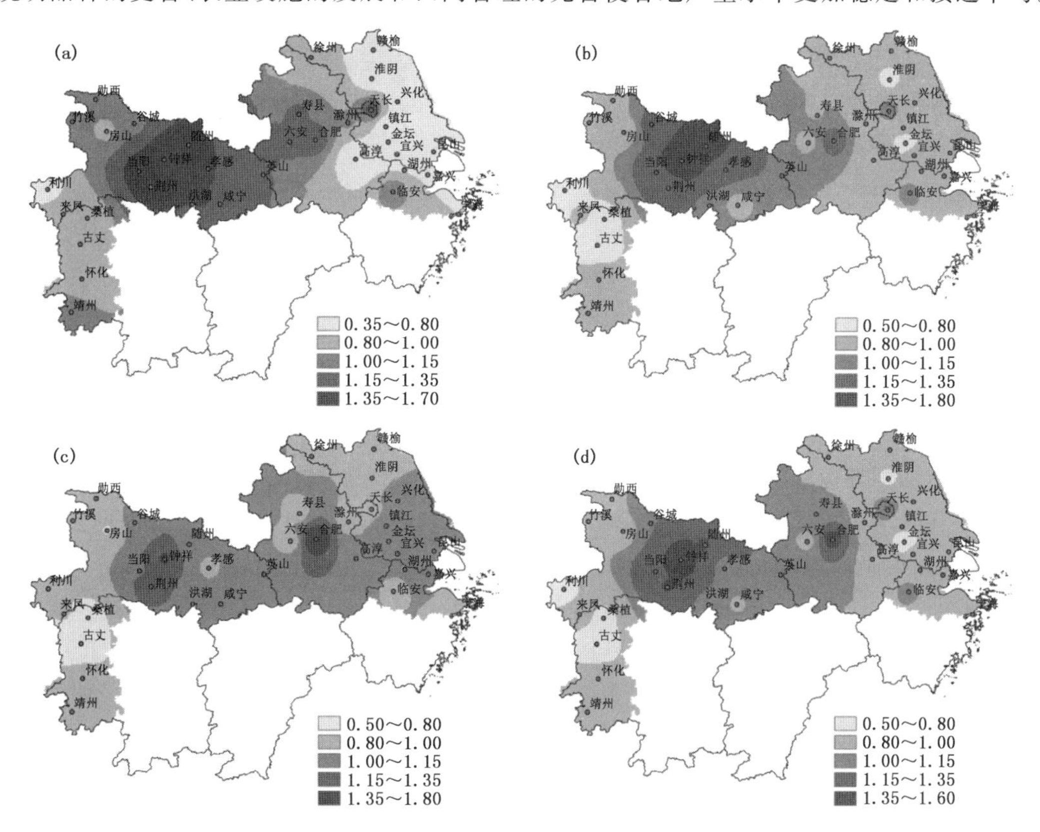

图 5.8　长江中下游地区区域农业经济发展水平

(a)～(b)20 世纪 80、90 年代；(c)2000 年之后；(d)31 年平均

1981—2011 年一季稻环境适应性指数高值区分布在安徽中东部、江苏东北部、浙江北部和湖北西南部地区（见图 5.9），均大于 0.05，其中竹溪为 0.08，30 年间生育期明显延长，由 130 d 延长到 160 d，说明这些地区一季稻生长易受环境影响，生育期长度波动较大；低值区分布在湖南西部、安徽西北部和江苏南部，环境适应性指数小于 0.04，其中金坛最小，为 0.01，说

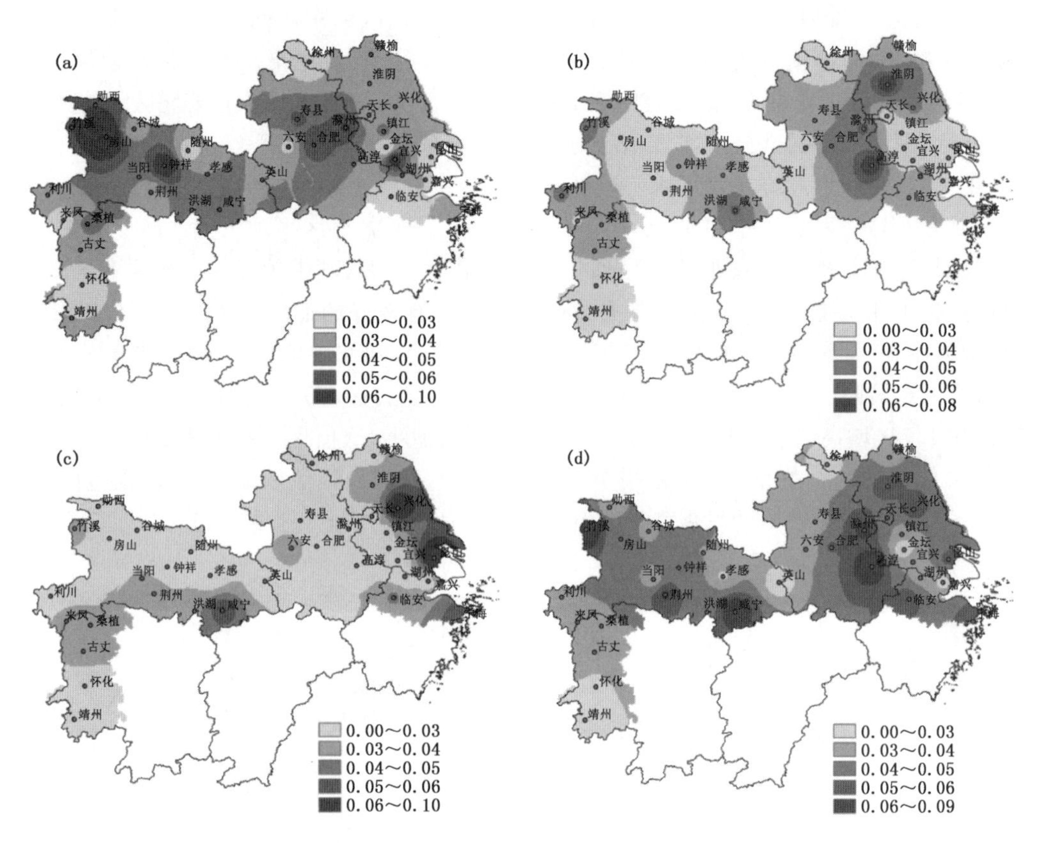

图 5.9　长江中下游地区一季稻环境适应性指数

(a)～(b)20 世纪 80、90 年代；(c)2000 年之后；(d)31 年平均

明这些地区一季稻生育期长度较平稳，受气候变化影响不大。20 世纪 80 年代，房山、钟祥等是高值中心，房山环境适应性指数为 0.0915，生育期长度波动较大，靖州、临安等为低值中心，均小于 0.03，长江中下游地区大部分区域都是中值区，生育期长度有所波动但幅度不大；90 年代，淮阴、高淳等是高值中心，大部分区域是低值区，生育期长度没有明显变化；2000 年之后，低值区面积增加，长江中下游地区大部分站点生育期长度没有明显变化，一季稻对气候变化的适应性较好，仅兴化、昆山等为高值中心，昆山达 0.0967，因为从 2007 年开始昆山种植中早熟一季稻，一季稻生育期由 150 d 降到 120 d，所以昆山环境适应性指数较高。年代际时空分布表明长江中下游地区一季稻生育期波动幅度随时间而缩小，一季稻更好地适应气候变化。

1981—2011 年一季稻脆弱性高值区为江苏和安徽东部（见图 5.10），包括淮阴、兴化、高淳、昆山、镇江等站，湖北西部山区脆弱性也较高，均高于 0.04，脆弱性高于 0.05 的站点有 6 个，其中淮阴脆弱性达 0.112；中值区位于安徽、湖南，脆弱性在 0.03～0.04；而湖北、湖南西南部、浙江北部以及安徽西部地区脆弱性较小，均小于 0.03，为脆弱性低值区，其中嘉兴为最低 0.006。不同地区脆弱性高低的原因不同，淮阴、利川的灾年减产率变异系数高，使得脆弱性高，高淳、咸宁的高环境适应指数贡献出了高脆弱性，而钟祥的区域农业经济发展指数虽然高，但是其他两因子偏低，导致脆弱性偏低。20 世纪 80 年代脆弱性最高，高值区在淮阴和宜兴，低值区在湖北中部，安徽和湖南为中值区，11 站点脆弱性大于 0.03；90 年代高值区有所缩小，淮阴、利川和高淳为脆弱性高值区，淮阴脆弱性为 0.1445，低值区面积扩展，其中湖北中部和浙江脆弱性均小于 0.02；2000 年之后长江中下游地区整体脆弱性偏低，脆弱性低值区面积继续扩展，中值区几乎缩减消失，兴化、昆山脆弱性增大。

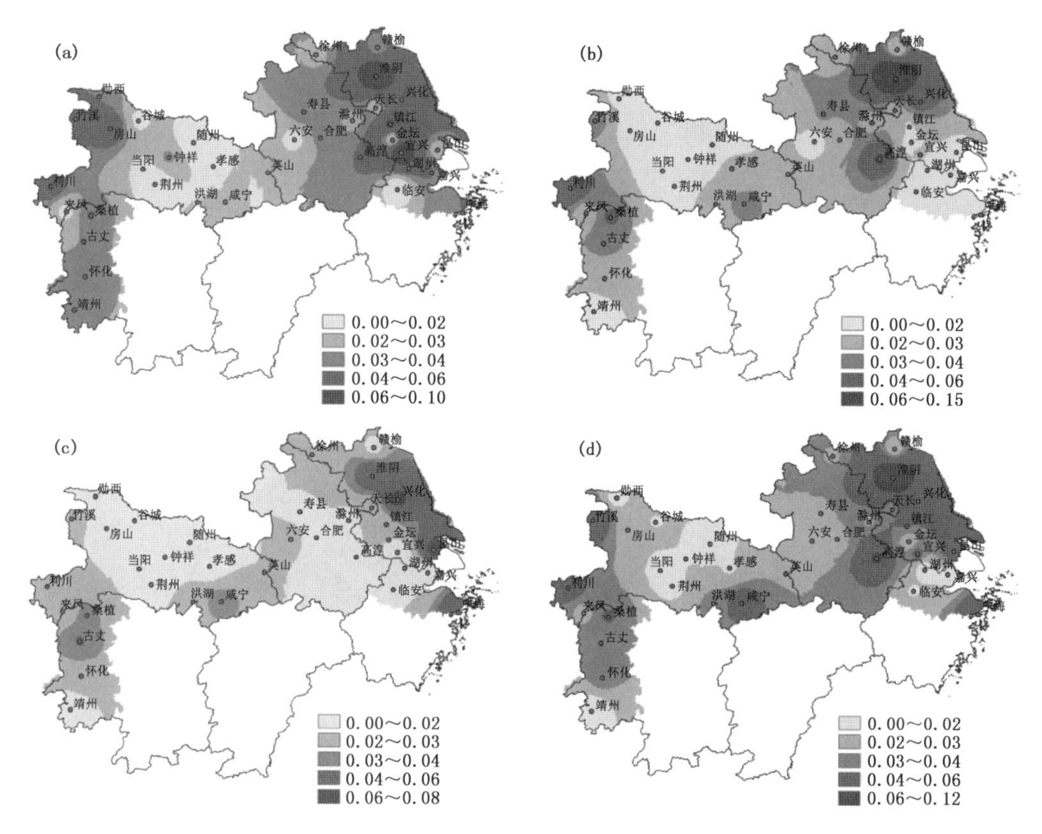

图 5.10　长江中下游地区一季稻脆弱性

(a)～(b)20 世纪 80、90 年代；(c)2000 年之后；(d)31 年平均

5.3.3　暴露性模型的建立与评估

5.3.3.1　暴露性模型的建立

本章采用长江中下游地区每个县（市）一季稻种植面积占全县耕地面积的比例作为暴露性评估指标，建立暴露性评估模型，反映不同县（市）面对潜在气象灾害的相对暴露量。计算公式如下：

$$E = \frac{A_r}{A_a} \tag{5.16}$$

式中，E 为暴露性指数，A_r 为某县（市）一季稻种植面积，A_a 为某县（市）耕地面积。暴露性指数越大，可能遭受的潜在损失就越大。

5.3.3.2　暴露性评估

暴露性高值区表示一季稻种植比例高，一季稻在农业生产中地位比较重要，发生气象灾害损失也较大。长江中下游地区一季稻暴露性呈现东北、西南高，东南、西北低的分布特征（见图

5.11)。安徽、江苏北部以及湖南西部暴露性较高,湖北、江苏南部以及浙江北部暴露性相对较低。暴露性 0.44 以上的高值区呈片状分布在江苏北部、安徽西部和南部、湖南西部以及湖北中部少数地区,其中暴露性高于 0.7 的有 22 个县,太湖县暴露性达 0.85;0.29～0.44 的中值区分布在安徽中部、湖南中南部、湖北北部地区,包括随州、洪湖、利川等站点;0.29 以下的低值区分布在湖北西部和东部、安徽东北部、江苏南部以及浙江北部,暴露性在 0.05 以下的有 17 个站点,为不适宜种植农作物地区或者主要种植其他作物地区。安徽、江苏和湖南省为一季稻主要种植区,如遇高温事件,损失会较大。暴露性与灾年减产率变异系数空间分布大体一致,灾年减产率变异系数较大的区域也是暴露性高值区,如江苏北部和安徽北部;灾年减产率变异系数较小的额区域也是暴露性低值区,如湖北大部分地区。怀化灾年减产率变异系数非常高,但是暴露性不大,因为 1990 年高温热害,产量仅为 3262.5 kg/hm^2,与其他年份产量相差较大,导致变异系数偏高。

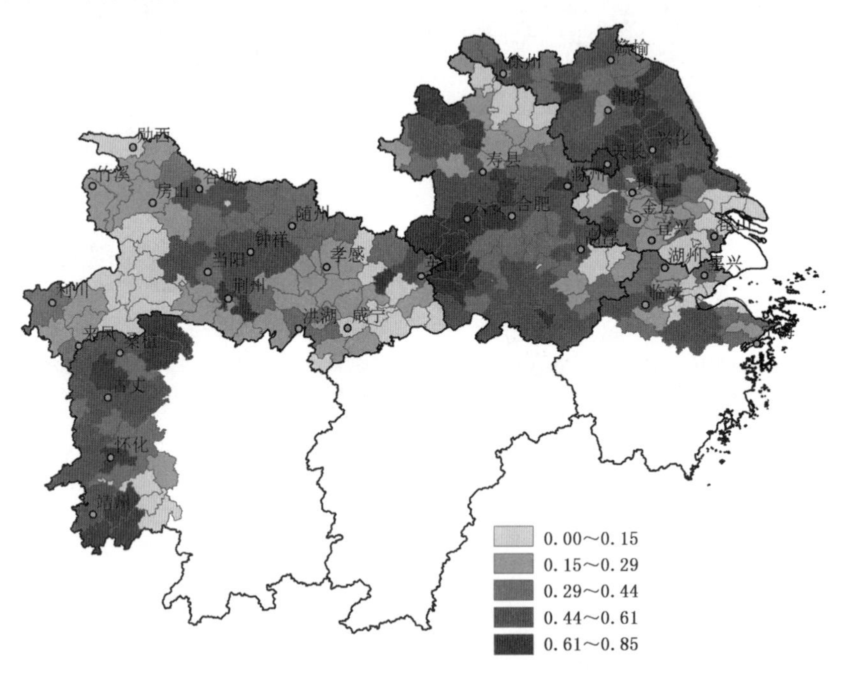

图 5.11　长江中下游地区一季稻暴露性分布

5.3.4　防灾减灾能力模型的建立与评估

5.3.4.1　防灾减灾能力模型的建立

防灾减灾能力表示受灾区在长期和短期内能够从灾害中恢复的程度,包括应急管理能力、减灾投入、资源准备等。防灾减灾能力越高,可能遭受潜在损失就越小,灾害风险越小(张继权等,2007)。防灾减灾能力作为风险评估的重要因子,主要体现出灾害发生时社会和人为因素发挥的作用及对作物的影响。选取各省统计年鉴中反映农业现代化水平的农业机械总动力(M)、农民人均纯收入(I)以及农村用电量(E)作为防灾减灾能力的评估指标,利用加权综合评估法建立防灾减灾能力评估模型,进行长江中下游地区一季稻防灾减灾能力评估。计算公式如下:

$$R = M \cdot W_M + I \cdot W_I + E \cdot W_E \tag{5.17}$$

采用产量波动差异参数 Q 作为参考指标，衡量评估指标的合理性以及影响大小，确保所选因子可以充分反映当地的抗灾能力，Q 为产量变异系数的倒数（王春乙 等，2015）。则产量变异系数越小，Q 越大，表明产量越稳定，抗灾能力越强，一季稻的风险越小。采用灰色关联度方法，计算三个防灾减灾能力评估因子与产量波动差异参数 Q 的关联度，并由此得出相应的权重（见表 5.4）。三个评估指标的关联度均大于 0.75，说明这三个指标能合理地表征某一地区的防灾减灾能力。

表 5.4　防灾减灾能力评估因子与产量波动差异参数的关联度及权重

指标	机械总动力	农民人均纯收入	农村用电量
关联度	0.818	0.870	0.794
权重	0.330	0.350	0.320

5.3.4.2　防灾减灾能力评价

农业机械总动力、农民人均纯收入和农村用电量均是农业现代化程度的评估因子，体现农民生活质量和农业生产效率，从而体现抗灾能力。安徽北部、江苏北部和湖北中部的农业机械总动力最大（见图 5.12a），在 61.45 万 kW・h 以上，这些地区农机现代化水平较高；湖南西部、湖北东部和西部、安徽南部地区农业机械总动力较小，在 39.74 万 kW・h 以下，农机现代

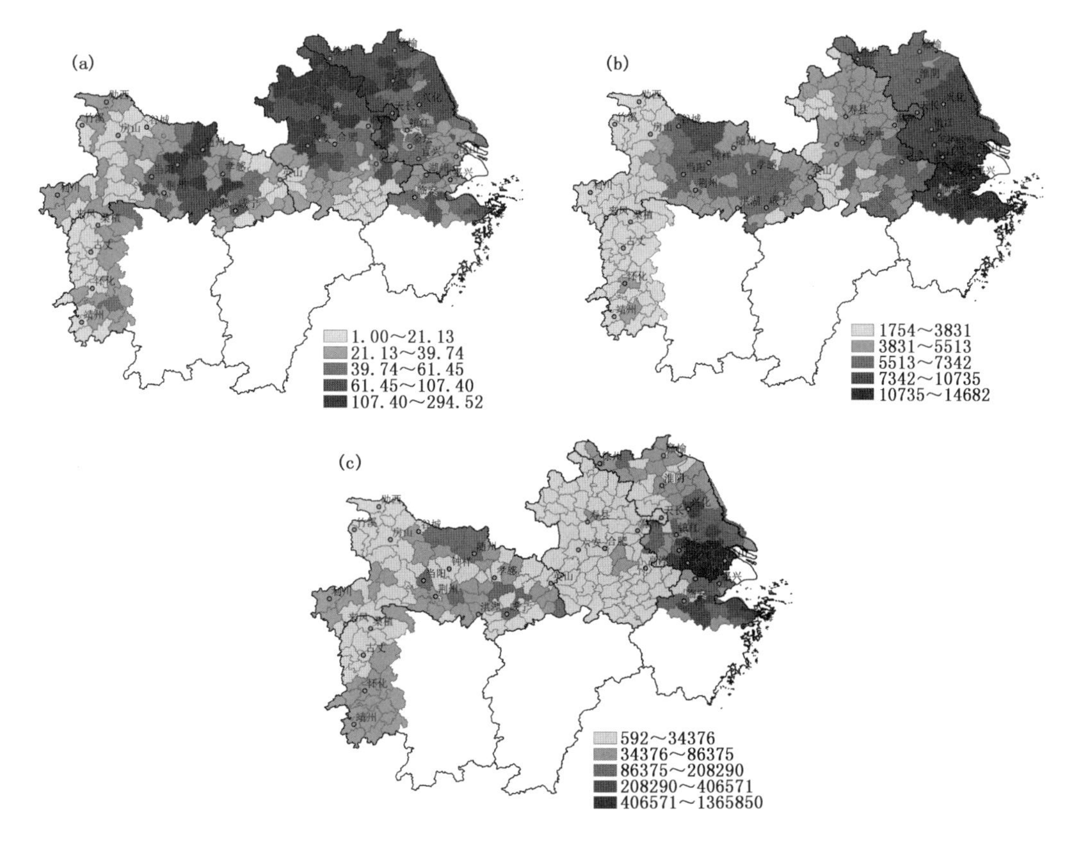

图 5.12　长江中下游地区防灾减灾能力评估因子

(a)农业机械总动力(万 kW・h)；(b)农民人均纯收入(元)；(c)农村用电量(万 kW・h)

化水平相对落后，防灾减灾能力较弱。农民人均纯收入空间分布呈整齐的区域分布（见图 5.12b），浙江北部、江苏南部最高，均超过 10735 元；江苏中部和湖北北部农民人均纯收入较高，在 7200 元以上；江苏北部、湖北中部和安徽南部部分地区农民人均纯收入是中等水平，在 5513～7200 元；湖南西部和湖北西部农民人均纯收入均在 3831 元以下。江苏南部和浙江北部农村用电量较高（见图 5.12c），在 180000 万 kW · h 以上，安徽、湖南南部和湖北大部分地区农村用电量较低，低于 60000 万 kW · h，农民生活质量相对较低。总体来看，浙江北部和江苏南部的农民人均纯收入和农村用电量均明显高于其他地区，说明浙江北部和江苏南部地区农业生产现代化水平较高，农民生活较富裕。

根据防灾减灾能力评估模型得到长江中下游地区防灾减灾能力空间分布图（见图 5.13）。江苏、浙江和安徽的防灾减灾能力最强，湖北次之，湖南最弱。江苏的中北部、浙江的东北部、安徽的北部以及湖北的中北部地区防灾减灾能力最强，在 0.40 以上，表明这些地区在高温热害发生时或发生后，有足够的农业机械和充足的资金投入抗灾减灾工作中，能及时采取行动降低灾害造成的危害，其中江苏北部、安徽以及湖北中部是由于农业机械总动力较大而拉高了整体防灾减灾能力，江苏南部以及浙江北部是因为农民人均纯收入和农村用电量较大。江苏中部、安徽中部以及湖北中部地区防灾减灾能力次之，在 0.22～0.40。湖南西部、湖北西部、安徽南部等地区防灾减灾能力最弱，在 0.22 以下，这些地区的农业机械总动力、农民人均纯收入和农村用电量水平均较低，在应对高温热害时抗灾能力不足，是需要重点加强扶持的地区。

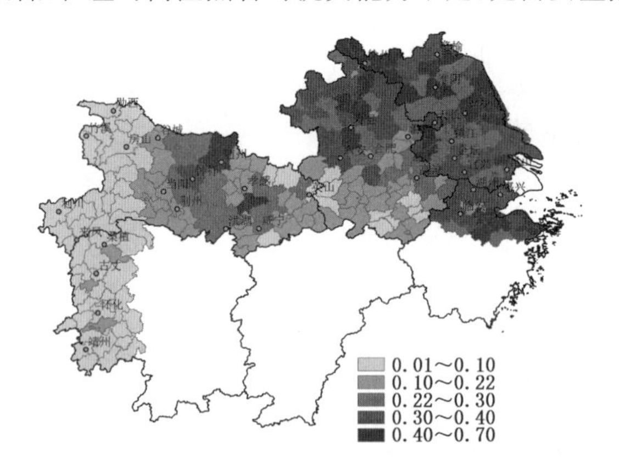

图 5.13　长江中下游地区防灾减灾能力

5.3.5　高温热害风险模型的建立与评估

一般而言，自然灾害风险是危险性、暴露性、脆弱性相互综合作用的结果。自然灾害风险"三因子说"认为灾情是孕灾环境、承灾体、致灾因子共同作用的产物，考虑了危险性、脆弱性、暴露性的风险。在此基础上，张继权提出"四因子说"，增加了防灾减灾能力，体现了社会抗灾影响下的风险分布（张继权 等，2007）。灾害风险综合评估"三因子说"和"四因子说"分别是不考虑抗灾能力和考虑抗灾能力两种情况下的评估结果，对于了解灾害特征和灾害管理均十分必要，因此本章分别建立三因子和四因子两种风险评估模型。自然灾害风险计算公式有指数式、乘法式、加法式等几种形式，本章选用乘法式，即评估指标与相应权重相乘，各评估指标之间再相乘的方法。

5.3.5.1　一季稻高温热害三因子风险评估

(1)三因子风险模型建立

根据自然灾害风险计算公式，建立长江中下游地区一季稻高温热害三因子风险评估模型：

$$R = H \cdot W_H \times V \cdot W_V \times E \cdot W_E \tag{5.18}$$

式中，R 为一季稻高温热害风险指数，其值越大，则高温热害风险程度越大；H，E，V 分别为危险性、脆弱性和暴露性；W_H，W_V，W_E 分别为其对应的权重系数，各站点权重系数不同，可突出体现出各站点占主导作用的评估指标。

(2)三因子风险模型权重确定

选用产量变异系数作为参考序列，将危险性、脆弱性、暴露性作为比较序列，计算危险性、脆弱性、暴露性的灰色关联度，由灰色关联度确定危险性、脆弱性和暴露性的权重(见表5.5)。

表5.5　三因子风险评估因子关联度及权重

指标	危险性	脆弱性	暴露性
关联度	0.795	0.857	0.721
权重	0.335	0.361	0.304

总体来看，危险性、脆弱性、暴露性的权重系数均在0.3以上，说明这三个风险评估因子对风险的贡献都很大，其中脆弱性最大，暴露性最小。

各站点来看，危险性、脆弱性、暴露性的权重系数有所差别(见图5.14)。危险性最小的是天长(0.2778)，最大的是赣榆(0.406)，脆弱性最小为竹溪(0.265)，最大为咸宁(0.474)，脆弱性大于0.40的有8个站；暴露性最小为咸宁(0.177)，最大为竹溪(0.372)。各站总的风险受不同因子主导，如咸宁主要受脆弱性和危险性的影响(H=0.349，V=0.474，E=0.177)，合肥主要受危险性和暴露性的影响(H=0.359，V= 0.286，E=0.355)。所研究的36个站点的风险有8站主要受危险性因子主导，4站主要受暴露性因子主导，15站主要受脆弱性因子主导。

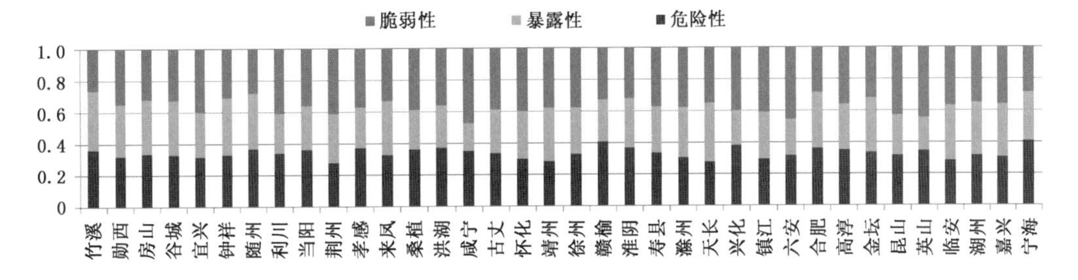

图5.14　各站三因子风险评估因子权重

(3)三因子风险评估

长江中下游地区一季稻三因子风险指数的空间分布格局呈现由西南和中部向东部沿海以及西北地区阶梯式递减的趋势(见图5.15)。其中湖南风险最高，湖北和安徽其次，江苏和浙江最低。风险指数的高值区位于湖南西部、湖北东部以及安徽西部，风险指数在0.65以上，次高值区位于安徽西部、湖北东部及南部，风险指数在0.43～0.65；中值区位于安徽中部、湖北中部，风险指数在0.29～0.43；而江苏、浙江北部、安徽东部以及湖北北部风险指数较低，均低于0.29。总的来说，长江中下游地区一季稻三因子风险指数的空间分布特点如下：湖南省一季稻种植区均处在风险高值区，湖北省由东南向西北，呈高—中—低的变化趋势，安徽省由西南向东北，呈高—中—低的变化趋势，江苏省和浙江省高温热害风险较小。

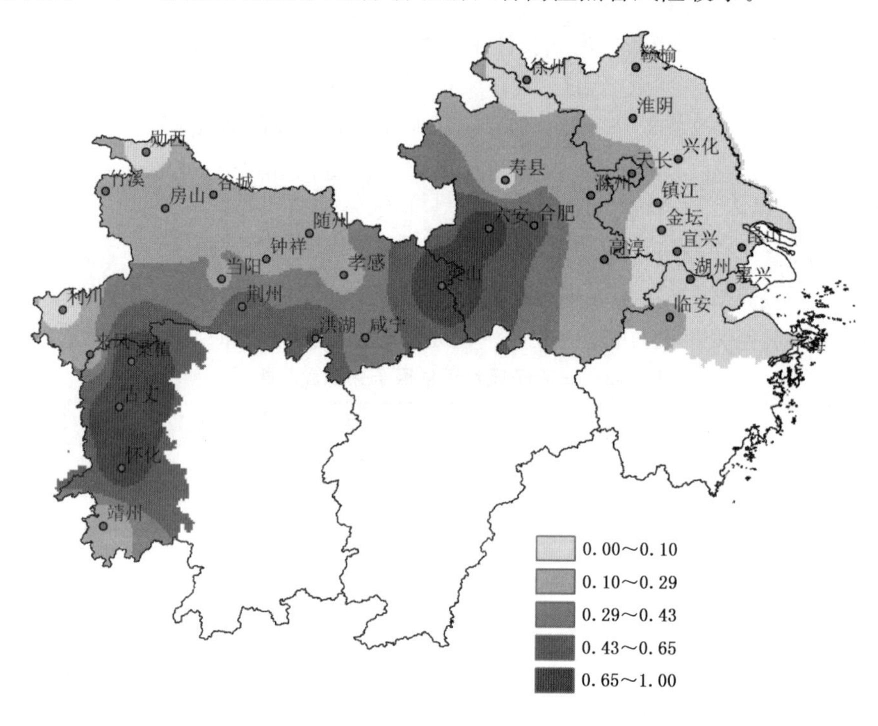

图 5.15　长江中下游地区一季稻高温热害三因子风险指数

三因子共同作用于风险，不同地区各因子贡献不同。湖南省西部一季稻种植面积非常大，桑植、古丈、怀化暴露性均在 0.55 以上，其中怀化暴露性高达 0.75，再加上湖南省高温热害发生频次和强度偏大，危险性偏高，导致湖南省一季稻高温热害风险很高；湖北咸宁危险性、脆弱性很大，但由于一季稻种植面积很小，降低了整体风险值；湖北西北部脆弱性极小，危险性偏小，导致风险偏低；湖北东部和安徽西部脆弱性很小，但是危险性偏大，拉高了整体风险值，所以处于高值区；江苏、浙江北部和安徽东部脆弱性极大，一季稻对高温热害的适应性很弱，但高温热害很少发生，危险性很小，所以风险很小，但仍有减产受灾的可能性。

5.3.5.2　一季稻高温热害四因子风险评估模型

(1)四因子风险模型建立

根据自然灾害风险计算公式，考虑防灾减灾能力，建立长江中下游地区一季稻高温热害四因子风险评估模型，因为防灾减灾能力是逆向因子，故用倒数的形式表示。计算公式如下：

$$R = H \cdot W_H \times V \cdot W_V \times E \cdot W_E \times \frac{1}{C} \cdot W_C \tag{5.19}$$

式中，R 为一季稻高温热害风险指数，其值越大，则高温热害风险程度越大；H,V,E,C 分别为危险性、脆弱性、暴露性和防灾减灾能力；W_H,W_V,W_E,W_C 分别为其对应的权重系数。

(2)四因子风险模型权重确定

总体来看，危险性、脆弱性和防灾减灾能力的权重系数均在 0.24 以上(见表 5.6)，说明这三个风险评估因子对风险的贡献都很大，脆弱性权重最大，暴露性权重最小。

表 5.6　四因子风险评估因子关联度及权重

指标	危险性	脆弱性	暴露性	防灾减灾能力
关联度	0.814	0.857	0.721	0.795
权重	0.255	0.268	0.226	0.249

各站点来看，危险性、脆弱性、暴露性和防灾减灾能力的权重系数有所不同（见图 5.16）。危险性最小的是湖州（0.184），最大的是咸宁（0.336），脆弱性最小为竹溪（0.201），最大为六安（0.339）；暴露性最小为咸宁（0.117），最大为天长（0.283）；防灾减灾能力最小为荆州（0.196），最大为宁海（0.304）。各站总的风险受不同因子主导，如寿县主要受脆弱性和防灾减灾能力的影响（$H=0.198, V=0.300, E=0.233, R=0.269$），靖州主要受危险性和脆弱性的影响（$H=0.268, V=0.277, E=0.249, R=0.206$），临安主要受暴露性和脆弱性的影响（$H=0.213, V=0.287, E=0.276, R=0.222$）。所研究的 36 个站点的风险有 12 站主要受危险性因子主导，7 站主要受暴露性因子主导，14 站主要受脆弱性因子主导，3 站主要受防灾减灾能力因子主导。

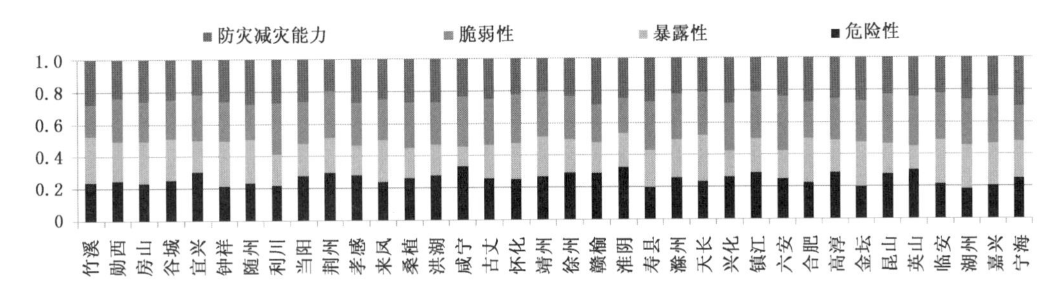

图 5.16　各站四因子风险评估因子权重

（3）四因子风险评估

长江中下游地区一季稻四因子风险指数的空间分布格局呈现西南高、中部高，东部低的趋势（见图 5.17）。四因子风险指数湖南最高，湖北次高，安徽次低，江苏和浙江最低。风险指数的高值区位于湖南西部，包括古丈、桑植等地，风险值在 0.53 以上；次高值区位于湖北东部以及湖南西南部，包括英山、怀化等地，风险值在 0.23～0.53；中值区位于湖北东部和西部，包括荆州、竹溪、来凤等地，在 0.10～0.23；低值区与次低值区位于江苏、安徽、浙江北部以及湖北中部地区，风险值在 0.10 以下。长江中下游地区防灾减灾能力呈现由东北向西南逐渐递减的趋势，考虑了防灾减灾能力之后，与三因子风险指数相比，四因子风险指数在湖北东部以及安徽西部显著降低，说明英山、六安等地防灾减灾能力较强，降低了整体风险；湖北西部四因子风险指数稍有升高，因为湖北西部三因子的风险指数本来就处于全区域高值区范围内，再加上防灾减灾能力相比其他地区较弱，因此四因子的风险指数也是全区域最高；其他地区四因子和三因子风险值相差不大。

5.3.6　长江中下游地区一季稻高温热害风险对气候变化的响应

5.3.6.1　高温热害危险性与气温的年际变化

1961—2011 年一季稻高温热害危险性与对应地区 7—8 月平均最高气温的变化趋势基本

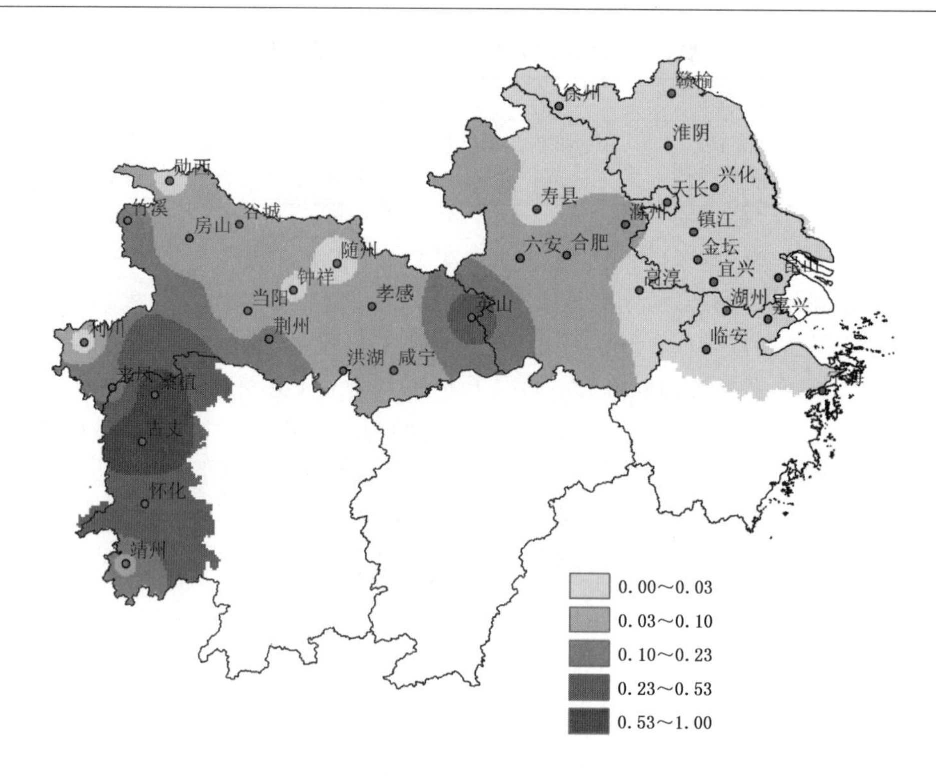

图 5.17　长江中下游地区一季稻高温热害四因子风险指数

相符(见图 5.18)。各站 7—8 月平均最高气温在 20 世纪 90 年代之前均呈下降趋势,90 年代之后有所上升。大部分站点高温热害危险性在 60 年代均较高。临安 1966 年危险性达 0.64,之后危险性呈减小趋势。随州等站趋势较明显。宜兴在 80 年代甚至无高温热害发生,90 年代之后,高温热害危险性又有所增大。六安 90 年代最高值为 0.46,超过了 70 年代的最高值 0.31。此外,7—8 月平均最高气温极低的年份,一般无高温热害发生,大部分站点危险性为 0,例如 1980 年、1993 年等;7—8 月平均最高气温极高的年份,易发生高温热害,如 1967 年、1994 年等。

5.3.6.2　高温热害危险性与温度的相关关系

危险性对气候变暖表现出正反馈的响应(见图 5.19),达到极显著水平($P<0.01$)。研究区 7—8 月最高气温的波动范围在 27～34 ℃,大部分地区最高气温集中在 31～33 ℃,危险性随着 7—8 月最高气温的升高而呈现出先慢后快的增加趋势,最高气温在 31 ℃以下时,基本无危险性,最高气温在 31 ℃以上时,危险性随气温升高迅速增大(见图 5.19a)。危险性和 7—8 月平均气温的相关关系与最高气温一致。平均气温在 26.5 ℃以上,危险性随着气温升高迅速增大,但与最高气温相比,危险性与平均气温的分布关系更加离散,说明一季稻高温热害危险性受最高气温影响更大(见图 5.19b)。随着气候变暖,尤其是 2000 年后长江中下游地区夏季气温逐渐升高,危险性有逐渐增大的可能性。

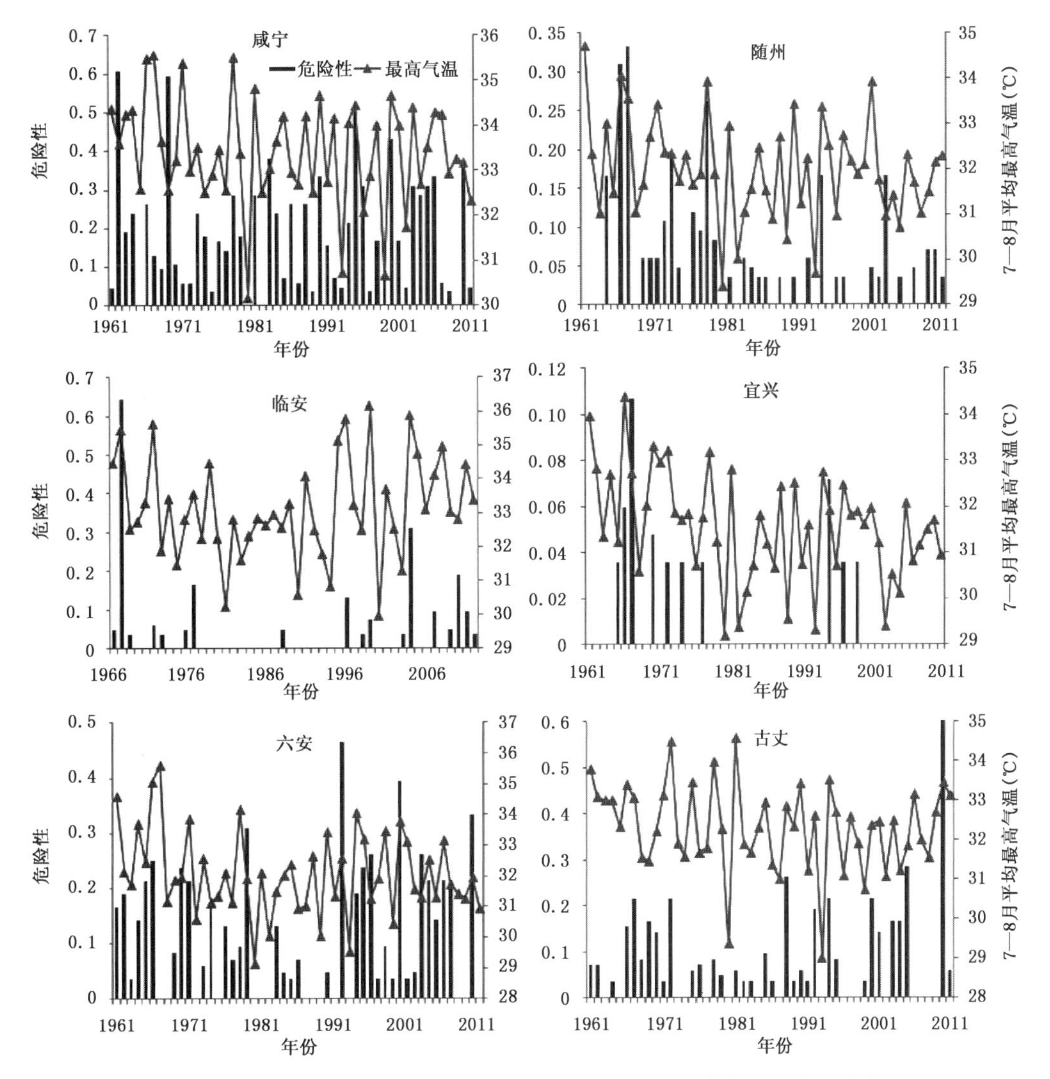

图5.18 一季稻高温热害危险性与7—8月份平均最高气温的年际变化

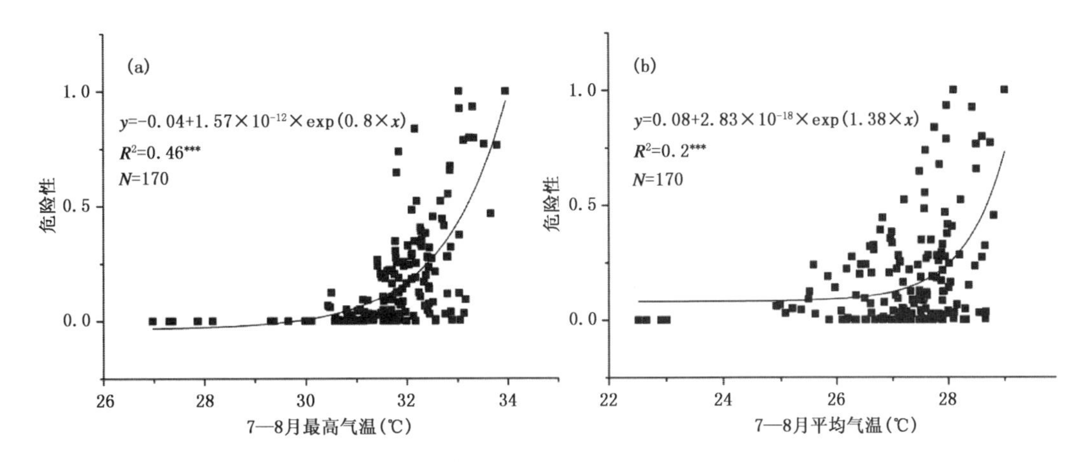

图5.19 一季稻高温热害危险性和生育期内最高气温(a)和平均气温(b)的相关关系

5.4　长江中下游地区一季稻高温热害风险区划

根据 ArcGIS 中 Natural Breaks 分类方法，将长江中下游地区一季稻高温热害划分为三类：低风险、中风险、高风险。三因子和四因子高温热害风险各等级对应的风险值见表 5.7。

表 5.7　长江中下游地区一季稻高温热害风险区划等级

风险等级	风险值	
	三因子	四因子
低风险	$R\leqslant 0.20$	$R\leqslant 0.13$
中风险	$0.20<R\leqslant 0.47$	$0.13<R\leqslant 0.43$
高风险	$R>0.47$	$R>0.43$

三因子的高风险区位于湖南西部、湖北东南部以及安徽西部，逐渐向四周降低（见图 5.20，彩图 5.20）。其中古丈、六安、英山、洪湖等站点风险值最高。湖北东部和安徽西部一季稻高温热害危险性很大，产量受气象条件的影响最大，因此需要加强当地的灾害监测预警体系建设，及时预报预测灾害发生，采取适当防灾措施；湖南西部虽然危险性不大，但是一季稻种植比例很大，因此也是重点防范区域，可以通过选育抗性强的品种、加强农田水利设施建设、提高耕作管理水平等方法降低风险。中风险区位于安徽中部和湖北大部分地区，安徽中部暴露性和脆弱性较大，导致整体风险偏高，应加强田间管理，改进作物的种植方式，降低脆弱性。江苏、浙江和安徽东部是低风险区，这些地区危险性较低，发生高温热害可能性小，即使脆弱性很

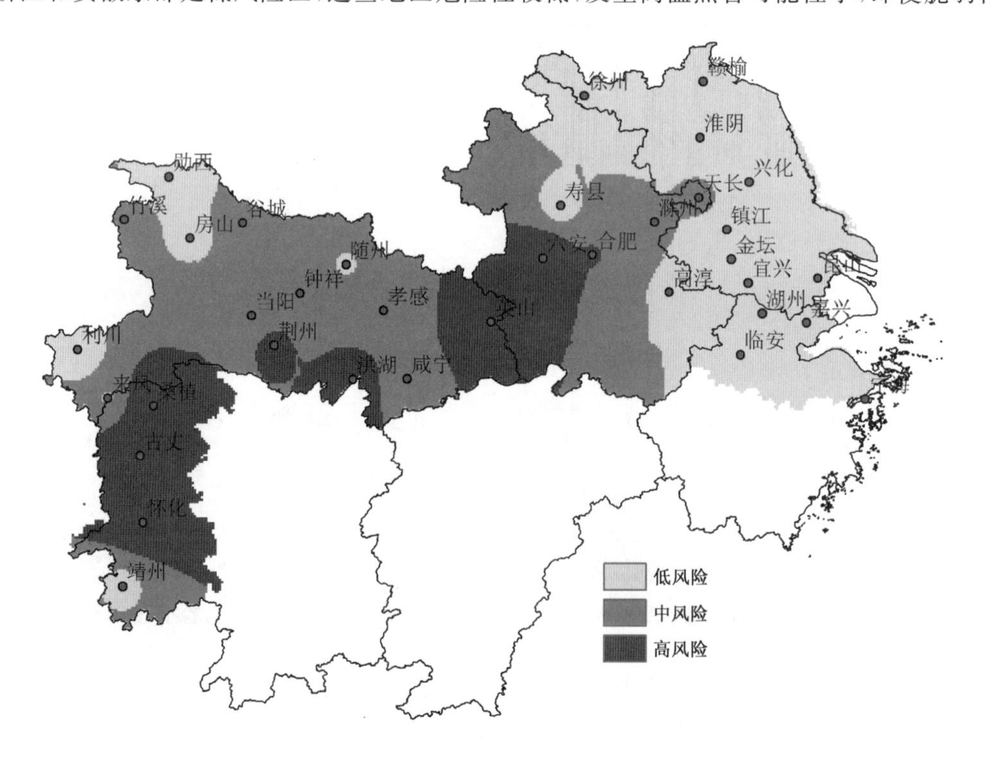

图 5.20　长江中下游地区一季稻高温热害三因子风险区划

大，也保持着较低的风险水平，因气象灾害造成的减产相对较低，但仍存在因灾减产的可能性，因此也需要开展风险管理的研究和工作。

四因子的高风险区位于湖南西北部，包括桑植和古丈；中风险区位于湖南西部、湖北东部及西部地区；长江中下游大部分地区属于低风险区，包括湖北中部、安徽、江苏和浙江北部。考虑了防灾减灾能力后，湖北东部和安徽西部的高风险区变成了中风险区，说明该区域的防灾减灾能力强，降低了整体风险等级。而湖南西北部防灾减灾能力较弱，所以风险等级依旧很高，是科学风险管理的重点区域，也是需要加强防灾减灾能力的首要区域。湖北中部以及安徽中部由中值区变成了低值区，说明该区域防灾减灾能力较强，高温热害发生后有较强的抵御能力，可以减少灾害造成的损失。江苏和浙江北部在三因子风险评价模型中等级最低，在四因子风险评价模型中等级依旧属于低值区，无明显变化（见图 5.21，彩图 5.21）。

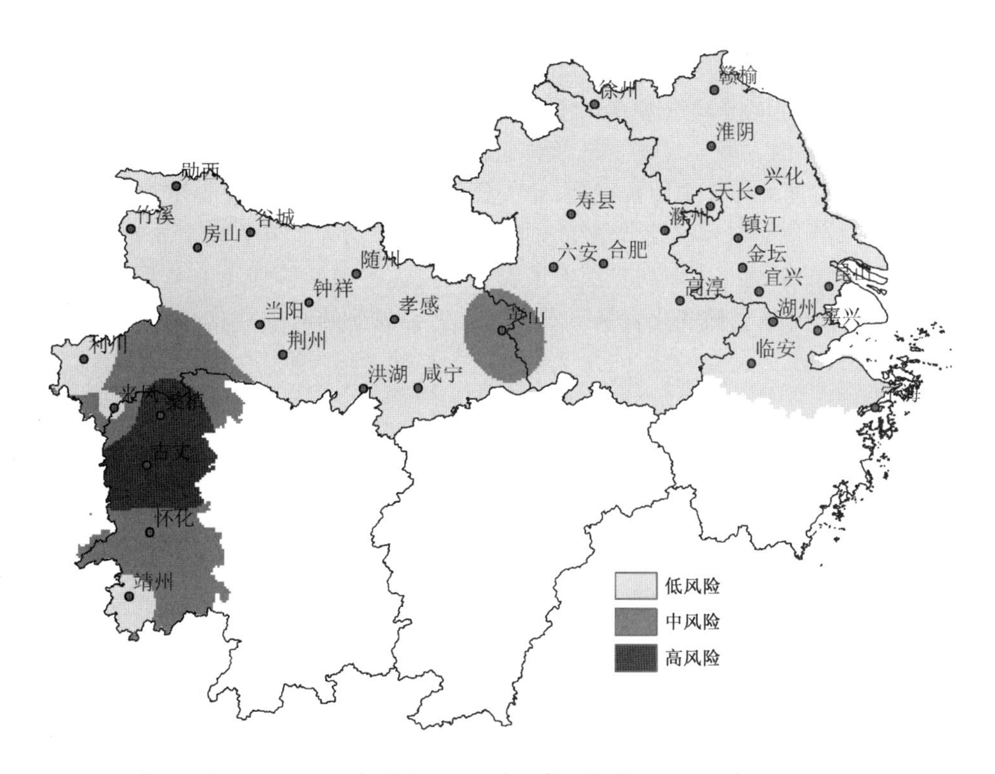

图 5.21　长江中下游地区一季稻高温热害四因子风险区划

长江中下游地区一季稻高温热害风险区划各站等级见表 5.8。四因子比三因子风险等级低，其中高风险三因子有 8 站，四因子仅有 2 站。防灾减灾能力对降低风险有很大作用。

本章分析了一季稻的高温热害风险，但在一季稻生长发育过程中，往往会有多种农业气象灾害发生，例如低温冷害、洪涝、干旱等，多种灾害并发会对一季稻造成较为严重的产量损失，为了进一步完善一季稻风险评价模型，未来研究中可引入多种农业气象灾害，构建综合农业气象灾害风险评估模型，使评估结果更接近真实情况。发生于不同时段的多灾种组合中的单致灾因子对多致灾因子综合危险性、综合灾害损失的影响效应与贡献系数量化及其综合集成量化等关键技术将是未来研究的热点（王春乙 等，2015）。

表 5.8　长江中下游地区一季稻高温热害风险区划站点表

风险等级	分布地区	
	三因子	四因子
低风险	靖州、利川、房山、勋西、随州、寿县、徐州、赣榆、淮阴、兴化、镇江、金坛、昆山、宜兴、高淳、湖州、嘉兴、临安、宁海	靖州、利川、房山、勋西、随州、寿县、徐州、赣榆、淮阴、兴化、镇江、金坛、昆山、宜兴、高淳、湖州、嘉兴、临安、宁海、荆州、洪湖、六安、合肥、来凤、谷城、当阳、钟祥、孝感、咸宁、滁州、天长
中风险	来凤、竹溪、谷城、当阳、钟祥、孝感、咸宁、滁州、天长	怀化、英山、竹溪
高风险	怀化、古丈、桑植、荆州、洪湖、英山、六安、合肥	古丈、桑植

以变暖为主要特征的全球气候变化已对农业气象产生了重要影响，其中包括农业气象灾害的发生与灾变规律的发展。气候变暖影响了形成农业气象灾害风险的孕灾环境、致灾因子、承载体和防灾、减灾能力等多个因素，使农业气象灾害风险影响因素变得更加复杂多样（王春乙 等，2015）。如何应对气候变化背景下农业气象灾害风险评估和管理是农业气象科技工作者需要思考和面对的问题。本章初步探索了农业气象灾害和气候变化的关系，在以后的研究工作中，应继续深入开展气候变化背景下农业气象灾害风险的时刻变化和特征，探索其规律，尽量减少灾害损失。

参考文献

丁一汇，任国玉，石广玉，等. 2006. 气候变化国家评估报告（Ⅰ）：中国气候变化的历史和未来趋势[J]. 气候变化研究进展，**2**(1)：3-8.

冯明，刘安国，吴义城，等. 2008. 主要农作物高温危害温度指标. 北京：中国标准出版社. GB/T21985-2008

高素华，王培娟，等. 2009. 长江中下游高温热害对水稻的影响[M]. 北京：气象出版社：1-3.

高晓容，王春乙，张继权，等. 2014. 东北地区玉米主要气象灾害风险评估与区划[J]. 中国农业科学，**47**(24)：4805-4820.

高晓容，王春乙，张继权，等. 2014. 东北地区玉米主要气象灾害风险评价模型研究[J]. 中国农业科学，**47**(21)：4257-4268.

霍治国，李世奎，王素艳，等. 2003. 主要农业气象灾害风险评估技术及其应用研究[J]. 自然资源学报，**18**(6)：692-703.

霍治国，王石立. 2009. 农业和生物气象灾害[M]. 北京：气象出版社：72-75.

李世奎. 1999. 中国农业灾害风险评估与对策[M]. 北京：气象出版社.

李勇，杨晓光，代姝玮，等. 2010. 长江中下游地区农业气候资源时空变化特征[J]. 应用生态学报，**21**(11)：2912-2921.

刘彦随，刘玉，郭丽英. 2010. 气候变化对中国农业生产的影响及应对策略[J]. 中国生态农业学报，**18**(4)：905-910.

刘志娟，杨晓光，王文峰，等. 2009. 气候变化背景下我国东北三省农业气候资源变化特征[J]. 应用生态学报，**20**(9)：2199-2206.

唐国利，丁一汇. 2006. 近 44 年南京温度变化的特征及其可能原因的分析[J]. 大气科学，**30**(1)：56-68.

王春乙，张雪芬，赵艳霞. 2010. 农业气候灾害影响评估与风险评估[M]. 北京：气象出版社.

王春乙，蔡菁菁，张继权. 2015. 基于自然灾害风险理论的东北地区玉米干旱、冷害风险评估[J]. 农业工程学报，**31**(6)：238-245.

王远皓，王春乙，张雪芬. 2008. 作物低温冷害指标及风险评估研究进展[J]. 气象科技，**36**(3)：310-317.

温克刚，姜海如. 2007. 中国气象灾害大典 · 湖北卷[M]. 北京：气象出版社.

温克刚，曾庆华. 2006. 中国气象灾害大典 · 湖南卷[M]. 北京：气象出版社.

温克刚，翟武全. 2007. 中国气象灾害大典 · 安徽卷[M]. 北京：气象出版社.

温克刚，卞光辉. 2008. 中国气象灾害大典 · 江苏卷[M]. 北京：气象出版社.

温克刚，席国耀，徐文宁. 2006. 中国气象灾害大典 · 浙江卷[M]. 北京：气象出版社.

薛昌颖，霍治国，李世奎，等. 2003. 华北北部冬小麦干旱和产量灾损的风险评估[J]. 自然灾害学报，**12**(1)：131-139.

阎莉，张继权，王春乙，等. 2012. 辽西北玉米干旱脆弱性评估模型构建与区划研究[J]. 中国生态农业学报，**20**(6)：788-794.

于堃，宋静，高萍. 2010. 江苏水稻高温热害的发生规律与特征[J]. 气象科学，**30**(4)：530-533.

翟盘茂，王萃萃，李威. 2007. 极端降水事件变化的观测研究[J]. 气候变化研究进展，**3**(3)：144-148.

张继权，李宁. 2007. 主要气象灾害风险评估与管理的数量化方法及其应用[M]. 北京：北京师范大学出版社.

张倩，赵艳霞，王春乙. 2011. 长江中下游地区高温热害对水稻的影响[J]. **26**(4)：57-62.

郑有飞，丁雪松，吴荣军，等. 2012. 近 50 年江苏省夏季高温热浪的时空分布特征分析[J]. 自然灾害学报，2012，**21**(2)：43-50.

中国气象局. 2001. 中国气象灾害年鉴[M]. 北京：气象出版社.

中国气象局. 2002. 中国气象灾害年鉴[M]. 北京：气象出版社.

中国气象局. 2003. 中国气象灾害年鉴[M]. 北京：气象出版社.

中国气象局. 2004. 中国气象灾害年鉴[M]. 北京：气象出版社.

中国气象局. 2005. 中国气象灾害年鉴[M]. 北京：气象出版社.

中国气象局. 2006. 中国气象灾害年鉴[M]. 北京：气象出版社.

中国气象局. 2007. 中国气象灾害年鉴[M]. 北京：气象出版社.

中国气象局. 2008. 中国气象灾害年鉴[M]. 北京：气象出版社.

中国气象局. 2009. 中国气象灾害年鉴[M]. 北京：气象出版社.

中国气象局. 2010. 中国气象灾害年鉴[M]. 北京：气象出版社.

中国气象局. 2011. 中国气象灾害年鉴[M]. 北京：气象出版社.

中华人民共和国国家标准 GB/T 21985—2008. 主要农作物高温危害指标. 北京：气象出版社.

IPCC. 2014. Climate change 2014：impact，adaptation，and vulnerability. Cambridge：Cambridge University Press.

IPCC. 2013. Climate Change 2013：The physical science base. Cambridge，U K：Cambridge University Press：1-300.

Lobell D B，Schlenker W，Costa-Roberts J. 2011. Climate trends and global crop production since 1980[J]. *Science*，**333**：616-620.

Rosenzweig C，Parry M L. 1994. Potential impact of climate change on world food supply[J]. *Nature*，**367**(13)：133-138.

S Piao，P Ciais，Y Huang，et al. 2010. The impacts of climate change on water resources and agriculture in China[J]. *Nature*，**467**(7311)：43-51.

Zhai PM，Zhang XB，Wang H. 2005. Trends in total precipitation and frequency of daily precipitation extremes over China[J]. *Journal of Climate*，**18**(7)：1096-1107.

第6章　海南橡胶综合农业气象灾害风险评估与区划

橡胶树属大乔木植物，原产于巴西亚马孙河流域，生长在热带雨林中。橡胶是四大工业原料之一，又是重要的战略物资。我国对天然橡胶的需求将日益增多，橡胶产品与产量直接影响着国民经济的发展。海南省已成为我国第一大橡胶生产基地，种植面积占全国总种植面积的46.7%，产胶量占全国总量的49.6%(中国统计年鉴，2012)。目前，海南省橡胶种植面积约5.3×10^5 hm^2，已成为海南岛最大的人工生态系统(郭澎涛 等，2014)。

橡胶树的原产地位于赤道低压无风带，而我国橡胶种植区位于副热带高压信风带，易受台风灾害影响。海南省地处热带地区，属热带季风海洋性气候，是我国受台风影响最频繁的地区之一，天然橡胶林经常遭受严重的风害(何康 等，1987；刘少军 等，2013)。在全球气候变暖背景下，登陆海南的台风年频数虽有微弱减少趋势，但登陆平均强度总体上有增强趋势(吴慧等，2010)，这将给海南省橡胶生产带来严重的不利影响。如2014年第9号台风“威马逊”(0419)在海南省文昌市翁田镇一带登陆，中心附近最大风力17级(60 m/s)，中心最低气压910 hPa，成为1973年以来登陆华南的最强劲台风，仅海南省直接经济损失就达119.5亿元(陈见 等，2014)。根据文昌市“威马逊”台风林业受灾情况统计，有30%以上的林木从树高1/3处被折断，15%以上林木被连根拔起，35%以上林木被打断侧枝和顶端。其中，橡胶树灾损程度最为严重，受损率达75%(薛杨 等，2014)。综合分析近10年的统计资料，海南省橡胶生产因台风带来的灾损最为严重，直接影响到国计民生。

海南虽然地处热带，但是冷害问题仍然存在，主要是冬季风(冷空气)的影响。海南出现冷害的大致有三类：低温阴雨、清明风、寒露风。对橡胶产生影响的主要是低温阴雨，出现于12月至次年2月或3月。橡胶树正常生长的临界温度为18℃，26～27 ℃时橡胶树生长最旺盛。当林间气温低于5 ℃时，橡胶树便会出现不同程度的寒害，如无性系GT1、RRIM600的植株有少量爆皮流胶；低于0 ℃时树梢和树干枯死；低于−2℃时，根部出现爆皮流胶现象。胶树寒害是累积性的，其受害程度有时可与短暂的低温极值无多大关系，而与有害低温的持续时间有密切关系，持续时间越长，低温频率越高，寒害越严重。低温主要由冷却降温造成，在冷却降温过程中，有平流和辐射两种主要形式。

综合海南橡胶生长季节情况可知，作为我国主要的天然橡胶生产基地，海南橡胶主要气象灾害是台风和寒害。台风主要发生在4—11月，寒害主要发生在11月—翌年3月。橡胶一年的产量主要受到风害和寒害的共同影响。本章根据海南岛气象条件、橡胶种植情况及对灾害的响应特点，探索了不同气象灾害对橡胶产量形成的影响。参照前人橡胶致灾指标研究，利用橡胶历史气象灾害和产量数据，对橡胶风害和寒害的致灾因子进行识别，选取符合橡胶历史灾情的风害和寒害指标，建立危险性评价模型；综合考虑橡胶对外部压力的敏感性和对压力的适应性，建立了科学的脆弱性评价模型；以各市县橡胶种植面积占行政面积比例作为橡胶暴露性程度指标。最后通过加权综合评分法建立起气象灾害的综合风险评价模型，并基于GIS默认的Natural Breaks分类方法，以县为研究单元，将海南岛橡胶主要气象灾害风险划分为四类，绘制了风险分区图，使评价结果更加直观、可信，有利于对不同市县有针对性的采取风险管理措施。

6.1　数据处理与研究方法

6.1.1　资料来源

本章所用数据资料包括气象资料、天然橡胶产量和面积资料以及社会统计资料。选取海南本岛 18 个市县作为研究对象，三沙市因未有橡胶种植记载，故研究中不作考虑。气象资料来源于 18 个地面气象观测站以及部分区域自动气象站，选取 1981—2013 年逐日气象观测资料，气象要素包括日平均气温、日最低气温、日降水量、日极大风速、日平均风速和日照时数。天然橡胶资料主要包括单产、总产和总面积、当年新增面积数据，来源于《海南统计年鉴》以及部分农场，社会统计资料来源于《海南统计年鉴》1988—2013 年共 26 年的统计数据。地理信息数据采用的数字高程模型(DEM)数据，为 SRTM 空间分辨率 90 m 的海南省 DEM 数据，海南省行政边界数据来源于中国科学院地理科学与资源研究所资源环境数据中心。

6.1.2　资料处理

6.1.2.1　作物产量的分离

一般农作物实际产量 Y 可以分离为三个部分：趋势产量、气象产量及一般忽略不计的随机“噪声”。其模型为：

$$Y = Y_t + Y_w + \Delta Y \tag{6.1}$$

式中，Y 为逐年单产；Y_t 为趋势产量，主要反映农业技术水平的提高对产量的影响，会随着社会生产水平的提高而提高，具有渐进性和相对稳定性；Y_w 为气象产量，受气象因子年际变化影响，具有逐年波动性；ΔY 是随机“噪声”，一般很小，在实际计算中常被忽略不计，不予考虑。

本章采用直线滑动平均法模拟趋势产量。将某一阶段内产量的时间序列的变化看成是一直线线性函数，随着阶段的前进和推移，直线不断向后滑动，从而反映产量的演变趋势。求出各阶段的线性函数，则经过某一时间点上各线性函数的均值即为该时间点的趋势产量。设线性趋势方程为：

$$Y_i(t) = a_i + b_i t \tag{6.2}$$

式中，方程个数 $i=n-k+1$，n 为样本序列个数，k 为滑动步长，为了消除短周期波动的影响，取 $k=11$；t 为时间。计算每个方程在 t 点上的函数值 $Y_i(t)$，这样每个 t 点上分别有 q 个函数值，然后再求算每个点上各个函数值的平均值。

$$\overline{Y_j}(t) = \frac{1}{q}\sum_{j=1}^{q} Y_j(t) \tag{6.3}$$

6.1.2.2　减产率序列的确定

通过模拟趋势产量，将其从各年产量中剔除，即可获得气象产量：

$$Y_w = Y - Y_t \tag{6.4}$$

相对气象产量为：

$$Y_r = \frac{Y_w}{Y_t} \times 100\% \tag{6.5}$$

相对气象产量将气象产量变成一种不受历史时期、不同农业技术水平差异的影响的相对比值，具有可比性(邓国，1999a)。它表明了实际单产偏离趋势产量的波动幅值，实际单产低于当时趋势产量的百分率称为“减产率”(相对气象产量百分率为负值)(邓国，1999b)，即 $Y_r<0$，表示减产率。

采用直线滑动平均法模拟出各市县的趋势产量，分离出受气象灾害影响的作物产量(即气象产量)，相对气象产量的负值即为减产率。

6.1.3 研究方法

6.1.3.1 指标值的量化

为了消除各个指标量纲不统一给计算带来的不利影响，在进行危险性评价之前，需对各指标进行标准化处理

$$X_{ij} = \frac{x_{ij} - x_{\min j}}{x_{\max j} - x_{\min j}} \tag{6.6}$$

$$X_{ij} = \frac{x_{\max} j - x_{ij}}{x_{\max j} - x_{\min j}} \tag{6.7}$$

式中，X_{ij} 为第 i 个对象的第 j 项指标值；X_{ij} 为无量纲化处理后第 i 个对象的第 j 项指标值；$x_{\max j}$ 和 $x_{\min j}$ 分别为第 j 项指标的最大值和最小值。式(6.6)适合正向影响指标，即指标值越大，风险值越大。式(6.7)适合逆向影响指标，即指标值越大，风险值越小。经过上述处理后，$X_{ij} \in [0,1]$。

6.1.3.2 M-K 检验

曼-肯德尔(M-K)法是一种非参数统计检验方法，其优点是不需要样本遵从一定的分布，也不受少数异常值的干扰，因此可以用作温度的变化趋势检验。计算方法如下：

对于具有 n 个样本量的时间序列 x，构造一秩序列：

$$S_k = \sum_{i=1}^{k} r_i \quad (k = 2,3,\cdots,n) \tag{6.8}$$

式中，

$$r_i = \begin{cases} +1 & 当\ x_i > x_j \\ 0 & 当\ x_i \leqslant x_j \end{cases} \quad (j = 1,2,\cdots,i) \tag{6.9}$$

可见，秩序列 S_k 是第 i 时刻数值大于 j 时刻数值个数的累计值。

在时间序列随机独立的假定下，定义统计量

$$UF_k = \frac{[S_k - E(S_k)]}{\sqrt{var(S_k)}} \quad (k = 1,2,\cdots,n) \tag{6.10}$$

式中，$UF_1=0$；$E(S_k)$和 $var(S_k)$是累计数 S_k 的均值和方差，$x_1,x_2,\cdots,x_n$ 相互独立，且具有相同连续分布，它们可由下式算出：

$$\begin{cases} E(S_k) = \dfrac{k(k-1)}{4} \\ var(S_k) = \dfrac{k(k-1)(2k+5)}{72} \end{cases} \quad (k = 2,3,\cdots n) \tag{6.11}$$

UF_i 为标准正态分布，给定显著性水平 α，若 $|UF_i|>U_\alpha$，则表明序列存在明显的趋势变化。$UB_k=-UF_k(k=n,n-1,\cdots,1)$，如果 UF_k 和 UB_k 两条曲线出现交点，且交点在临界线之间，那么交点对应的时刻便是突变开始的时间。

6.1.3.3　熵权法

信息熵可以用来度量信息的无序化程度，熵值越大，说明信息的无序化程度越高，该信息所占有的效用也就越低(李俊，2012)。信息熵权重的计算步骤如下：假设有 n 个方案，m 个影响因素。X_{ij} 为第 i 种方案的第 j 个因素对结果的影响。

(1)对 X_{ij} 进行标准化处理，得到 P_{ij}。

(2)熵值计算：$e_j=-k\sum_{i=1}^{n}P_{ij}\ln P_{ij}, k=\frac{1}{\ln n}$。

(3)计算偏差度：$g_j=1-e_j$。

(4)计算权重：$w_j=\frac{g_j}{\sum_{j=1}^{m}g_j}$。

6.1.3.4　加权综合评分法

加权综合评价法综合考虑各个因子对总体对象的影响程度，用一个指标把各个因子综合集中起来，用以描述整个评价对象的优劣。其公式为：

$$C_j=\sum_{i=1}^{m}Q_{ij}W_i \tag{6.12}$$

式中，C_j 是评价因子 j 的总值；C_{ij} 是对于因子 j 的指标 i 量化值($Q_{ij}\geqslant 0$)；W_i 是指标 i 的权重系数($0\leqslant W_i\leqslant 1$)；$m$ 是评价指标个数。

6.2　海南橡胶农业气象灾害风险识别与分析

6.2.1　海南橡胶生产概况

我国橡胶种植主要分布在海南、云南、广东、广西、福建五省(自治区)，其中海南是我国面积最大、产量最多的橡胶生产基地，截止 2012 年全国橡胶种植面积为 111.4 万 hm^2，总产量 80.2 万 t。近年来，海南岛的橡胶种植面积和产量呈现快速增长的趋势，2012 年海南橡胶种植面积达到 52.6 万 hm^2(见图 6.1)，其中开割面积 37.3 万 hm^2，产量 39.5 万 t(见图 6.2)，覆盖了全岛面积的 15.5%，其生态服务功能所产生的效益及其影响巨大。橡胶树喜高温、高湿、静风和肥沃土壤，在 20～30 ℃才能正常生长和产胶，不耐寒，在温度 5 ℃以下即受冻害，要求年平均降水量 1150～2500 mm，不宜在低湿的地方栽植。适于土层深厚、肥沃而湿润、排水良好的酸性砂壤土生长。浅根性，枝条较脆弱，对风的适应能力较差，易受风寒并降低产胶量。一般每年开花两次，3—4 月为主花期，称春花，开花最多，5—7 月第二次开花，称夏花。也有在 8—9 月第三次开花的。栽植 6～8 年即可割取胶液，实生树的经济寿命为 35～40 年，芽接树为 15～20 年，生长寿命约 60 年。橡胶树分泌的乳汁即为生产橡胶的原料，其主要成分为聚异戊二烯，含量在 90%以上，此外还含有少量的蛋白质、脂及酸、糖分及灰分。海南种植的橡胶树开割期一般在 4 月初，停割期在 12 月底，一年中的高产期在 8，9，10 三个月。

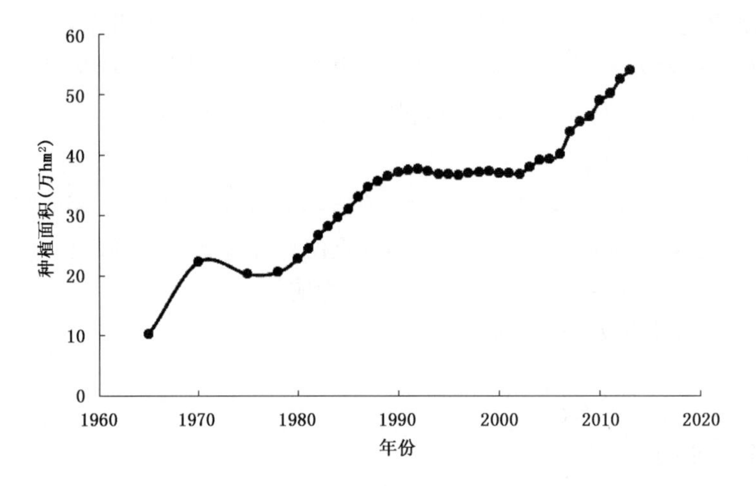

图 6.1 1965—2012 年海南省橡胶种植面积

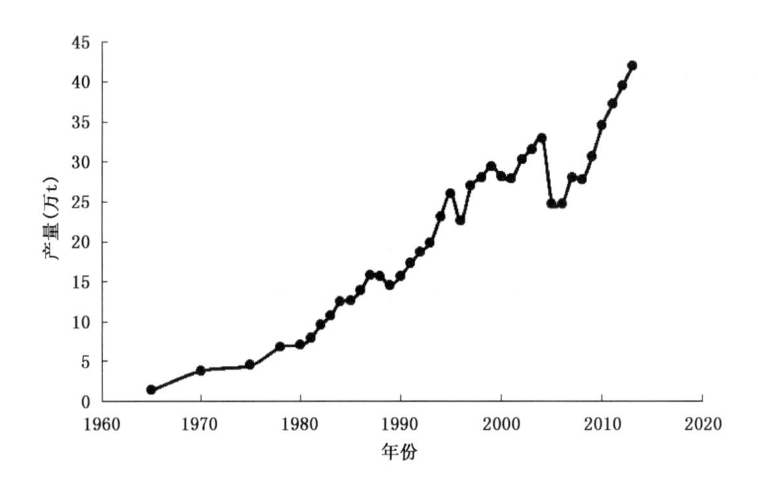

图 6.2 1965—2012 年海南省橡胶产量

6.2.2 海南橡胶主要气象灾害

近几年受全球气候变化的影响，热带气旋、干旱、寒害等自然灾害频发，给海南橡胶生产及发展造成了巨大的障碍。一般认为，橡胶栽培区域中突发性的气象灾害是热带气旋灾害和寒害，其中又以前者为重，就地区而言，海南植胶区受热带气旋灾害影响最为显著。

6.2.2.1 风害

海南橡胶生产期基本处于登陆热带气旋活跃期，热带气旋带来的强风一直是海南岛橡胶业生产最大的自然灾害，频率最高，损失最重。从 1950 年开始，共有 100 多个热带气旋登陆海南岛。1970 年之后，给海南橡胶造成严重灾害的台风有 13 个，其中在陵水登陆的有 4 个（“8905”“9204”“9612”“0016”），在三亚登陆的有 3 个（“7318”“8105”“8521”），在琼海登陆的有 2 个（“7013”“7314”），在万宁登陆的有 2 个（“9106”“0518”），在文昌登陆的有 1 个（“7220”），在临高登陆的有 1 个（“9111”）。13 个台风中，给海南农垦橡胶造成重创的有 4 个。在台风过程中，橡胶风害率与风力变化曲线总体表现为风害率随着风力增加而增大，但在不同风力等级下差异明显，风力不到8级时，橡胶树断倒较少，风力8～9级时，曲线平缓上升，风力达到10级后，曲线急剧上升，断倒率达13%，风力达12级时，断倒率达35%，达到15级时，断倒率达69%，风力达16级时，断倒率达84%，风力达17级时，断倒率100%。5龄以下的幼树，由于全树矮，树冠小，树干和枝条细软，弹性大，易倒不易折，风害轻，受害后容易恢复；6～15龄的成龄树，地上部分增长快，树冠大，头重脚轻，易断杆倒伏，断杆部位往往较低，是风害最严重的阶段，受害后一般可恢复；15～30龄的中龄树，风害较轻，多以断主干为主，断杆部位随着树龄增大有升高的趋势，受害后恢复较慢；30龄以上的老龄树，树干粗，风害显著减轻。

6.2.2.2　寒害

海南属热带季风气候，冬季常有寒潮侵袭，当出现5℃以下低温或连续低温阴雨时，胶树就会遭到不同程度的寒害，自1952年大面积植胶以来，我国植胶区曾经历过1954—1955、1962—1963、1967—1968、1970—1971、1973—1974、1975—1976、1982—1983、1988—1989、1991—1992、1992—1993、1999—2000 、2004—2005、2007—2008年多次寒潮侵袭，橡胶树遭受到不同程度的寒害。其中2008年初出现的50年以来罕见的、历时最长的低温寡照和阴雨天气(长达46天)，使海南农垦橡胶寒害受害株数达6614.4万株，受害率达73.6%。其中橡胶开割树受害面积20.76万 hm^2，受害株数4737.8万株，受害率为74.3%，内干枯死亡100多万株；橡胶中小苗受害面积5.68万 hm^2，受害株数1876.6万株，受害率达68.1%，内干枯死亡111.7万株。

2008年初寒害后海南垦区又相继出现白粉病、小蠹虫等病虫害的大规模暴发，给橡胶生产带来巨大的影响，使部分开割胶园时间推迟30～45天，损失达16亿元以上。

6.2.2.3　旱害

由于海南地处热带北缘至南亚热带地区，受季风影响，出现明显的干湿季节。海南的干季长(5～6个月)、降水少(约占年降水量的15%)，冬春连旱比较频繁。不仅如此，在雨季也可能因为降水时空分布不均而发生干旱。虽然橡胶树对干旱的适应能力还是比较强的，但严重的干旱对橡胶树的生长发育和产胶带来严重影响，可导致橡胶树干枯死亡。在正常生产和产胶时，需要1500～2000 mm的年降水量，土壤含水量为田间持水量的70%～80%时，橡胶树幼苗生长正常；土壤含水量为田间持水量的80%～100%时，橡胶幼苗(3～4龄)生长最快，此时的生长量可提高15%左右；土壤的含水量降低到田间持水量的30%时，幼苗出现暂时凋萎现象，蒸腾、光合作用强度均降低，叶片细胞质浓度提高，气孔开闭降低。干旱区域虽然胶树也能生存，然而生长量和产胶量都受到不同程度的抑制，甚至植株形态特征也有所改变，例如树高变矮、树冠变小、木栓层增厚、树皮发黑、叶面积减小等。干旱严重影响橡胶的产量，如根据中国热带农业科学院橡胶所对海南各垦区进行调查的结果，2004—2005年长时间的干旱少雨造成海南农垦2005年干胶产量较2004年同期减少约2万t。同时，绝大部分地区的胶树越冬期和旱季几乎是同时发生的。这进一步影响叶病暴发的强度，因而与干旱的影响相混淆，这就是说如果在旱季降雨，叶病就会增加，对产量有不利影响。干旱不是海南橡胶种植主要的气象灾害，对灾害损失影响较小，在风险评价中不作考虑。

6.2.3　橡胶主要气象灾害指标确定

6.2.3.1　橡胶风害指标确定

本章利用现有的海胶集团分农场橡胶树风害受害率与其相对应的风害热带气旋(TC)的

瞬时极大风速进行了相关性分析，发现二者呈显著的正相关，相关系数为 0.54($\alpha=0.001$)。图 6.3 给出了二者之间的散点图，当瞬时风速小于 17.2 m/s，即小于 8 级风力时，橡胶树基本没有风害，当瞬时风速大于 17.2 m/s 时，橡胶树风害受害率随瞬时极大风速的趋势变化为

$$y = 1.6072x - 27.368 \quad (R^2 = 0.3444) \tag{6.13}$$

式中，y 为橡胶树风害受害率，x 为橡胶树所在市县风害 TC 瞬时风速。

将风速转换成风力级别，将各农场风害受害率平均，得到图 6.4，可以得出，风力在 8～9 级时，断倒率曲线平缓上升，风力达到 10 级以后，曲线急剧上升，这与朱锁风等(1994)的研究结论相同。但值得注意的是，当风力达到 13 级时，橡胶树风害受害率在 15%～45%，小于风力 12 级产生的橡胶风害平均受害率，与朱锁风等研究指出的“风速 61.2 m/s 是橡胶树所能承受的极限风速”结论可能有所矛盾，还需要进一步收集积累空间上精细的橡胶风害气象资料进行分析。同时，本研究中利用风力等级与橡胶风害受害率的平均值作为海南岛橡胶风害的风力等级指标(见表 6.1)，风力在 8 级以下，橡胶树没有风害，风力在 8～12 级时，橡胶风害受害率随着风力逐级递增。

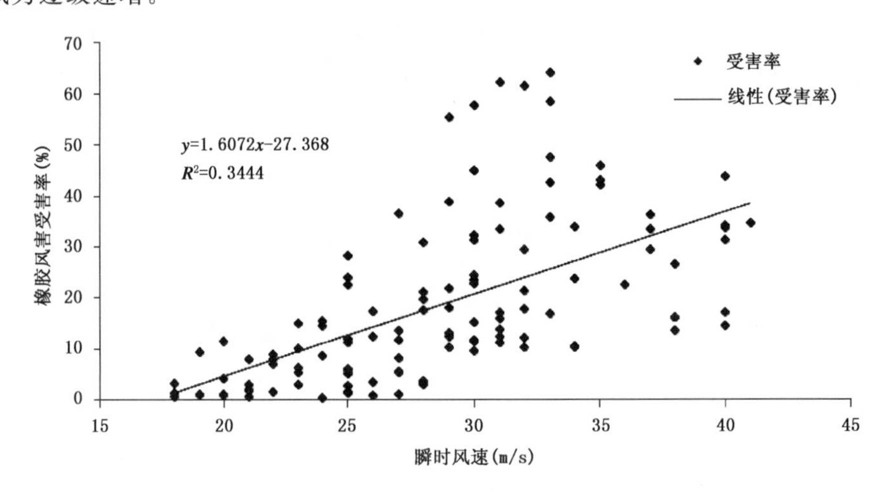

图 6.3　海南橡胶树风害受害率与瞬时大风风速的散点图

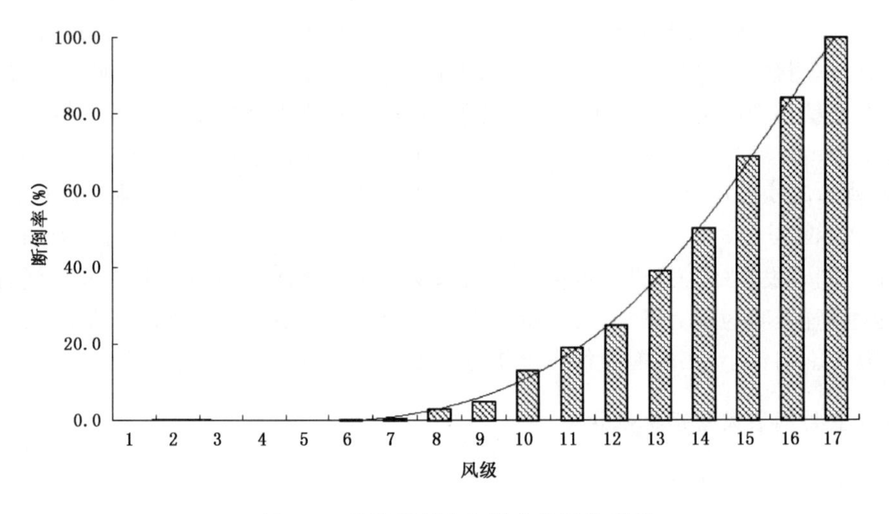

图 6.4　橡胶断倒率与风力等级关系图

不同树龄的橡胶树受树形和木质影响，抗风性差异较大，一般 5 龄以下的幼树易倒不易折，风害轻；6～15 龄的成龄树，易断杆倒伏，是风害最严重的阶段；15～30 龄的中龄树，多以断主杆为主；30 龄以上的老龄树，树干粗，风害显著减轻。根据收集到的历次台风过程中橡胶断倒情况，绘制橡胶随风力变化的断倒率曲线。

表 6.1 风害等级指标

风力级别	<8 级	8 级	9 级	10 级	11 级	12 级以上
受害率(%)	<1	2～5	5～10	10～16	16～30	>30
严重程度	无	较轻	一般	中等严重	次严重	非常严重

6.2.3.2 橡胶寒害指标确定

在橡胶的原产地没有寒害，北移栽培到我国以后，由于我国植胶区纬度偏高，寒害就成为我国天然橡胶树种植区特有的气象灾害之一，也是我国橡胶树的主要气象灾害之一。海南省是我国橡胶生产的重要基地，虽相较于我国其他植胶区，纬度偏低，气候条件较好，但寒害依然给海南省橡胶产业带来极大损失，仅次于台风。

依据橡胶树寒害发生的天气条件，将橡胶树寒害分为平流型寒害、辐射型寒害两类（陈尚谟 等，1988；郑启恩 等，2009）。根据中华人民共和国气象行业标准——QXT169—2012 橡胶寒害等级设定橡胶寒害标准为：当日最低气温≤5.0 ℃（橡胶树辐射型寒害的临界温度）时，橡胶树出现辐射型寒害；在日照时数不大于 2 h 的情况下，日平均气温≤15.0 ℃（橡胶树平流型寒害的临界温度）时，橡胶树出现平流型寒害（陈瑶 等，2013）。本章参照该行业标准选取 6 个致灾因子，即年度极端最低气温、年度最大降温幅度、年度寒害持续日数、年度辐射型积寒、年度平流型积寒、年度最长平流型低温天气过程的持续日数，来构建寒害指数。

6 个致灾因子的计算方法如下：

（1）年度极端最低气温

在 11 月—翌年 3 月出现的历次平流型低温天气过程和辐射型低温天气过程中，取日最低气温最低的一次作为年度寒害极端最低气温。

（2）年度最大降温幅度

在 11 月—翌年 3 月出现的历次平流型低温天气过程和辐射型低温天气过程中，取日平均气温降幅最大的一次作为年度寒害最大降温幅度。

（3）年度寒害持续日数

在 11 月—翌年 3 月，如果出现至少一次辐射型低温天气过程，则年度的寒害持续日数为历次平流型低温天气过程持续日数和辐射型低温天气过程持续日数之和。

在 11 月—翌年 3 月，如果没有出现辐射型低温天气过程，而只出现平流型寒害时，年度寒害持续日数为累计持续日数不少于 20 d 的平流型低温天气过程的所有过程日数之和。

（4）年度辐射型积寒

在 11 月—翌年 3 月出现的历次辐射型低温天气过程中，取所有辐射型低温天气过程积寒之和，作为年度辐射型积寒。

（5）年度平流型积寒

在 11 月—翌年 3 月出现的历次平流型低温天气过程中，取所有平流型低温天气过程积寒之和，作为年度平流型积寒。

(6)年度最长平流型低温天气过程的持续日数

在11月—翌年3月期间出现的历次平流型低温天气过程中，取最长一次过程的持续日数，作为年度最长平流寒害过程持续日数。

寒害指数的计算方法如下：

对6个致灾因子的原始值进行数据标准化处理。标准化计算方法见下式：

$$X_i = \frac{x_i - x}{\sqrt{\sum_{i=1}^{n}(x_i - x)^2/n}} \tag{6.14}$$

式中，X_i为某一致灾因子第i年的标准化值；x_i为某一致灾因子第i年的实际值；x为相应致灾因子的多年平均值；n为总年数；i为年份。

将6个致灾因子的标准化值分别乘以影响系数后求和，作为寒害指数，见下式：

$$H_I = \sum_{i=1}^{6} a_i X_i \tag{6.15}$$

式中，H_I为年度寒害指数；a_i为相应致灾因子的影响系数；X_i为6个致灾因子的标准化值，其中X_1为年度极端最低气温L的标准化值；X_2为年度最大降温幅度T的标准化值；X_3为年度寒害持续日数D的标准化值；X_4为年度辐射型积寒的标准化值；X_5为年度平流型积寒K的标准化值；X_6为年度最长平流型低温天气过程的持续日数D_{max}的标准化值。致灾因子的影响系数根据中华人民共和国气象行业标准——QXT169—2012橡胶寒害等级确定。依据寒害指数的大小，将橡胶寒害分为轻度、中度、重度、特重四个等级，等级划分标准见表6.2。

表6.2　橡胶寒害等级

等级	寒害指数(H_I)
轻度	$H_I < -0.8$
中度	$-0.8 \leqslant H_I < 0.1$
重度	$0.1 \leqslant H_I < 0.7$
特重	$H_I \geqslant 0.7$

6.2.4　橡胶主要气象灾害特征分析

6.2.4.1　海南橡胶风害时空分布特征

(1)海南橡胶风害时间分布特征

海南植胶区4—11月有台风登陆，其中以7—10月为最多。台风多发季节比其他沿海植胶区长一个月并滞后一个月。海南省的橡胶树开割期在4月初，停割期在12月底，一年中的高产期在8,9,10三个月，橡胶生产期基本处于登陆热带气旋活跃期，橡胶生产易受热带气旋所影响，橡胶的主要灾害为台风所引起的风害。据前人研究和经验总结，台风强度是决定橡胶树风害严重程度的主导因子，橡胶风害率是随着台风风力的加强而增大的：台风中心附近最大风力5～7级时，胶树叶片撕裂或吹落、落花落果、小枝折断，风害比较轻微；台风风力8级以上，抗风力较差的胶树开始出现断杆和倒伏。因此本章选取8级风力作为风害临界值，将登陆影响海南岛的风力≥8级的热带气旋定义为风害TC，选取样本时间为1951—2014年，进一步分析海南岛橡胶树风害时空演变特征。

影响海南岛橡胶的风害 TC 一般从 5 月开始，如图 6.5 所示，主要出现在 7—10 月，占全年的 82.4%，9 月风害最多，有 29 个，5—6 月和 11 月较少，4 月仅出现过一个风害 TC，即 2008 年的第 2 号台风，12 月—翌年 3 月没有风害 TC 影响。由此可知，风害 TC 一般从 5 月开始影响海南岛橡胶，7—10 月为风害 TC 旺盛期，11 月结束，这与登陆海南的热带气旋的逐月变化趋势基本相同。

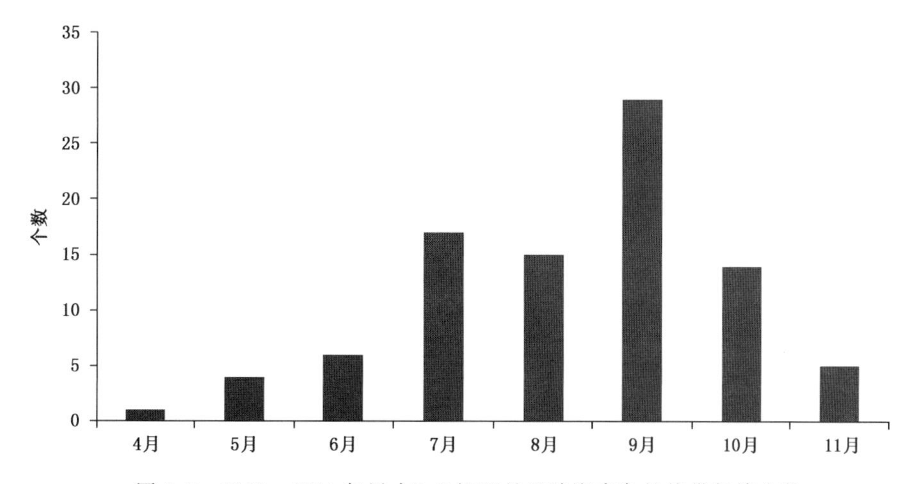

图 6.5　1951—2014 年风力≥8 级逐月登陆海南岛的热带气旋个数

根据风害统计标准，1951—2014 年，海南岛共有 94 个风害 TC，逐年变化的波动性较明显，平均每年有 1～2 个，最少的年份无风害 TC 影响，最多的在 1971 年，有 6 个风害 TC，1989 年有 4 个风害 TC，其余的在 1～3 个。从图 6.6 可以明显地看出，在 1970—1995 年之间，每年都有风害 TC。统计不同年代登陆海南岛的风害影响 TC 可以看出，20 世纪 70 和 80 年代风害 TC 频发，达到 15 个以上，90 年代后逐渐降低，进入 21 世纪后进一步降低（见图 6.7）。通过小波分析发现（见图 6.8），在 50 年代初期—80 年代中期，存在一个 7～8 年的显著周期，而在 80 年代后期到现在则为 5～6 年的一个周期。由此可知，从 80 年代后期到现在，海南岛橡

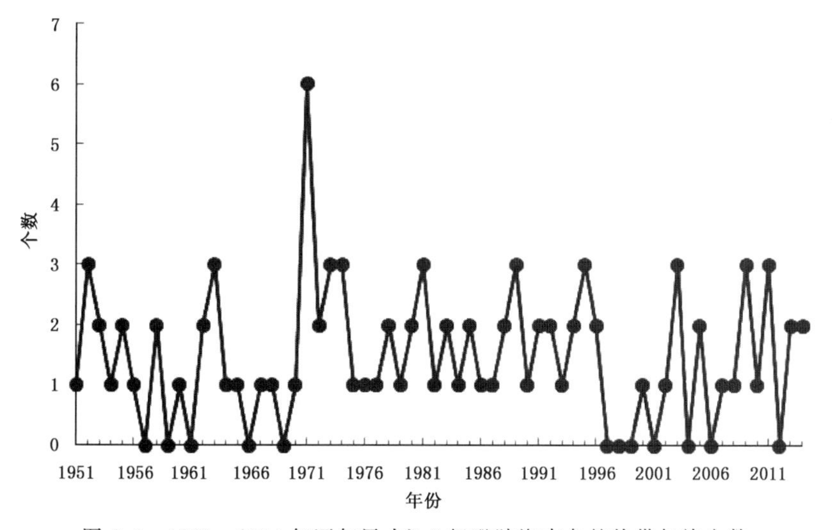

图 6.6　1951—2014 年逐年风力≥8 级登陆海南岛的热带气旋个数

胶受风害 TC 影响的频率加大。除此之外，图 6.8 中也可以看出，从 70 年代至现在还存在一个 18 年的显著周期。

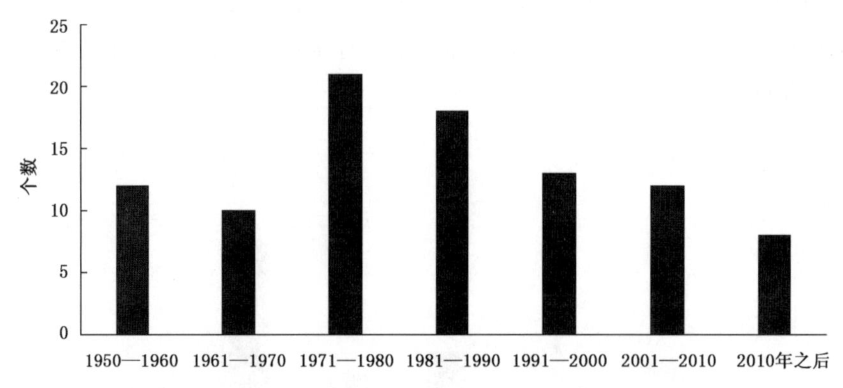

图 6.7　不同年代≥8 级登陆海南岛的热带气旋个数

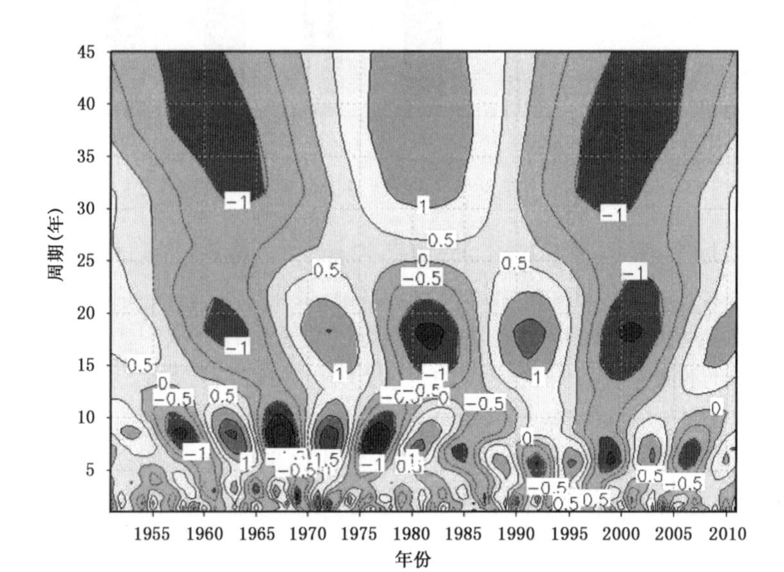

图 6.8　1951—2014 年逐年影响海南风害 TC 个数的 MORLET 小波分析

(2)海南橡胶风害空间分布特征

热带气旋的大风区位于其中心的附近区域，风力级别随着范围半径递减，因此给橡胶带来风害的 TC 大风区主要在热带气旋的中心附近区域，而影响海南岛橡胶的风害 TC 的主要影响区域则与风害 TC 的登陆点和移动路径有关。另外，一些在热带气旋 8 级风圈半径外的局部地区在地形的作用下对风力造成再分配，也会有严重的风害。依据风害 TC 登陆地点和移动路径，将风害 TC 分为两类，第一类是贯穿型，第二类是擦边型(见图 6.9、图 6.10)。贯穿型风害 TC，其主要影响区域为风害 TC 在岛上移动时的 8 级大风影响范围，多为带状区域，是影响海南岛橡胶的主要风害 TC，占 53.8%。贯穿型又分为东西横穿(见图 6.9a)和南北纵穿(见图 6.9b)。东西横穿即从琼东部沿海区域万宁、琼海、文昌登陆，横穿海南岛，在琼西儋州、昌江出岛西行或西北行进入北部湾的风害 TC，占贯穿型 TC 的 89.8%，横穿路径基本在中部山区的北侧；南北纵穿型的风害 TC，即从南北向的移动轨迹，从陵水登陆，此类型风害 TC 仅占贯穿型的 10.2%。擦边型风害 TC 占全部风害 TC 的 46.2%，又分为两种，一是东北擦边型(图 6.10a)，即在东北角文昌登陆，在海口或澄迈离开海南岛，北上或西北行的风害 TC，其主要影响区域为海南岛东北部市县，琼海、文昌、海口、澄迈 4 市县，占擦边型的 45.2%；一是南边擦边型(见图 6.10b)，即在海南岛南部三亚和陵水登陆，在东方或乐东离开海南岛，西行进入北部湾的风害 TC，其主要影响范围为中部山脉以南地区，多以影响陵水、三亚、乐东、东方 4 市县为主，占擦边型的 54.8%。表 6.3 给出风害 TC 类型的风力等级统计，风力达到 10 级及以上级别的，东西横穿型有 32 个，南部擦边型有 20 个，东北擦边型有 19 个。从图 6.9a 可以看出，中部山区以北地区的东西横穿型风害 TC 的级别高于南部区域，因此，中部山区北部从琼东部沿海区域万宁、琼海、文昌登陆，横穿海南岛，至琼西儋州、昌江出岛一带区域的橡胶风害橡胶风害发生率重于南部。当风害 TC 登陆后，由于地面摩擦作用，在西移过程中风力会有所减弱，到了海南岛西部时，平均风力小于登陆时的风力，因此东部风灾也明显重于西部地区。

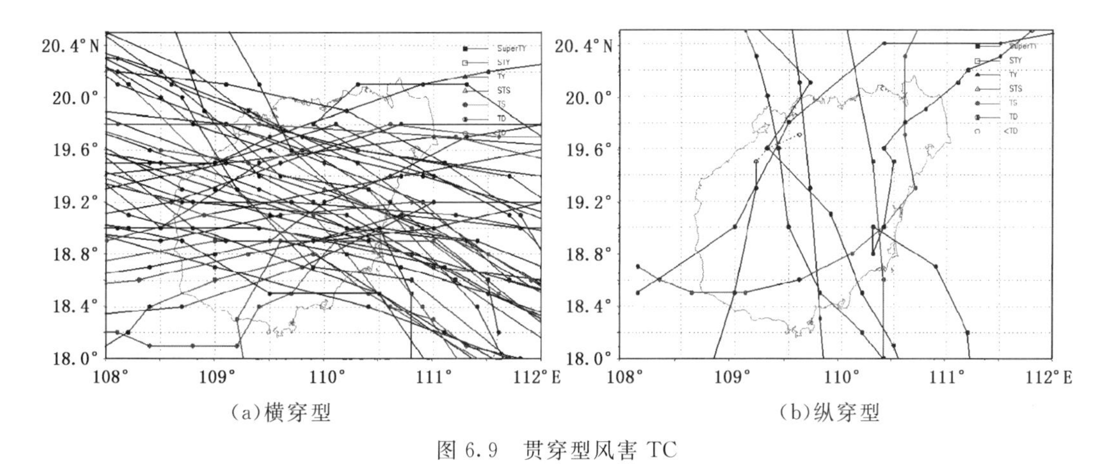

(a)横穿型　　(b)纵穿型

图 6.9　贯穿型风害 TC

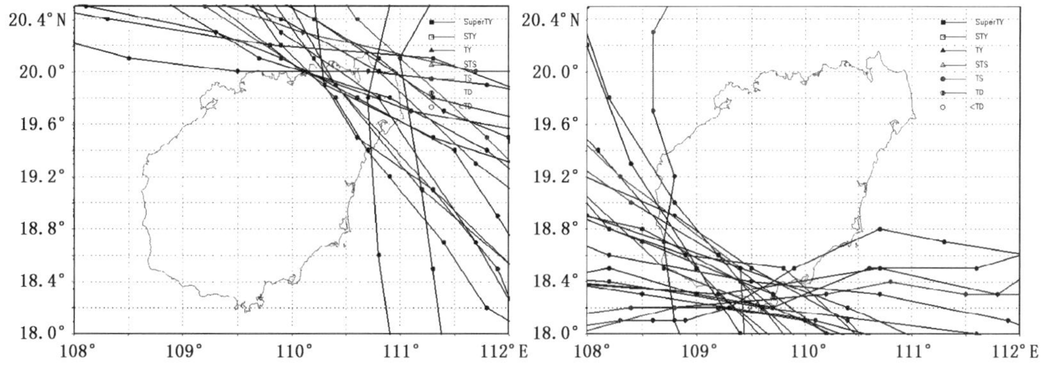

(a)东北擦边型　　(b)南部擦边型

图 6.10　擦边型风害 TC

表 6.4 给出风害 TC 登陆点的风力级别，93 个风害 TC 的登陆点以东部沿海的文昌、琼海、万宁为主，占 69.9%，其中风力在 10 级及以上的有 50 个；在南部沿海的登陆点以三亚和陵水为主，占 30.1%，风力在 10 级及以上的有 23 个。因此，东部沿海区域的橡胶风害比南部沿海的橡胶风害严重。

表 6.3　不同风力等级各登陆点风害 TC 个数统计表

登陆点		合计	12 级及以上	10～11 级	8～9 级
东部沿海	文昌	34	21	8	5
	琼海	11	7	1	3
	万宁	20	4	9	7
南部沿海	陵水	8	6	2	—
	三亚	18	9	4	5
	乐东	2	2	—	—

表 6.4　不同风力等级各类型风害 TC 个数统计表

风害 TC 类型		合计	12 级及以上	10～11 级	8～9 级
贯穿型	东西横穿型	44	18	14	12
	南北纵穿型	7	2	1	4
擦边型	东北擦边型	23	14	5	4
	南部擦边型	22	15	5	2

从表 6.4 对比分析也可以得出，中西部的橡胶风害主要为横穿型风害 TC，南部沿海地区橡胶风害主要为南北纵穿型和南部擦边型风害 TC，两者相比，虽然前者受风害 TC 影响的频率大于后者，但由于中部山区和地表植被等对 TC 的削减作用，使影响中西部的风害 TC 风力级别略低于南部沿海，因为风力越大，受害越重，因此，南部沿海区域的橡胶风害重于西部地区。

综合以上分析，以及海南岛热带气旋登陆地点及强度分布和风害指数分布（见图 6.11），可以得出海南岛橡胶风害的空间分布特征主要为，东部沿海的文昌、琼海、万宁一带风害最严重区域，南部沿海地区风害次之，中部山区以北的中西部区域风害相对较轻。

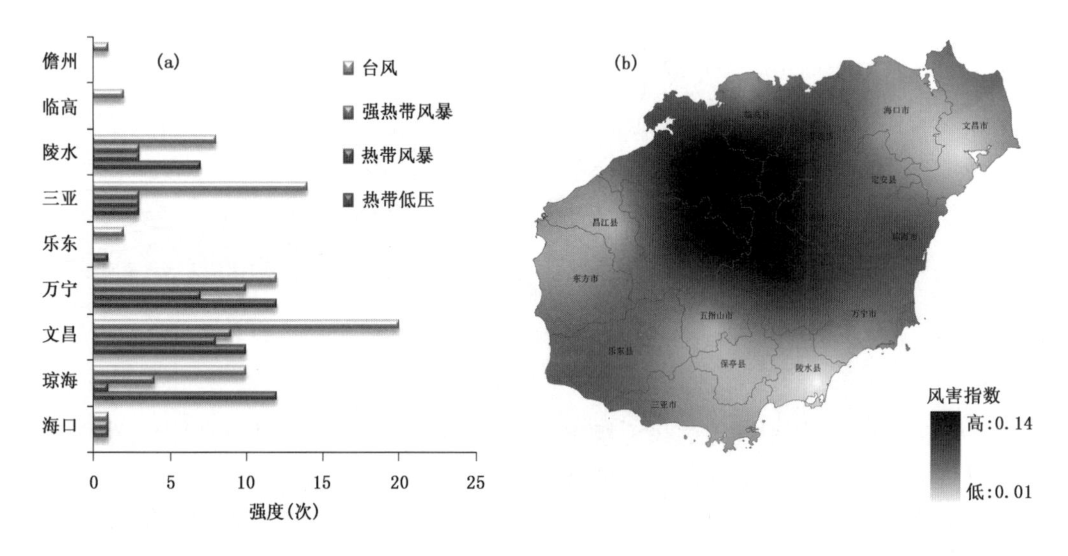

图 6.11　海南岛热带气旋登陆地点强度分布(a)和热带风害指数分布(b)

6.2.4.2 海南橡胶寒害时空分布特征

(1)海南橡胶寒害时间分布特征

1)近50年海南地区平均温度的变化趋势

海南平均气温对全球增温有明显响应,其线性增温率高于全球平均线性增温率。对近50年海南11月—翌年3月平均气温进行M-K检验(见图6.12),可以清楚地看到二者随时间的变化趋势。海南11月—翌年3月平均气温自20世纪90年代以来有一明显的增暖趋势。进入21世纪后,这种增暖趋势大大超过显著性水平0.05临界线,甚至超过0.001显著性水平,说明这种增温趋势是十分显著的。UF曲线与UB曲线相交于1990年,可以认为是气温突变开始的时间点。气温的升高将会减少寒害发生的强度和概率。

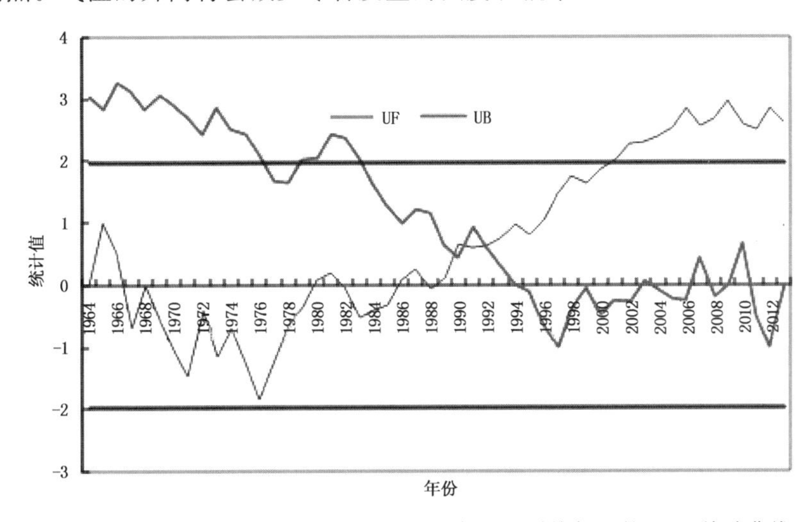

图6.12 海南岛1964—2013年11月—翌年3月平均气温的M-K检验曲线

2)海南橡胶寒害指数变化趋势

图6.13为1964—2013年海南岛寒害指数时间序列变化情况,从图中可以看出,近50年来海南平均寒害指数呈现降低趋势,寒害呈现减轻趋势,个别年份无寒害发生。20世纪60—80年代,寒害指数呈正负交替出现,其中出现中度以上寒害($H_I \geqslant 0.1$)的次数明显较90年代以后偏多。90年代以后,寒害指数以小于0.1为主,并呈现降低趋势,尤其是2000年海南岛显著增暖以来,由于气温上升趋势非常明显,寒害指数为负值的年份显著增多,表明海南岛橡胶寒害趋于缓和,但极端寒害时有发生。如:2007年(2007年11月—2008年3月)寒害指数为近50年来最高值,出现了特重寒害。覃姜薇等(2009)研究指出,2008年海南出现了罕见寒潮过程,气温较低,阴雨时间长,是一次典型的平流型降温天气过程,给海南岛天然橡胶产业带来极大的损失,为近50年来海南橡胶遭受的最严重的一次寒害。这反映了寒害指数在海南寒害趋势分析中具有较好的适用性。海南橡胶寒害发生频率较高的时期是发生在气温偏低时期,而在气温偏暖时期,海南橡胶寒害的发生频率偏低。但值得注意的是,在偏暖时期,极端气候事件频发,橡胶特重寒害时有发生,因此,在气温偏暖期,仍需注意冬季低温给橡胶带来的寒害损失,做好橡胶寒害防灾减灾措施。

3)海南橡胶寒害发生频次分析

将海南1964—2013年18个站点的寒害指数按照橡胶寒害等级表(见表6.2)列出的寒害

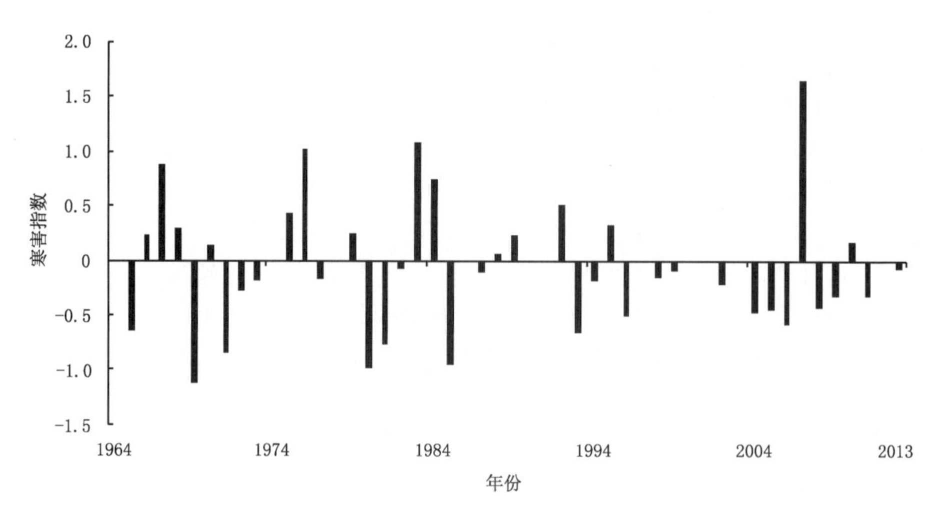

图 6.13 海南 1964—2013 年寒害指数时间序列

等级标准进行寒害等级划分，将逐年不同等级寒害发生的站点数展现在图 6.14 上（彩图 6.14）。可以清楚地看出不同年份干旱的发生特点。1964，1974，1978，1986，1990，1991，1997，2000，2001，2012 年 18 个站点均无寒害事件发生。2002，2004，2006，2011 年全岛寒害程度较轻，均仅有一个站点发生中度寒害。1966，1967，1970，1975，1976，1995，1999，2003，2007 年 70%以上站点均发生了不同等级的寒害，且中度及以上寒害发生站数占发生寒害站数的 90%以上，除 1970，1999，2003 年外，其他年份发生重度和特重寒害比例占 50%以上。其中，1970 年为发生寒害范围最广的一年，15 个站发生了寒害，2 个站发生特重寒害；2007 年为发生寒害最严重的一年，14 个站发生了寒害，11 个站发生特重寒害。

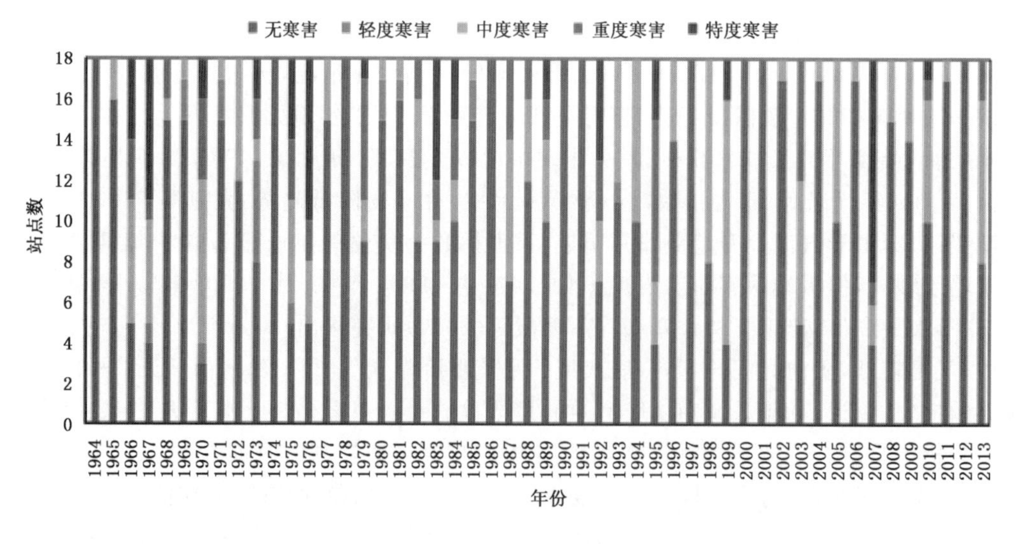

图 6.14 海南 1964—2013 年不同寒害等级出现站点数

（2）海南橡胶寒害空间分布特征

将海南各站点已发生寒害年份的寒害指数进行多年平均，展示了海南各市县橡胶已发生寒害的强度对比状况(见图 6.15),从图中可以看出,海南岛橡胶寒害强度中心有两个,中部以五指山地区为中心,北部以儋州和临高为中心。五指山地区橡胶寒害以辐射型寒害为主,北部以平流型寒害为主。西部和东部沿海发生寒害的强度较轻。南部三亚和陵水近 50 年来无寒害发生。

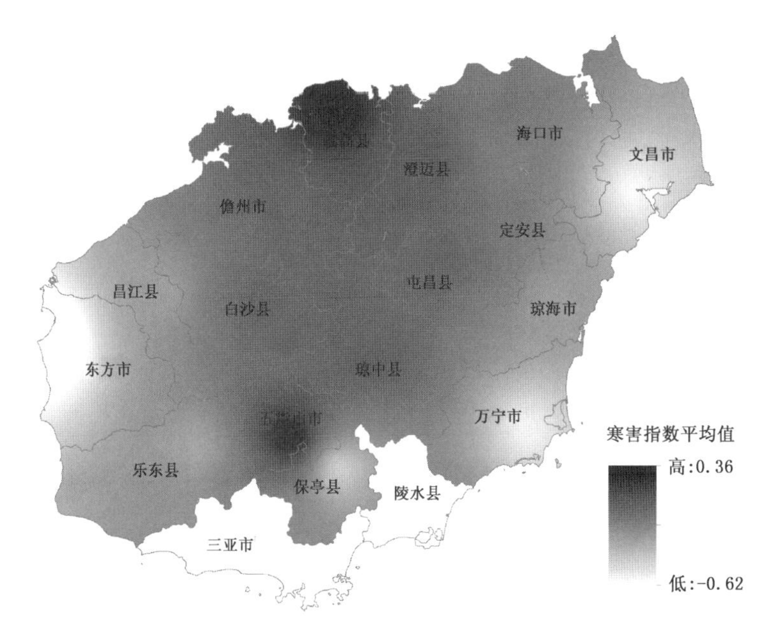

图 6.15 海南岛橡胶寒害指数分布

统计海南 1964—2013 年各站点发生寒害的年份总数,采用反距离权重法插值制作橡胶寒害发生频次图,并绘制等值线(见图 6.16)。从图中可以明显地看出,海南橡胶寒害发生频次

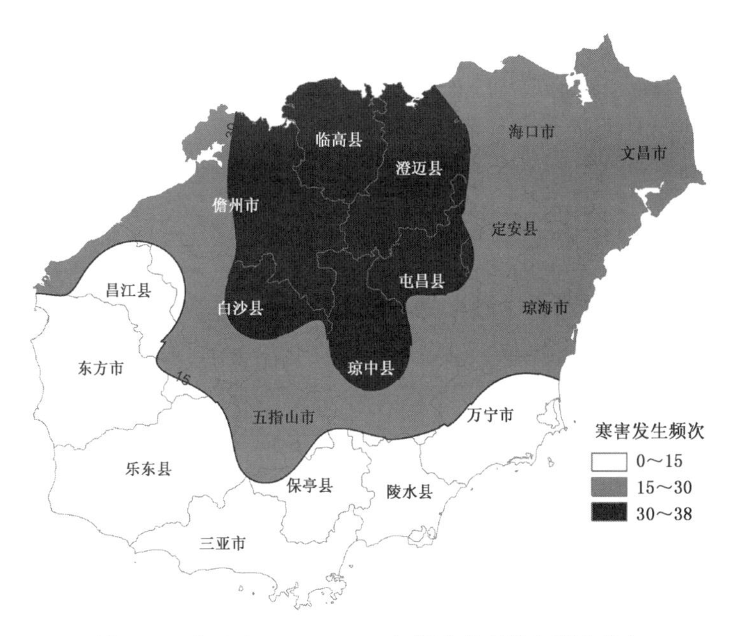

图 6.16 海南岛 1964—2013 年橡胶寒害发生频次分布

的空间分布特征为：以中部山区为界，发生频次南少北多。北部以白沙、琼中、儋州、临高和澄迈为中心向四周递减，北部白沙、琼中、儋州、临高和澄迈发生寒害年份超过30年，其中以儋州最多，达38年；中部以五指山发生年份最多，达23年；南部发生年数普遍少于15年。

6.3 海南橡胶农业气象灾害风险评估

6.3.1 风险评价模型选择

灾害风险是指未来若干年内致灾因子发生及其对人类生命财产造成破坏损失的可能。一般而言，一定区域自然灾害风险是由自然灾害危险性 H、承灾体暴露性 E、承灾体脆弱性 V 这3个因素相互综合作用而形成的(黄崇福，2005)。气象灾害风险一般由灾害危险性(H)、承载体暴露性(E)、承载体脆弱性(V)构成，可以表示为：

$$R = H^{W_H} \cdot E^{W_E} \cdot V^{W_V} \tag{6.16}$$

分别建立橡胶风害的危险性，承载体暴露性以及脆弱性，构建灾害风险评价模型，确定相应权重指数。

气象灾害的危险性，是指气象灾害的异常程度，主要是由气象危险因子活动规模(强度)和活动频次(概率)决定的(张继权 等，2007)。一般气象危险因子强度越大，频次越高，气象灾害所造成的损坏损失越严重，气象灾害的风险也越大。针对单一灾种，危险性评价可以仅用危险因子的变异强度和灾害的发生频次表示。

危险性评价模型可用式(6.17)表示：

$$H = \sum x_i \cdot W_i \tag{6.17}$$

式中，x_i 表示第 i 种灾害指标值，W_i 为第 i 种灾害危险性指数的权重。

暴露性是指可能受到危险因素威胁的所有承灾体。一个地区暴露于各种危险因素的承灾体越多，及受灾财产价值密度越高，该承灾体的潜在损失就越大，从而面临的灾害风险也越大。

承灾体的脆弱性，是指在给定危险地区存在的所有由于潜在危险因素而造成的伤害或损失程度，其综合反映了自然灾害的损失程度。一般承灾体的脆弱性越高，灾害造成的损失越高，其风险也越大。承灾体的脆弱性大小，既与其本身的特点和结构有关，也与防灾力度有关。脆弱性可用式(6.18)表示：

$$V = \sum v_i \cdot W_i \tag{6.18}$$

式中，v_i 表示第 i 种脆弱性评价因子的值，W_i 为第 i 种脆弱性评价因子对应的权重。

6.3.2 风险评价因子选择及模型建立

6.3.2.1 危险性

参考橡胶风害致灾特征，并结合海南岛台风灾害的特点，进行风害危险性指标选取，8，9级风对橡胶产量影响较小，灾后易恢复，指标中可不考虑。以橡胶风害致灾指标为依据，结合单站热带气旋影响标准，分别统计热带气旋登陆或影响时各站10，11，12级及以上大风出现频数和概率，统计各站点瞬时最大风速以及台风过程最大降水量。其中大风频数和概率作为主要致灾危险性指标，瞬时最大风速和过程最大降水量作为致灾危险性辅助指标，利用灾害判别结果与典型年份灾情资料相结合的方式，确立合理的权重，进行危险性评价。

各等级致灾因子权重系数由以下公式确定，W_1，W_2，W_3 分别对应 10，11，12 级及以上台风的灾损率，Sn 和 Sp 分别对应各等级灾害出现频数和概率，建立致灾危险性评价模型，见公式(6.19)和(6.20)。

$$W_j = \frac{W_i}{W_1 + W_2 + W_3} \tag{6.19}$$

$$H = \sum_{j=1}^{5} Sn_j \cdot Sp_j \cdot w_j \tag{6.20}$$

橡胶寒害危险性以橡胶寒害的强度和频率来描述，计算方法见下式：

$$H = H_I \cdot P \tag{6.21}$$

式中，H 为橡胶寒害的危险性；H_I 为橡胶寒害指数；P 为 1964—2013 年橡胶寒害发生频率。

6.3.2.2　暴露性

风害对海南天然橡胶产量的影响主要是热带气旋登陆或影响本岛的强风、暴雨。这些灾害使橡胶林产生倒伏或者枝干断折，从而影响天然橡胶产量。橡胶树是最直接的成灾体，不同树龄的橡胶树受树形和木质影响，抗风性差异较大，一般 5 龄以下的幼树易倒不易析，风害轻；6～15 龄的成龄树，易断干倒伏，是风害最严重的阶段；15～30 龄的中龄树，多以断主干为主；30 龄以上的老龄树，树干粗，风害显著减轻。

暴露性评价模型可用式(6.22)表示：

$$E = \frac{1}{n} \sum_{i=1}^{n} S_i / S \tag{6.22}$$

式中，S_i 表示各区域天然橡胶每年种植面积，S 表示对应各区域行政面积

6.3.2.3　脆弱性

脆弱性是系统在灾害事件发生时所产生的不利响应的程度(李鹤 等，2008)。在本章中，脆弱性即农业作物受到不利气象条件影响，从而导致产量损失的程度。区域农业作物的脆弱性包括对外部压力的敏感性和系统应对压力的适应性(IPCC，2001)，而适应性既包括作物自身的恢复能力，又包括区域对灾害的抵抗能力。综合考虑敏感性、自身恢复能力与抗灾能力，建立橡胶的脆弱性评价模型：

$$V = \frac{S}{R_s \cdot R_a} \tag{6.23}$$

式中，V 为系统的脆弱性指数，其值越大，对灾害的脆弱程度也就越高，越容易受到灾害威胁；S 表示冬小麦对灾害的敏感程度；R_s 表示区域农业应对灾害的恢复能力；R_a 表示区域抗灾能力大小。

S 用灾年产量变异系数表示：

$$S = \frac{1}{\overline{Y}} \sqrt{\frac{\sum_{i=1}^{n} (Y_i - \overline{Y})^2}{n}} \tag{6.24}$$

式中，Y_i 表示某年橡胶产量，$\overline{Y}$ 表示 n 年平均产量。灾年产量变异系数越大表明产量波动越大，抗灾能力越弱，生产面临的风险越大。

R_s 用区域农业经济发展水平表示：

$$R_s = \frac{1}{n}\sum_{i=1}^{n}\left(\frac{Y_i}{SY_i}\right) \tag{6.25}$$

式中，Y_i 表示某县第 i 年的橡胶单产，SY_i 表示第 i 年海南橡胶平均单产。橡胶单产的多少，可以作为区域农业生产水平的高低的标志。生产水平越高，对灾害的抵抗能力高，灾后恢复能力越强，脆弱性越小。

R_a 用区域防风林面积与橡胶种植面积之比表示：

$$R_a = \frac{S_w}{S_r} \tag{6.26}$$

式中，S_w 为橡胶种植地区防风林面积，S_r 为区域橡胶种植面积。防风林面积，尤其是近橡胶林的防风林能够有效地降低风速，减少风害对橡胶造成影响，从而降低灾害风险。

6.3.3　风险评价结果

6.3.3.1　危险性分布

(1)风害

利用 1990—2013 年台风灾害和橡胶产量情况数据，根据选择的灾害危险性指标，结合单站台风影响标准(表 6.5)以及台风影响橡胶断倒率曲线，按本站风速和雨量的大小，分别统计一般、中等和严重影响台风频次；8～10 级、10～12 级、12 级以上台风大风频次；小于 130 mm、130～300 mm、大于 300 mm 台风过程降水量频次；分析其与橡胶产量变异系数对照序列的关系，基于灰色关联度方法，得出各指标的权重系数，计算橡胶台风灾害危险性指数(见图 6.17)。由结果可知，海南天然橡胶台风灾害危险性影响较大的区域主要分布在东部万宁、琼海，西北部儋州、澄迈、临高等地区，而此部分地区多为海南橡胶的主要种植地，其中儋州为海南橡胶种植面积最大的市县。

表 6.5　单站台风影响标准表

影响程度	平均最大风速(m/s)	瞬间最大风速(m/s)	日雨量(mm)	过程降雨量(mm)
一般影响	10～17.2	17～25	40.1～80.0	80.1～130.0
中等影响	17.2～20	25.1～40	80.1～200	130.1～300
严重影响	＞20	＞40	＞200	＞300

注：表中四项指标只要达到以上标准的任一项即可。如风速和雨量不在同一量级，则以其中偏重的划分台风影响程度。

(2)寒害

根据公式(6.21)计算得出海南岛橡胶寒害危险性分布图(见图 6.18)。根据与海南地区灾害历史资料的统计及多年寒害发生的实际情况比对，可以说明本章构建的寒害危险性能够较好地反映海南地区寒害的发生情况。从空间分布图上看，海南岛寒害主要发生在五指山及其以北地区，南部三亚和陵水无寒害发生。寒害危险性以北部地区最大，中部次之，西部和东部沿海地区较小。其中，北部以儋州和临高寒害危险性最大，主要以平流型寒害为主；中部以五指山地区出现寒害的危险性最大，主要以辐射型寒害为主。

6.3.3.2　暴露性分布

橡胶灾害风险大小除了与灾害强度大小有关外还与其承载体密度相关。以橡胶种植面积与该区域行政面积之比作为暴露性评价指标，比值越大，暴露于灾害风险中的承灾体就越多，

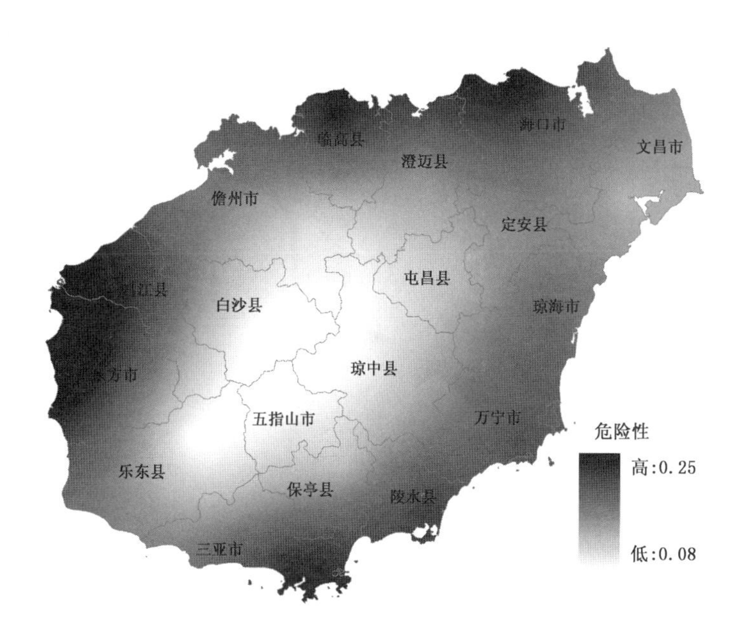

图 6.17　海南岛橡胶风害危险性空间分布

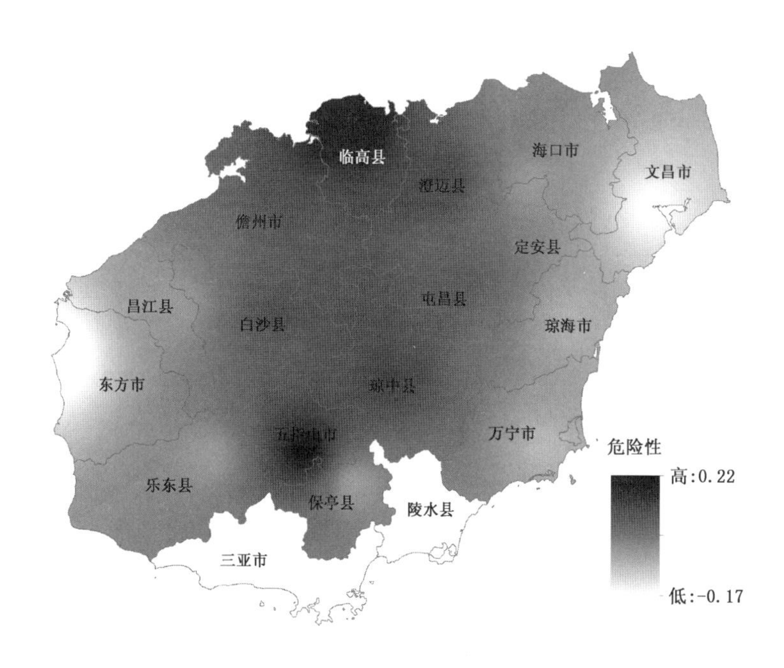

图 6.18　海南岛橡胶寒害危险性分布

灾害发生时可能遭受的潜在损失就越大。利用 1990—2013 年海南省各行政区域橡胶种植面积与对应行政面积数据，统计得出暴露性指数，进行暴露性评价，结果见图 6.19。由结果可知，海南橡胶暴露性以东部万宁、琼海到西部儋州一线为最大，其中儋州暴露性达到了 16.6%，居全省之首。

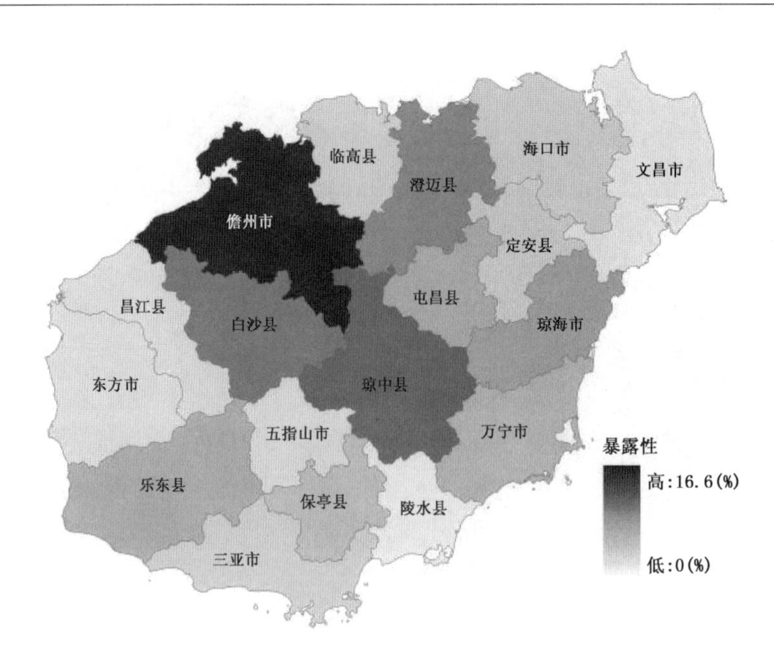

图 6.19 海南岛橡胶暴露性分布

6.3.3.3 脆弱性分布

(1)风害

脆弱性是系统在灾害事件发生时所产生的不利响应的程度(李鹤 等,2008)。区域农业作物的脆弱性包括对外部压力的敏感性和系统应对压力的适应性(IPCC,2001),而适应性既包括作物自身的恢复能力,又包括区域对灾害的抵抗能力。橡胶气象灾害风险评价中脆弱性主要是指橡胶受台风影响时其产量损失程度,脆弱性越强损失越大。综合考虑橡胶灾害敏感性、地区受灾后的自身恢复能力以及抗灾能力,利用脆弱性评价模型计算海南各市县脆弱性指数,结果见图 6.20。由结果可知:脆弱性较高地区主要分布在东南部陵水、三亚,西部昌江以及北部文昌地区,脆弱性较较低地区包括西部白沙、儋州,北部海口等地区此部分地区由于灾害敏感性强,尤其陵水和昌江为最强,台风抵抗能能力相对弱,导致脆弱性相对较大。

(2)寒害

通过公式(6.26)将橡胶寒害的敏感性和适应性结合在一起,计算得出综合的橡胶寒害脆弱性(见图 6.21)。模型输出的指标大小即反映了区域脆弱性程度的高低。橡胶寒害的脆弱性较高的地区主要分布在东北部、北部和西部部分地区,其他地区脆弱性较低。其中,文昌市脆弱性最高,分析可知主要是文昌的灾年变异系数较高,而同时区域橡胶经济发展水平较低,这主要是由于文昌是海南省台风登陆最频繁的市县,因此橡胶种植受台风影响较大,导致橡胶树受灾后自身恢复能力不足,脆弱性较高。

6.3.3.4 风险评价

(1)风害

在橡胶台风灾害危险性、暴露性和脆弱性评价基础上,根据 IPCC5 中关于灾害风险定义,构建橡胶台风灾害综合风险评价模型,各因子权重通过熵权法确定。

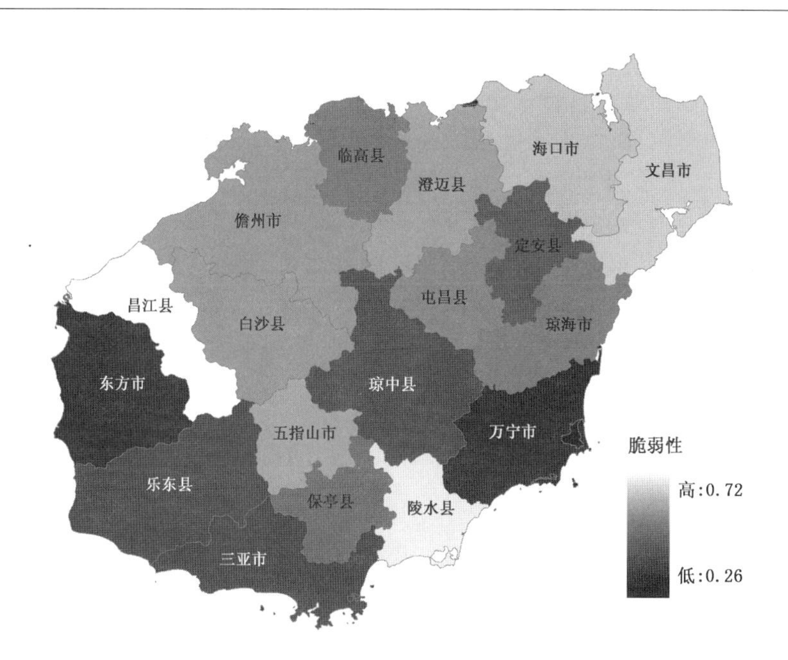

图 6.20　海南岛橡胶风害脆弱性分布

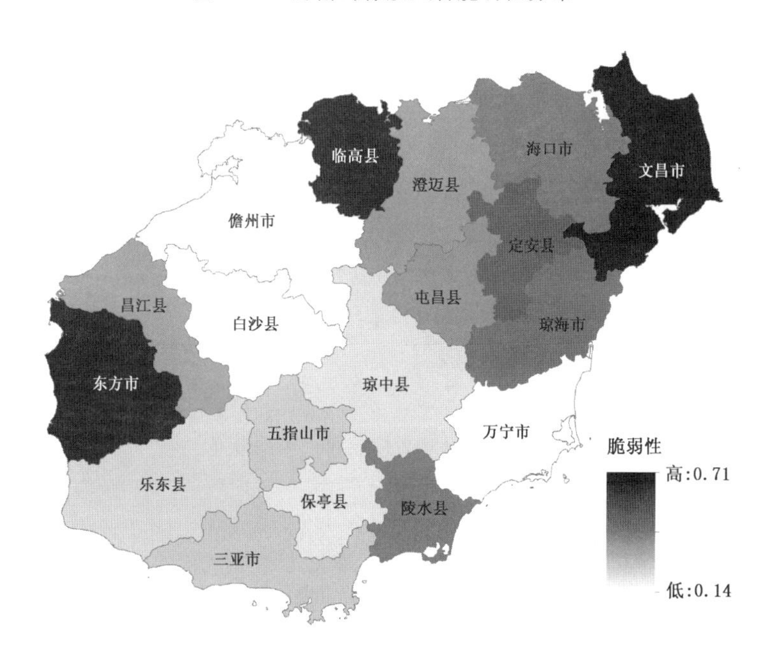

图 6.21　海南岛橡胶寒害的脆弱性分布

根据评价因子权重系数计算结果(见表 6.6)可知:橡胶台风气象灾害风险主要由危险性和脆弱性主导，其中危险性权重系数达到 0.4153，是影响橡胶产量风险的最主要因子。主要

表 6.6　因子权重系数表

因子	危险性	暴露性	脆弱性
权重	0.4153	0.2689	0.3158

是由于海南橡胶种植策略的调整使得东部沿海易受台风影响的地区橡胶种植大幅减少，西部地区种植增多的影响，使得暴露性对产量风险的影响降低，而沿海大面积开发使得海防林等大面积减少，降低了台风抵抗能力，使得脆弱性加大，成为主导橡胶产量风险系数的第二大因子。由评价结果可知：昌江、陵水两个地区为海南橡胶灾害风险最高的地区，主要由于这两个地区暴露性为最低、脆弱性相对最高，导致了综合灾害风险高。暴露性较高的儋州、琼海、文昌等地区灾害风险也较高。危险性最高的东部以及西部沿海地区，橡胶灾害风险不是最高，主要由于西部儋州等地为海南橡胶种植的主产地，种植技术、品种改良等措施对脆弱性降低起到了较好的促进作用，东部橡胶种植相对较少，暴露性较低，橡胶台风灾害综合风险较低。风险最低地区位于中部五指山、保亭、白沙以及北部海口等地区，主要由于这些地区受台风影响较少或橡胶种植面积相对较少，在一定程度上降低了灾害风险（见图 6.22）。

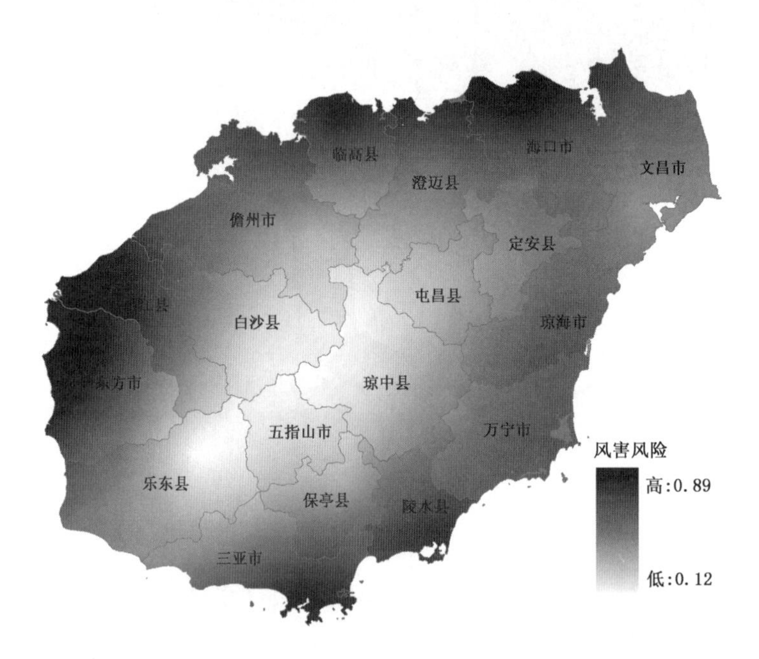

图 6.22　海南岛橡胶风害风险分布

（2）寒害

根据海南岛橡胶寒害的主要气象灾害风险形成机制，在综合分析风险的危险性、暴露性和脆弱性的基础上，建立起海南岛橡胶寒害的风险评价模型。各评价因子的权重通过熵权法确定（见表 6.7）。

表 6.7　各风险评价因子权重值

评价因子	危险性	暴露性指标	脆弱性
权重	0.2086	0.3756	0.4158

由表中可以看出，脆弱性指数权重达 0.4158，是对海南橡胶寒害气象灾害风险贡献最大的评价因子。因此，人为干预和管理是对橡胶单产的形成具有重要的影响，如橡胶种植区有意识地选择避寒宜林地，在灾害多发区选择培育高产抗寒品种，或者采取适当的耕作管理措施改

善农田小气候，采取抗寒栽培方法等方式对于降低作物脆弱性，提高作物对逆境的适应能力具有重要作用。橡胶种植暴露性的权重为 0.3756，对风险的贡献也比较大，橡胶种植比例越大的市县面临的灾害风险也会越大。橡胶寒害致灾因子的危险性权重为 0.2086，对风险的贡献较低，这主要是因为海南橡胶寒害发生的强度和概率均较低，但也不可轻视，一旦极端寒害天气的发生，将给橡胶产量带来不可估量的损失。

图 6.23 清晰地反映了海南橡胶的寒害综合风险指数分布情况，具有明显的地域界限。风险指数空间分布的高值区和低值区明显的界限，以中部的白沙、琼中和东部的万宁为界，以北为风险高值区，包括临高、儋州、屯昌、澄迈、琼海、定安和文昌等市县，以南为风险低值区，包括万宁、乐东、昌江、保亭和东方等市县，中部介于两者之间，沿海轻于内陆。北部高值区中以临高寒害风险最高，风险值为 0.72，其次为屯昌，风险值为 0.63；低值区中以万宁寒害风险最低，仅 0.11。北部的海口寒害风险指数较周边地区低，主要是由于海口为海南省省会城市，也是经济最发达的城市，对灾害防御能力较强，同时海口市橡胶种植面积较少，暴露度小。

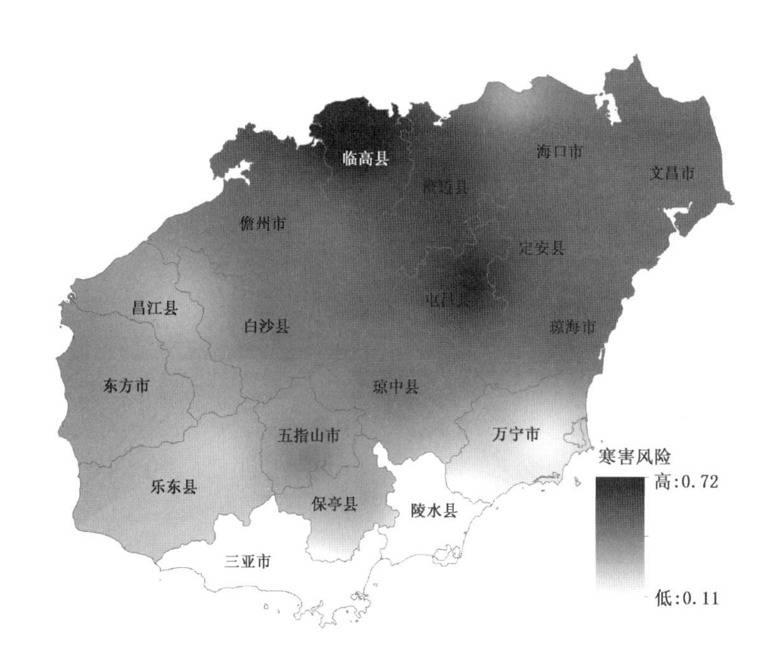

图 6.23　海南岛橡胶寒害风险分布

形成这种空间分布结果的主要原因如下：海南橡胶寒害类型以平流型寒害为主，辐射型寒害主要发生在中部山区。当冬季冷空气南下，最先影响北部沿海区域，纬度越高，寒害越重；当冷空气继续向南侵袭，到达中部山区时，难以逾越，堆积在山区北侧，山区北部就常出现低温阴雨天气，而南部极少出现。而当冷空气源源不断地补充时，冷空气就在山区北侧不断堆积，使得这些区域气温持续偏低，极端最低气温也偏低，更加剧了这些区域的遭受寒害的程度。冷空气南下影响海南岛时，而海南岛四周临海，海洋海温比沿海陆地高，海温与沿海陆地气温相互调节，因此，北部沿海区域受寒害较频繁，而沿海区域受寒害轻于内陆地区。中部山区辐射降温也是造成橡胶寒害的重要因素，尤其是五指山地区，但是山区地形复杂，种植橡胶的比例不高，因此，综合寒害风险指数仍较北部低。

(3)综合风险评价

根据历年橡胶风害、寒害损失数据，计算各对损失的贡献度，得出其权重系数，风害为0.736，寒害为0.264，利用GIS平台进行栅格计算，得出各市县的综合灾害风险指数(见图6.24，彩图6.24)。由图可以看出，海南橡胶主要气象灾害综合风险西部大于东部，北部大于南部，最大地区位于西部儋州，最小地区位于中部五指山地区。综合分析可知，西北部地区为海南橡胶的主要种植地区，为高暴露性地区，且此区受风害及寒害影响较重，综合风险高。南部地区橡胶种植较少，为低暴露地区，此区虽受风害影响重，但寒害很少发生，综合风险低。

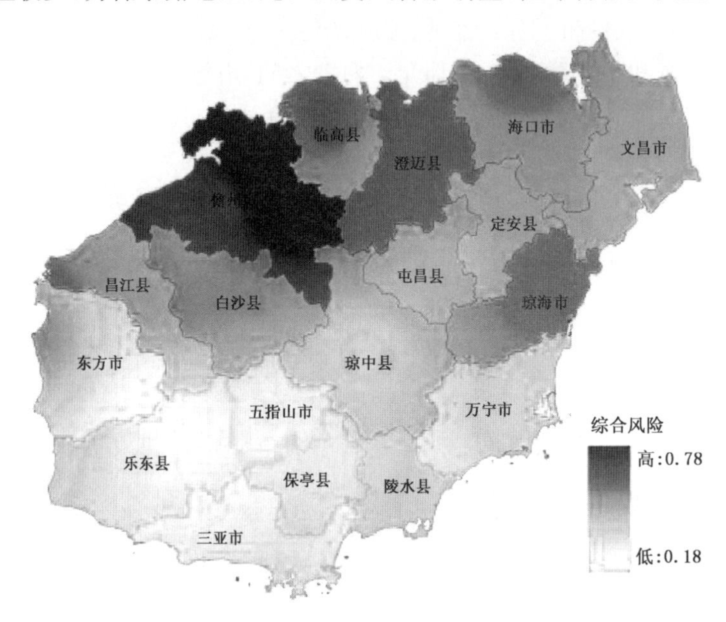

图 6.24　海南岛橡胶主要气象灾害综合风险分布

6.4　海南橡胶农业气象灾害风险区划

基于GIS默认的Natural Breaks分类方法，以县为研究单元，将海南岛橡胶综合气象灾害风险划分为四类(见图6.25，彩图6.25)。海南橡胶主要气象灾害风险最高地区位于儋州。此区为高暴露区，是海南橡胶种植面积最大的地区，且该地区位于沿海，易受台风影响，风害相对较重，亦是寒害高发地区，应加强灾害风险管理，进一步做好品质优化更新，以能应对灾害风险，降低灾害损失。较高风险区主要包括北部的临高、澄迈、海口、文昌、定安，东部的琼海，以及西部的白沙、昌江。此部分区域致灾危险性相对较强，但此区暴露性相对较低，综合风险虽有所降低，但同样需要加强灾害风险管理，做好防灾减灾工作。中等风险区包括中部的屯昌、琼中，东部的万宁、陵水以及西部的东方。此部分区域虽存在一定的致灾危险性，但暴露性低，亦或是橡胶种植适宜性较低地区，此区域除了需做好灾害风险管理的同时，还需做好橡胶种植的合理布局。低风险区域主要包括中部五指山和南部保亭、三亚、乐东，此区域均为暴露性较低地区，南部三亚无寒害影响，中部五指山地区受风害影响小，此区域可根据自身实际情况，做好灾害风险管理。

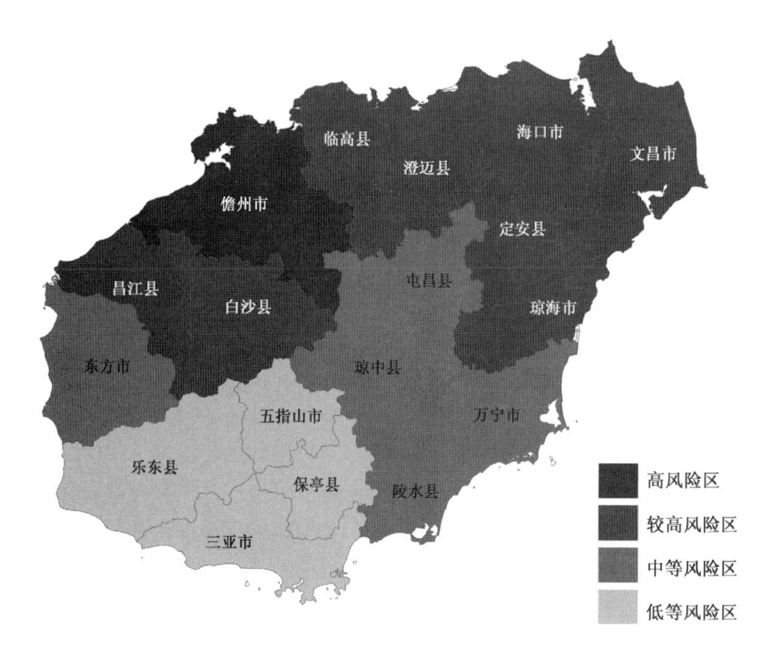

图 6.25　海南岛橡胶主要气象灾害风险区划分布

参考文献

蔡菁菁,王春乙,张继权. 2013. 东北地区玉米不同生长阶段干旱冷害危险性评价[J]. 气象学报,**71**(5):976-986.

蔡菁菁. 2013. 东北地区玉米干旱、冷害风险评价[D]. 北京:中国气象科学研究院.

岑洁荣. 1981. 对橡胶树寒害农业气象指标的探讨[J]. 农业气象,**3**(1):64－70,52.

陈见,孙红梅,高安宁,等. 2014. 超强台风“威马逊”与“达维”进入北部湾强度变化对比分析[J]. 暴雨灾害,**33**(4):392-400.

陈尚谟,黄寿波,温福光. 1988. 果树气象学[M]. 北京:气象出版社.

陈小敏,陈汇林,陶忠良. 2013. 2008 年初海南橡胶寒害遥感监测初探[J]. 自然灾害学报,**22**(1):24-28.

陈瑶,谭志坚,樊佳庆,等. 2013. 橡胶树寒害气象等级研究[J]. 热带农业科技,**36**(2):7-11.

程儒雄,张华林,贺军军,等. 2014. 两广植胶区橡胶树寒害情况分析及抗寒对策[J]. 农业研究与应用,(1):74-77.

邓国,李世奎. 1999a. 中国粮食作物产量风险评估方法//李世奎. 中国农业灾害风险评价与对策[M]. 北京:气象出版社,122-128.

邓国,李世奎. 1999b. 中国粮食产量的灾害风险水平分布规律//李世奎. 中国农业灾害风险评价与对策[M]. 北京:气象出版社,129-175.

郭澎涛,李茂芬,林钊沐,等. 2014. 基于多源环境变量的橡胶园土壤管理分区[J]. 农业工程学报,**30**(12):96-104.

海南省统计局,国家统计局海南调查总队. 1988—2013. 海南统计年鉴[M]. 北京:中国统计出版社.

何康,黄宗道. 1987. 热带北缘橡胶树栽培[M]. 广州:广东科技出版社:33-35.

黄崇福. 2005. 自然灾害风险评价理论与实践[M]. 北京:科学出版社.

黄庆锋,李土荣,吴青松. 2011. 寒害与风害对红峰农场橡胶开割树的影响[J]. 热带农业科学,**31**(7):1-3,10.

阚丽艳,谢贵水,陶忠良,等. 2009. 海南省 2007—2008 年冬橡胶树寒害情况浅析[J]. 中国农学通报,**25**(10):

251-257.
李国尧,王权宝,李玉英,等.2014.橡胶树产胶量影响因素[J].生态学杂志,**33**(2):510-517.
李鹤,张平宇,程叶青.2008.脆弱性的概念及其评价方法[J].地理科学进展,**27**(2):18-25.
李俊.2012.基于熵权法的粮食产量影响因素权重确定[J].安徽农业科学,**40**(11):6851-6852,6854.
连士华.1984.橡胶树风害成因问题的探讨[J].热带作物学报,**5**(1):59-72.
刘少军,高峰,张京红,等.2010.地形对橡胶风害的影响分析[J].气象研究与应用,**31**(增2):228-229.
刘少军,张京红,蔡大鑫,等.2013.海南岛天然橡胶风害评估系统研究[J].热带农业科学,**33**(3):63-66.
刘少军,张京红,蔡大鑫,等.2014.台风对天然橡胶影响评估模型研究[J].自然灾害学报,**23**(1):155-160.
孟丹.2013.基于GIS技术的滇南橡胶寒害风险评估与区划[D].南京信息工程大学.
明晓东,徐伟,刘宝印,等.2013.多灾种风险评估研究进展[J].灾害学,**28**(1):126-132,145.
邱志荣,刘霞,王光琼,等.2013.海南岛天然橡胶寒害空间分布特征研究[J].热带农业科学,**33**(11):67-69,74.
覃姜薇,余伟,蒋菊生,等.2009.2008年海南橡胶特大寒害类型区划及灾后重建对策研究[J].热带农业工程,**33**(1):25-28.
王远皓,王春乙,张雪芬.2008.作物低温冷害指标及风险评估研究进展[J].气象科技,**36**(3):310-317.
温福光,陈敬泽.1982.对橡胶寒害指标的分析[J].气象,(8):33.
吴慧,林熙,吴胜安,等.2010.1949—2005年海南岛登陆热带气旋的若干变化特征[J].气象研究与应用,**31**(3):9-12,15.
吴俊.2011.云南橡胶树气候生态适应性分析[J].现代农业科技,(19):308-309,320.
薛杨,杨众养,陈毅青,等.2014.台风"威马逊"干扰对森林生态系统的影响[J].热带林业,(4):34-38.
张继权,李宁.2007.主要气象灾害风险评价与管理的数量化方法及其应用[M].北京:北京师范大学出版社:32-34.
张京红,刘少军,蔡大鑫.2013.基于GIS的海南岛橡胶林风害评估技术及应用[J].自然灾害学报,**22**(4):175-181.
张玉静.2014.华北地区冬小麦主要气象灾害风险评估[D].中国气象科学研究院:82.
张忠伟.2011.基于RS与GIS海南岛台风灾害对橡胶影响的风险性评价研究[D].海南师范大学:82.
郑启恩,符学知.2009.橡胶树寒害的发生及预报措施[J].广西热带农业,(1):29-30.
中华人民共和国国家统计局.2012.中国统计年鉴2012[M].北京:中国统计出版社:483.
周永源.2013.气象行业标准《橡胶寒害等级》实施[J].橡胶科技,(4):22.
朱锁风,黄玉贤,张建新.1994.海南台风[M],北京:气象出版社.

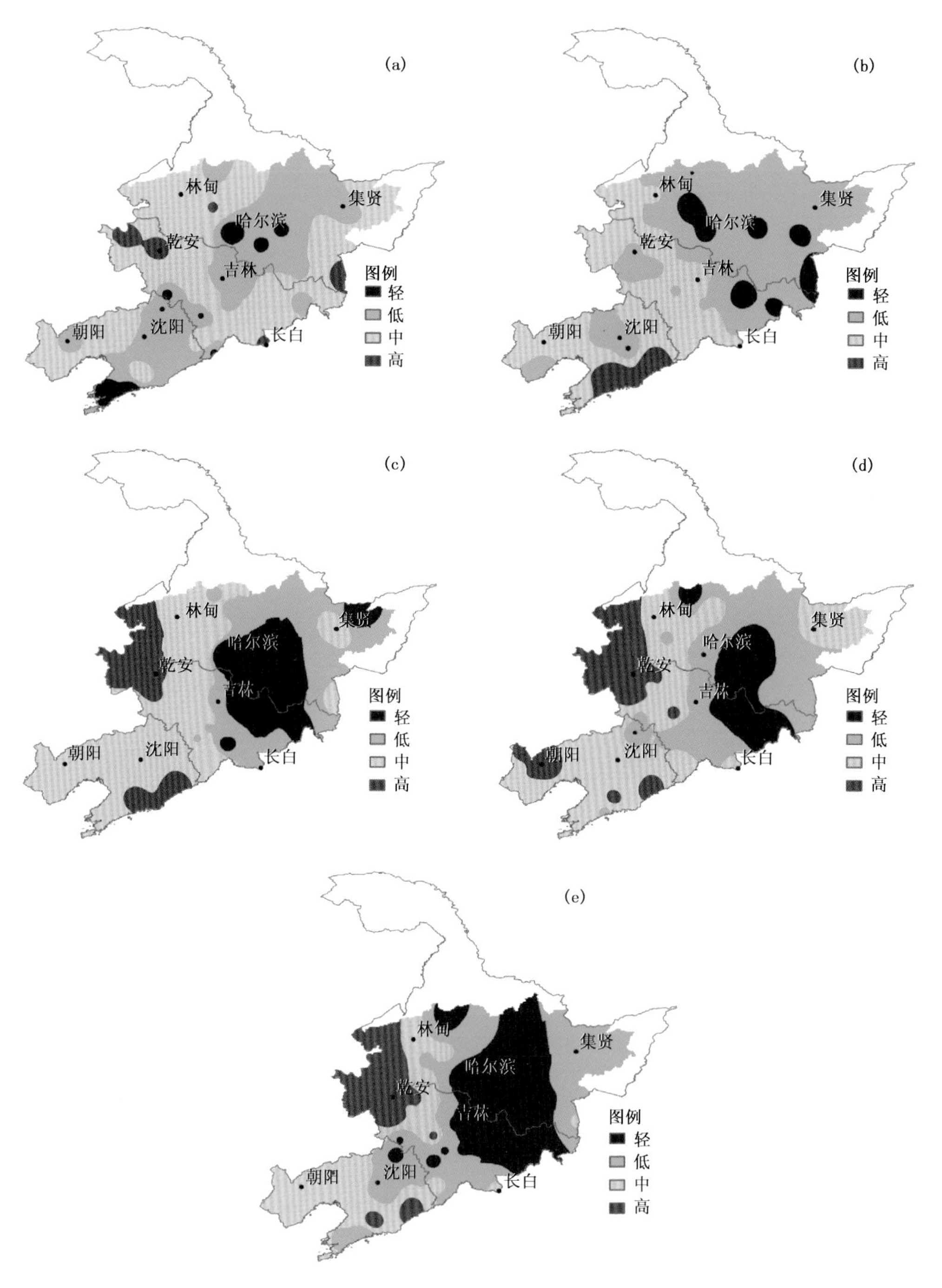

彩图 2.30　东北地区玉米发育过程主要气象灾害风险区划

(a)播种—七叶;(b)七叶—抽雄;(c)抽雄—乳熟;(d)乳熟—成熟;(e)播种—成熟

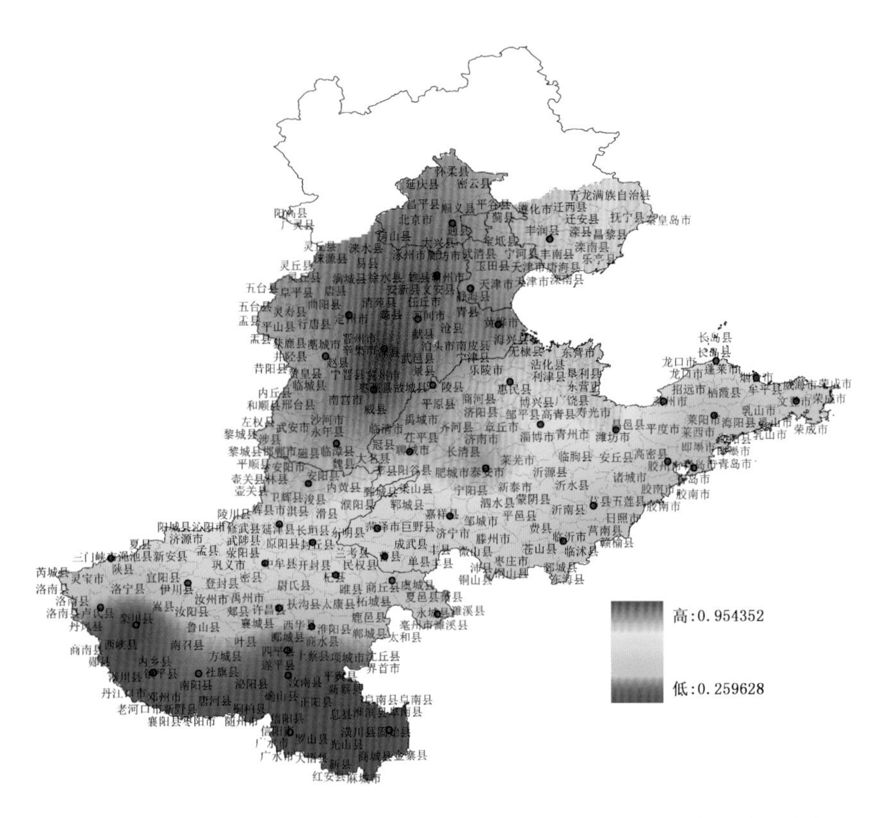

彩图 3.18　华北地区冬小麦底墒形成期及全生育期主要气象灾害危险性分布

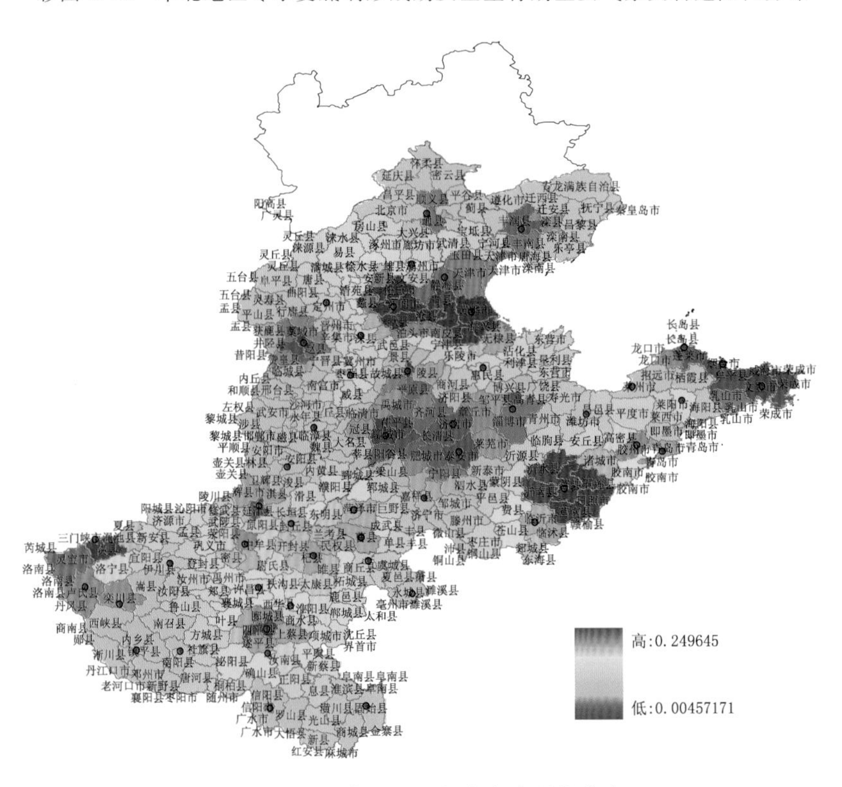

彩图 3.22　华北地区冬小麦脆弱性分布

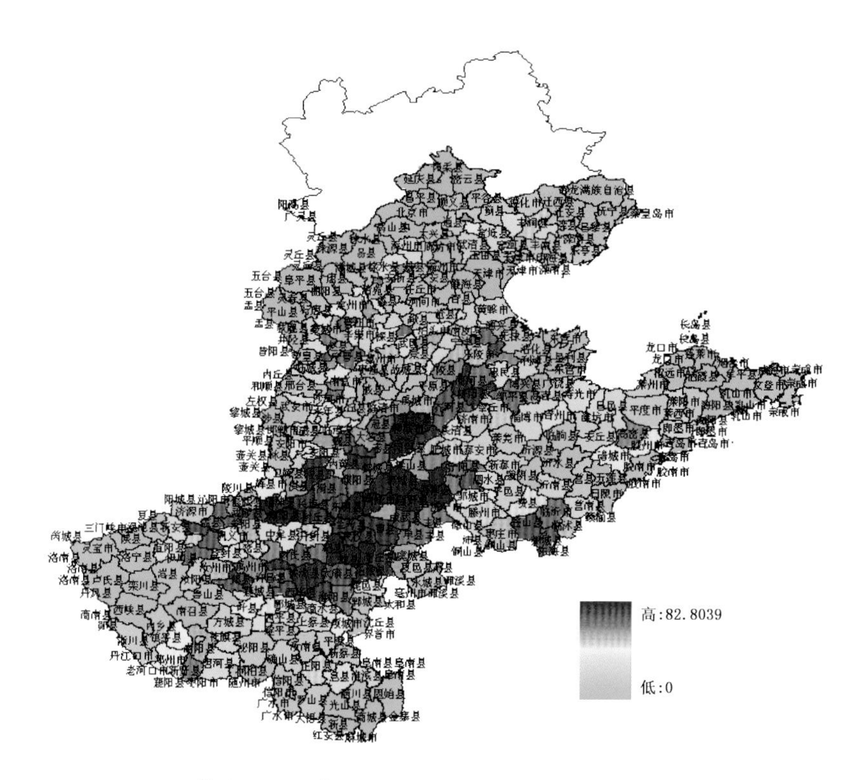

彩图 3.25　华北地区各县冬小麦暴露性分布(%)

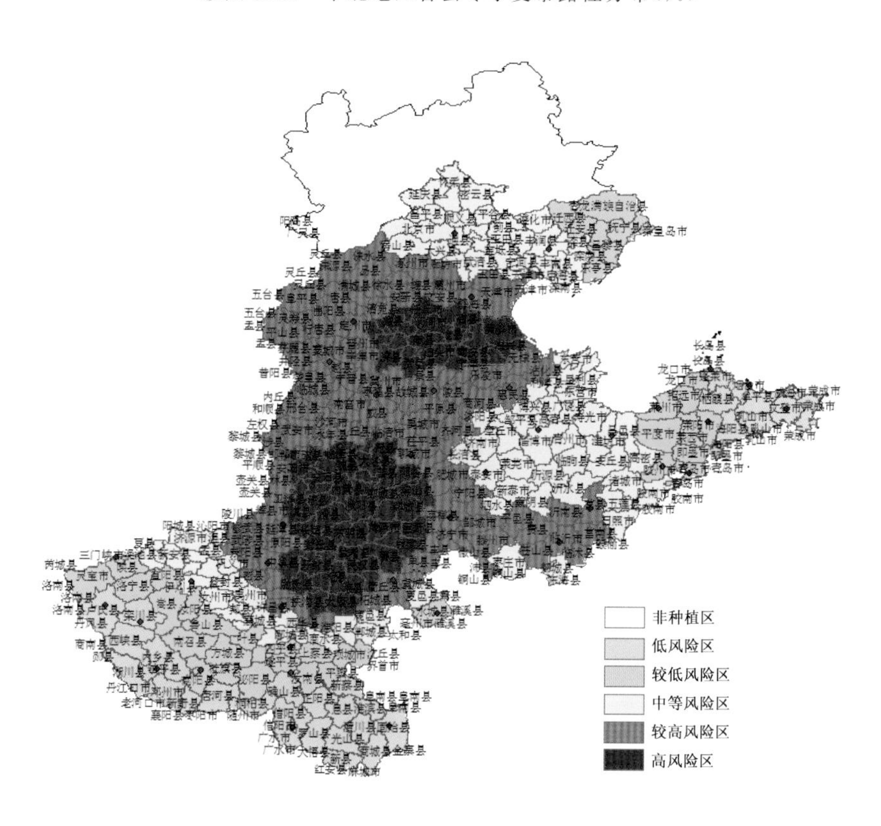

彩图 3.28　华北地区冬小麦主要气象灾害风险区划

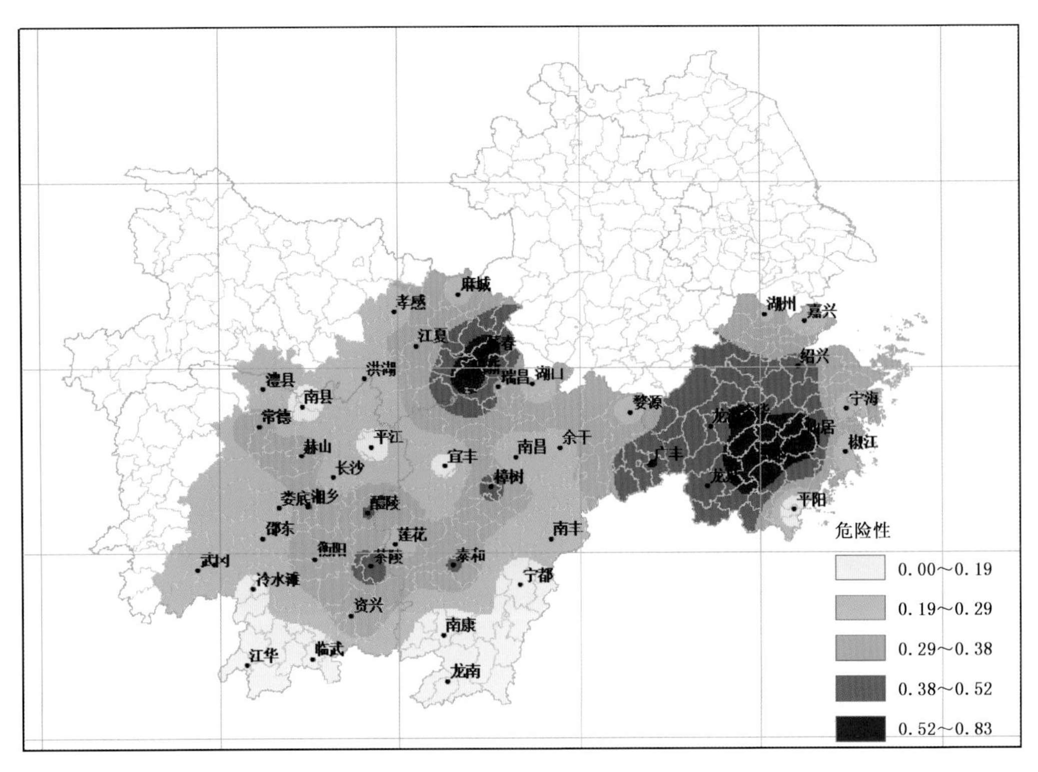

彩图 4.9　区域危险性空间分布

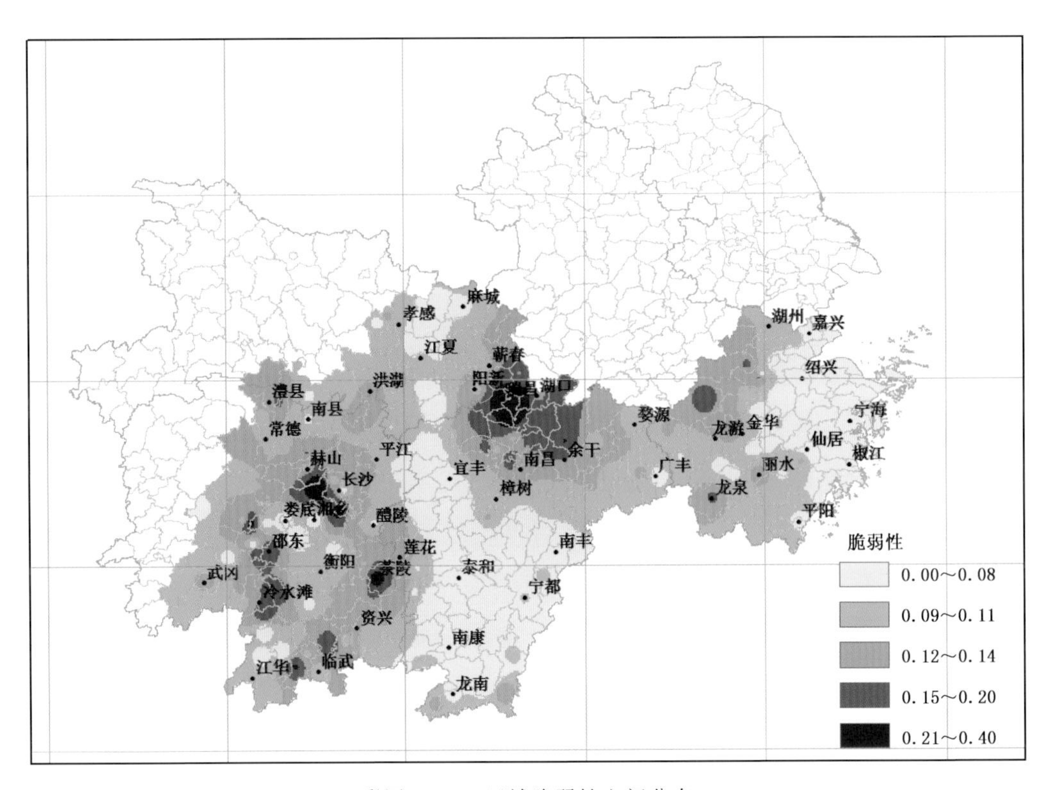

彩图 4.11　区域脆弱性空间分布

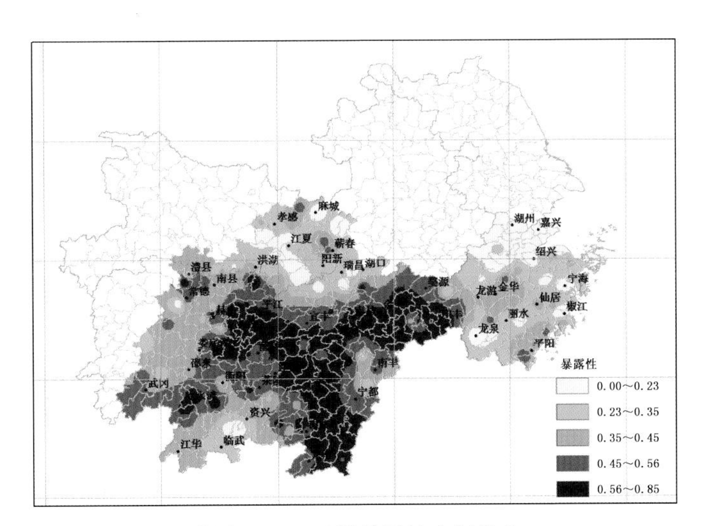

彩图 4.12　区域暴露性空间分布

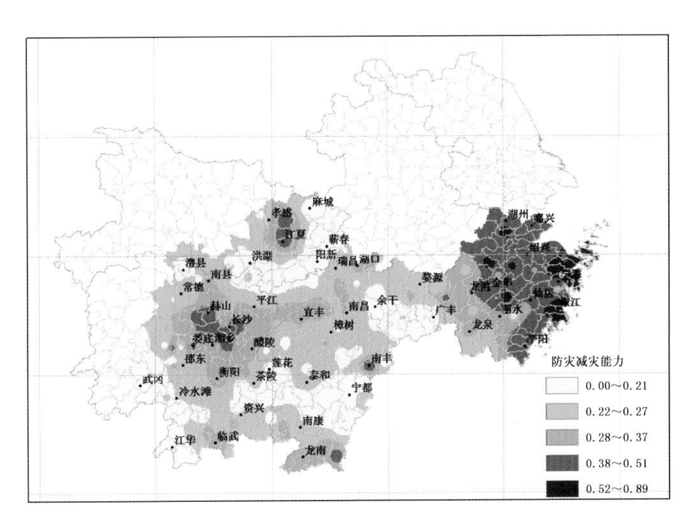

彩图 4.14　区域防灾减灾能力空间分布

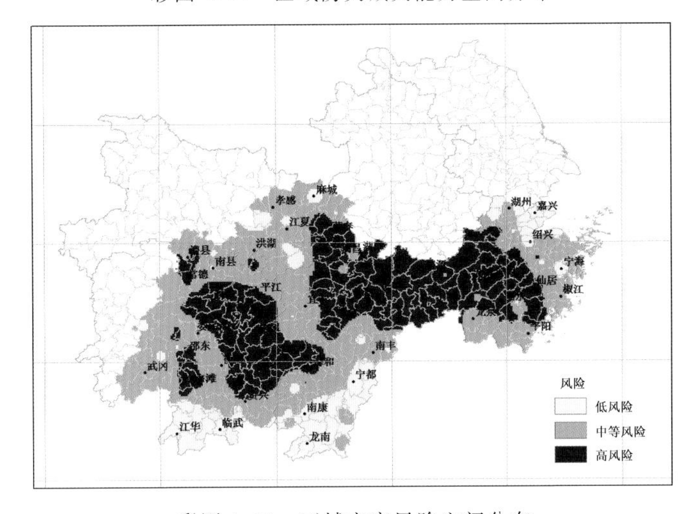

彩图 4.16　区域灾害风险空间分布

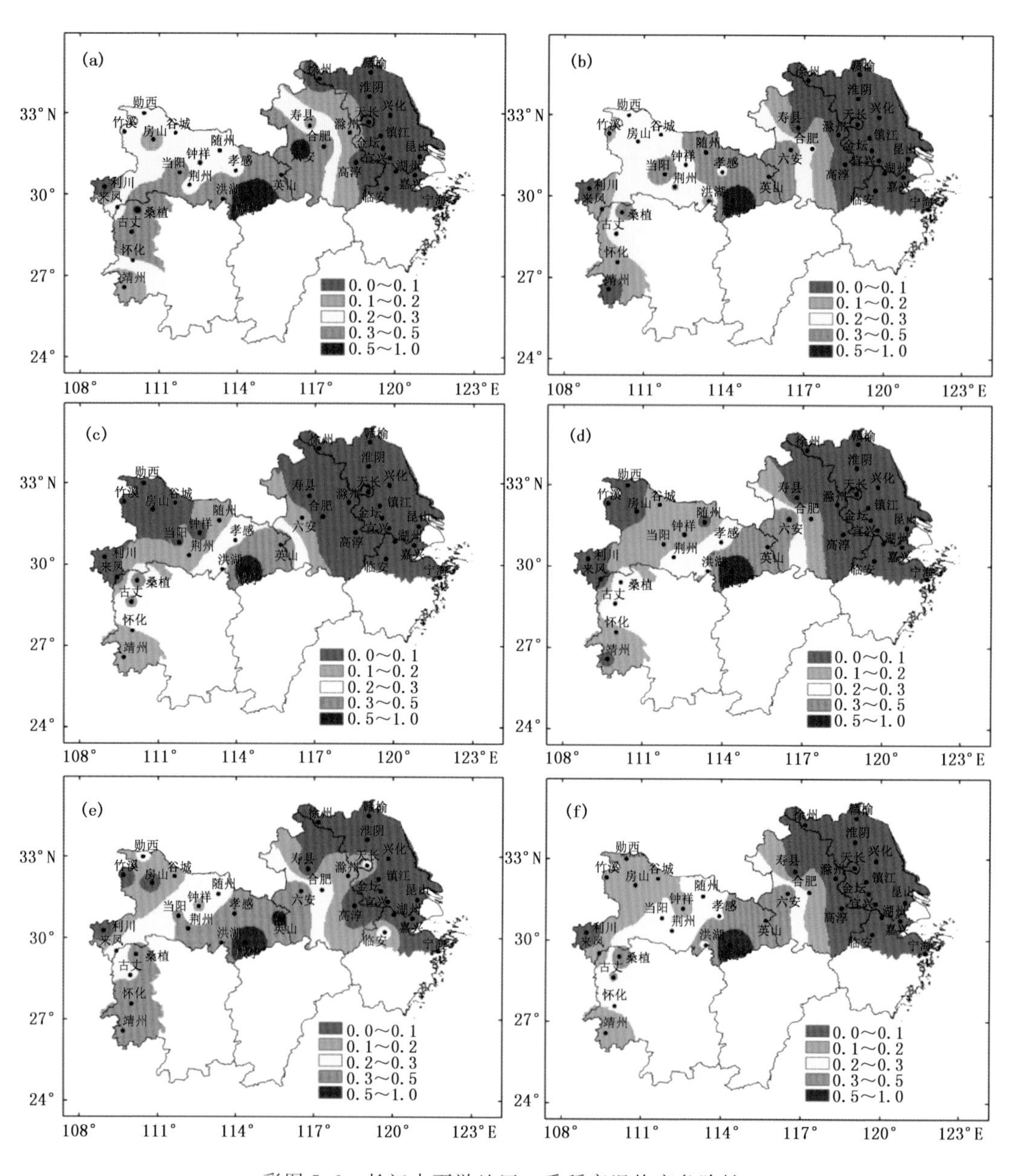

彩图 5.6　长江中下游地区一季稻高温热害危险性

(a)～(d)20 世纪 60 年代、70 年代、80 年代、90 年代；(e)2000 年之后；(f)51 年平均

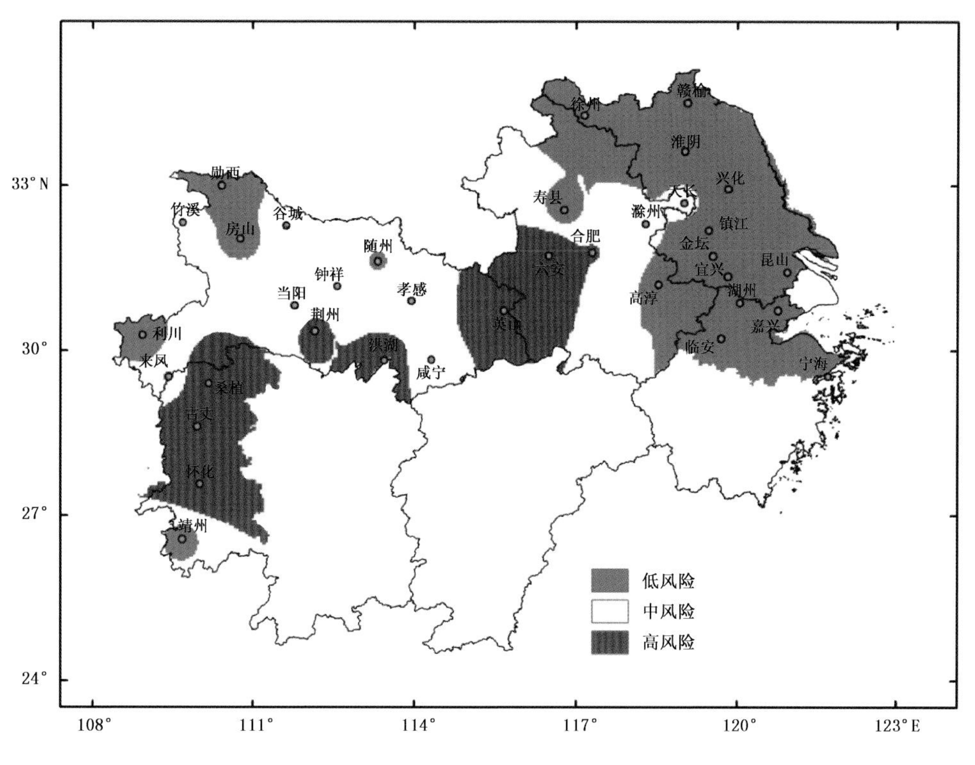

彩图 5.20　长江中下游地区一季稻高温热害三因子风险区划

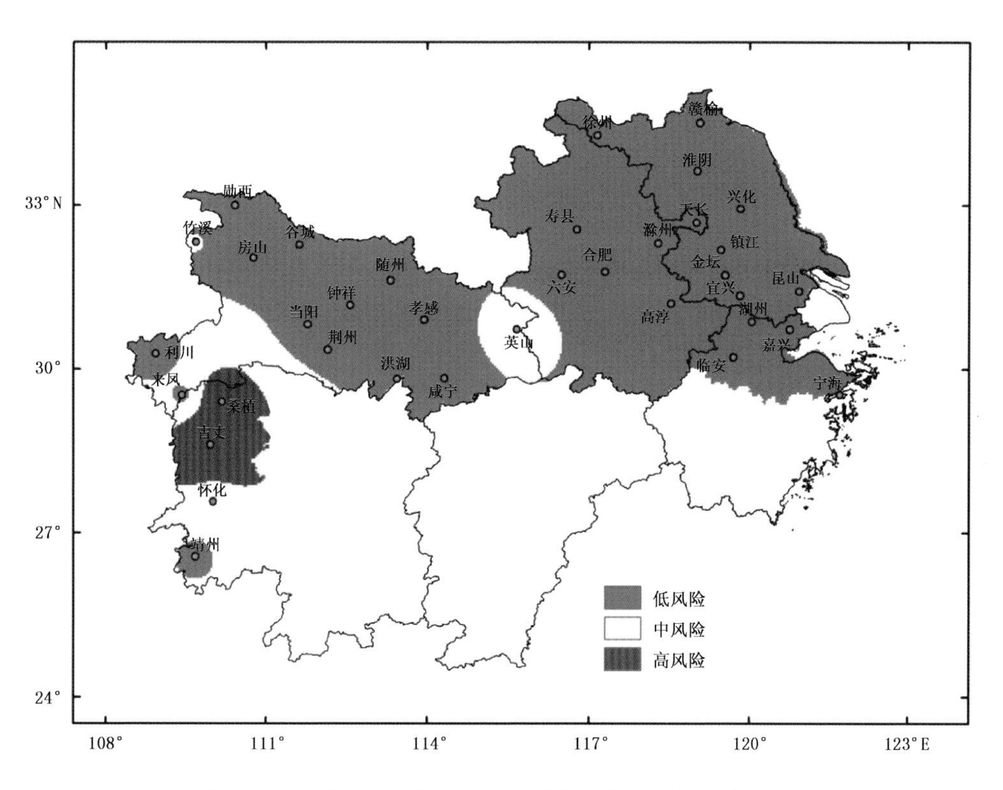

彩图 5.21　长江中下游地区一季稻高温热害四因子风险区划

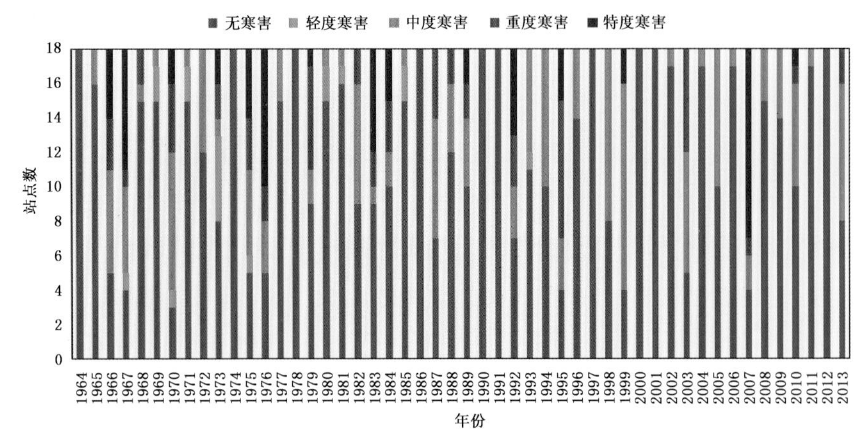

彩图 6.14 海南 1964—2013 年不同寒害等级出现站点数

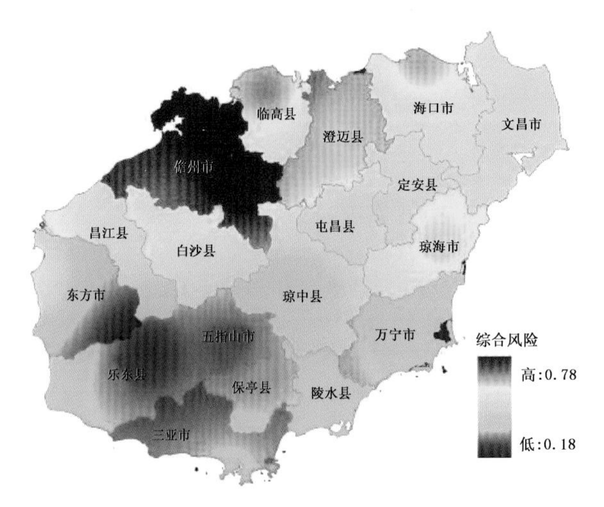

彩图 6.24 海南岛橡胶主要气象灾害综合风险评价分布

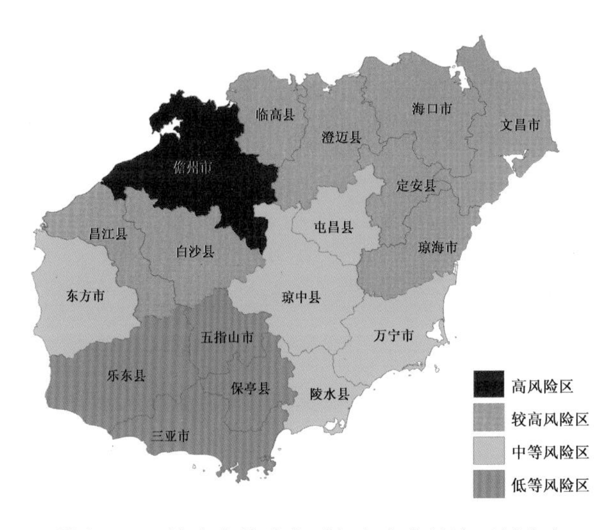

彩图 6.25 海南岛橡胶主要气象灾害风险区划分布